Debugging Embedded and Real-Time Systems
The Art, Science, Technology and Tools of
Real-Time System Debugging

嵌入式
实时系统调试

［美］ 阿诺德·S. 伯格（Arnold S. Berger） 著
杨鹏 胡训强 译

机械工业出版社
CHINA MACHINE PRESS

图书在版编目（CIP）数据

嵌入式实时系统调试 /（美）阿诺德·S. 伯格（Arnold S. Berger）著；杨鹏，胡训强译．—北京：机械工业出版社，2023.5
（电子与嵌入式系统设计译丛）
书名原文：Debugging Embedded and Real-Time Systems: The Art, Science, Technology and Tools of Real-Time System Debugging
ISBN 978-7-111-72703-3

I. ①嵌… II. ①阿… ②杨… ③胡… III. ①仿真器 - 研究 IV. ① TP337

中国国家版本馆 CIP 数据核字（2023）第 035215 号

北京市版权局著作权合同登记 图字：01-2021-3380 号。

Debugging Embedded and Real-Time Systems: The Art, Science, Technology and Tools of Real-Time System Debugging
Arnold S. Berger
ISBN: 978-0128178119

注意

本书涉及领域的知识和实践标准在不断变化。新的研究和经验拓展我们的理解，因此须对研究方法、专业实践或医疗方法作出调整。从业者和研究人员必须始终依靠自身经验和知识来评估和使用本书中提到的所有信息、方法、化合物或本书中描述的实验。在使用这些信息或方法时，他们应注意自身和他人的安全，包括注意他们负有专业责任的当事人的安全。在法律允许的最大范围内，爱思唯尔、译文的原文作者、原文编辑及原文内容提供者均不对因产品责任、疏忽或其他人身或财产伤害及 / 或损失承担责任，亦不对由于使用或操作文中提到的方法、产品、说明或思想而导致的人身或财产伤害及 / 或损失承担责任。

嵌入式实时系统调试

出版发行：机械工业出版社（北京市西城区百万庄大街 22 号 邮政编码：100037）
策划编辑：朱 捷　　责任编辑：冯润峰
责任校对：梁 园 陈 越　　责任印制：常天培
印 刷：北京铭成印刷有限公司　　版 次：2023 年 5 月第 1 版第 1 次印刷
开 本：186mm×240mm 1/16　　印 张：12.75
书 号：ISBN 978-7-111-72703-3　　定 价：79.00 元

客服电话：(010) 88361066
(010) 68326294

译者序

嵌入式系统已经进入了我们生活的方方面面。从智能手机到汽车、飞机，再到宇宙飞船、火星车，嵌入式系统无处不在，它的复杂程度和实时要求也在不断提高。鉴于当前嵌入式实时系统的复杂性还在继续上升，同时系统的实时性导致分析故障原因越来越困难，调试已经成为产品生命周期中的关键一环，其作用与地位越来越重要。因此，亟须解决嵌入式实时系统调试的相关问题。

在这个背景下，越来越多的设计师认识到调试嵌入式实时系统的重要性和关键性，却又因为调试问题千头万绪而无从下手，同时又缺少相关书籍或资料。为此，机械工业出版社引进了本书以飨读者。本书作者 Arnold S. Berger 博士是 STEM 学校工程与数学部首席教授，有着 20 多年工程实践经验和 15 年以上的教学经验，对嵌入式实时系统调试有着独到而深入的见解。全书共有 12 章，每章后附有参考文献可供查阅。第 1 章中作者结合多年教学和工程实际概述调试中可能出现的情况和问题；第 2 章介绍调试的系统方法，并结合实例进行讲解；第 3 章和第 4 章归纳总结调试嵌入式软件及硬件的最佳实践；第 5 章介绍嵌入式设计与调试的工具；第 6 章详细说明硬件 / 软件集成阶段的工作流程，并举例说明该阶段可能产生的问题；第 7 章介绍片上调试资源；第 8 章介绍片上系统及其调试问题；第 9～12 章主要结合作者丰富的经验详细讲解如何调试嵌入式实时系统，主要包括隔离缺陷的测试方法、实时操作系统的调试、串行通信系统的调试以及存储器系统的调试等相关内容。本书是作者多年工程和教学实践经验的总结，内容新颖、通俗易懂、实例丰富，覆盖了嵌入式实时系统调试的方方面面，是一本能指导调试工作的好书。

全书由杨鹏（第 1、4、7、8、11、12 章）和胡训强（第 2、3、5、6、9、10 章）共同翻译完成。由于嵌入式实时系统调试的复杂性以及本书所涉知识的丰富性，并囿于译者的技术和语言水平，书中难免会存在不准确甚至错误之处。如果读者发现了这样的地方，恳请通过邮箱 yapp99@qq.com 告知译者，在此深表感谢！

最后，感谢所有为本书顺利付梓而付出艰辛劳动的人们！

前　言

为什么要写一本有关实时系统调试的书？我很高兴你能如此发问。有关实时系统或嵌入式系统调试已经有不少文章，但是据我所知，这些文章中的内容并没有被集结成册。

经过多年的嵌入式系统设计教学，我得出了这样的结论：我们作为教师是失败的。因为尽管我们的学生能够用汇编语言、C、C++、C#、某种特定 Arduino 语言或者 Verilog 编写程序并能编译编写好的程序，但是在面对突发问题时——这是不可避免的，学生们仍然无法分析问题、按照系统化方式锁定问题原因以及查找和修正错误之处。我希望在本书中解决这些问题。

我注意到了学生们使用所谓“霰弹测试”方式，这令我非常沮丧。该方式指一次性进行大量修改，然后指望好事降临。甚至更令人不安的是，学生们会放弃他们的代码或者原型系统，全部从头再来，祈祷这样能解决问题，而不是试着发现和修复问题。

你可能会假设，当今天的学生变身为明天的工程师并且全身心投入产品设计时，他们就已经具备以高效的方式进行相关工作所必需的调试技术。我已经认识到这个假设难以成真。

在成为大学教师之前，我在公司工作，为嵌入式系统设计师构建设计和调试工具。我主要负责设计，并带领团队设计逻辑分析仪、在线仿真器和性能分析工具。在许多情况下，我还要设计复杂的设备以解决复杂的问题。仅仅学习并熟练掌握这些设备中的一种就已经很累了，许多工程师并不想为此花费大量时间。

也许你也是这么想的。你是否分析过这种投入产出比：是先花时间浏览一大堆手册[⊖]再上手，还是直接上手并祈祷一切顺利？我曾经共事过的睿智的工程师 John Hansen 有过这样的言论——这被人们称为汉森定律（Hansen’s Law）：

如果客户不知道如何去使用一项功能，那么这个功能就是不存在的。

因此，作为这些复杂而昂贵的调试工具的供应商，我们当然应负主要责任。我们无法有效地将技术转移给用户，让用户能够充分利用工具的强大功能来解决问题。

这里再举一个例子。我清楚地记得这个例子，因为它让我以一种全新的方式来看待技术以及技术转移。我们将在后文中继续讨论这个问题，但现在是介绍这个问题的好时机，

⊖ 不开玩笑，惠普 64700 系列的用户手册摞起来有 1m 高。

这个问题与逻辑分析仪有关。多年来，逻辑分析仪已经成为实时系统分析的主要工具。有证据表明，其主导地位可能正在改变，但现在，我们假设逻辑分析仪仍然占据着突出的位置。

假设你正在调试一个复杂的、具有多优先级任务并发运行的实时系统，那么你就无法通过代码让处理器停止并执行“单步”运行。而许多优秀的调试器都是任务感知的，因此它们可以在不阻止其他任务全速运行的情况下，单独执行特定任务。

逻辑分析仪位于处理器（或者多个处理器）和系统的其他部分之间，并且实时记录处理器输出的每个地址位、数据位和状态位的状态，然后将其实时输入到处理器。一旦缓存区或者记录存储器存满，工程师之后就可以通过它进行跟踪，并观察在感兴趣的时间段内到底发生了什么。

但是如何定义感兴趣的时间段呢？你的存储缓冲区并不是无限大的，并且 1s 内处理器会完成数千万个甚至数亿个总线周期的运行。这就是逻辑分析仪作为一种工具的高光时刻。用户可以通过代码定义一系列事件，这非常类似于有限状态机中的一系列状态。在一些逻辑分析仪中，这些状态可以用工程师熟悉的高级 C++ 代码来定义。

如果用户获取到这一系列正确定义的状态，逻辑分析仪将在代码序列中恰当的时间点触发（捕捉）跟踪，以显示何处出错。这就是有趣之处。在 20 世纪 90 年代中期，HP（现在是 Keysight）逻辑分析仪的跟踪缓冲区相当小，但状态机非常复杂。当时的设计哲学就是用户不需要大的跟踪缓冲区，因为他们可以准确地定位问题。实际上，逻辑分析仪的状态机有 8 级。这里有个使用示例，如图 1 所示。

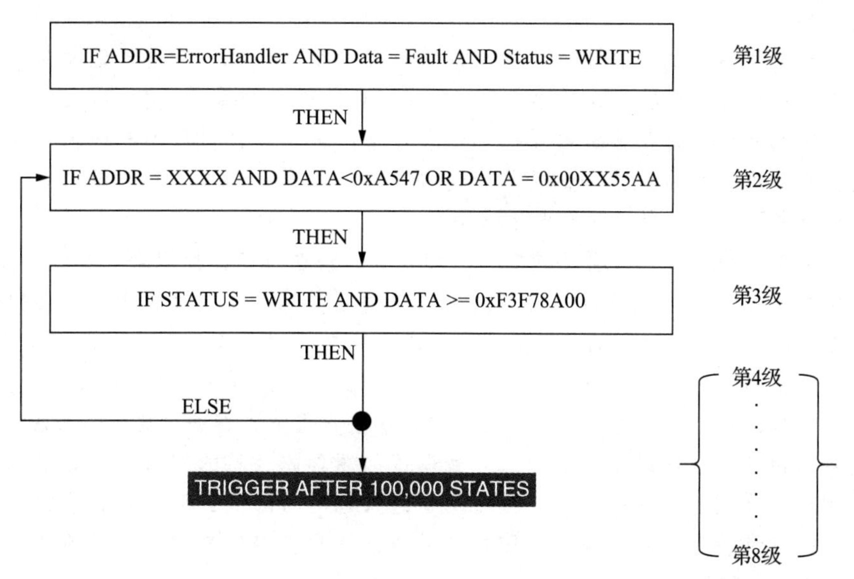

图 1　逻辑分析仪多级触发系统示例

这个例子有 3 级，对于状态定义或可能运行的循环次数，每一级都有许多选项。我们发现，客户很少尝试设置超过 2 级的触发条件。他们不喜欢这个产品的原因是它的跟踪缓冲区太小（5000个状态）。他们更喜欢使用深内存的简单触发，而不是浅内存的复杂触发。这与我们每次进行的客户回访是相当一致的。

重点是什么？与我们交谈的工程师们没有使用逻辑分析仪强大的触发能力，而是选择了难度最小的方式。他们宁愿手动浏览冗长的跟踪列表以找到感兴趣的事件，也不去学习如何设置复杂的触发条件。换句话说，要权衡是使用一个复杂的工具，还是使用一个功能较弱但更容易使用的工具。

你可能会说工程师们很懒，但是我不这么认为。我相信，如果我们——工具设计师——可以发明一种正在尝试解决困难的调试问题的工程师与工具本身之间的更直观、更友好的用户接口，使工程师每次都能获取最佳解决方案，那么他的调试能力也会不断提高。

为什么我要举这个例子呢？我想在本书一开始就提到它，因为调试实时系统通常非常困难，工程师需要使用复杂的工具，以便及时将高质量的产品推向市场。如果本书有助于学习如何使用工具，或者能促使读者更深入地研究用户手册，那么本书就达到了目的。

本书最初的目标读者是学生，不仅是那些想要进入嵌入式系统设计领域的学生，而且是所有希望在设计调试中提高自己技能的电气工程、计算机科学或计算机工程的学生。他们可以在工作面试时随意地提到，自己已经付出了一些努力，不仅能做项目，还能够实现没有缺陷的项目。此外，他们还可以向面试官表示，他们进入就业市场时所拥有的技能比同期毕业生所拥有的要多。

对于已经是从业者而且想磨炼技能的、有经验的工程师而言，我希望本书会提供一个他们可能还不知道的工具与技术的路线图，或者提供更有效的方法来解决突然出现在工作中的问题。

在研究和编写本书的过程中，我发现对特定类别错误而言，应用笔记和白皮书是最好的信息来源。我自己写过很多这样的文章，因此对这些信息的质量很有信心。

如果你仔细想想，这是显而易见的。随着技术的进步，公司会不断地调查其客户群以查找总是出现的设计和调试方面的问题。这些客户的问题是创建工具的驱动力，这些工具将解决问题或者至少能指出问题的根源。

一旦发明了这种工具，公司必须向客户解释它的潜在价值，所以会在会议上发表演讲，在行业出版物上发表技术文章，推出与问题关联的应用笔记，以及问题、工具和解决方案相关的资源，以期得到工程师的认可并通过他们向高层管理人员证明采购的合理性。

这些文章虽然明显是服务于发表文章的公司的，但依然是有价值的资源，它们能向工程师提供最好的、最新的实用信息。对我来说，这些资源是本书的主要资料来源。

我们将从检查调试问题本身着手。导致调试问题如此独特的实时系统的本质是什么？关于这个问题，你可能会说："实时性啊。"但这只是问题的一部分。对大量的嵌入式系统而言，确定的硬件、可编程的硬件、固件、操作系统和应用软件都可能是独特的，或者至少大部分设计是独特的。

甚至随着产品的技术进步——还算不上技术革命，就会有许多新元素必须被集成到整个设计中。因此，不仅仅是实时或者非实时的问题，还有系统中变量的数量，以及系统必须实时运行等问题。

在审视问题之后，我们会将注意力转到如何调试硬件和软件的整体策略上来。我们将着眼于最佳实践和通用策略。此外，考虑可测试性问题也很有用，因为调试那些没有把调试作为首要设计的系统是一个挑战。

从策略上，我们将把注意力转向工具和技术。我们将着眼于一些基本问题，并寻求方法来解决。

接下来，我们将介绍芯片制造商提供片上调试和性能资源的形式，以帮助客户将新设计推向市场。

本书的最后一部分将涵盖串行协议，以及如何调试它们。按照领域内一些专家的观点，越来越多的调试问题与串行数据传输相关，与经典调试技术相关的问题越来越少了。

我尽力让本书通俗易懂，不那么学究气。我将很多个人的逸事写进书中，因为它们可以帮助表达观点，并且读起来很有趣，写起来也很有趣。这个方法我是从 Bob Pease 的经典著作 *Troubleshooting Analog Circuits*[1] 中学到的。许多高级工程师都知道 Bob 在 *Electronic Design Magazine* 上的专栏“What’s all this…”。

他的书和这些专栏都是经典的资料，我在本书中也借用了他的谈话风格。顺便说一下，我最喜欢的“What’s all this…”专栏的内容是他对那些正在使用的昂贵扬声器电缆的分析，证明它们与简单的电灯线相比更具音频优势。Bob 的分析很严格，同时具有阅读的乐趣和教育性。更重要的是，他很好地让音频优越性跌至谷底。

另外，我并没有严格地将主题材料限定到该主题相关章节中。你会发现一些例子可能会出现在不同的章节。这是特意构思的，而不是我“短暂失忆”所致。这个做法来自教学实践。我经常反复回顾材料，以便把它放在不同的章节内容中，而不是简单地讲讲就过去了。因此，如果在关于常见软件缺陷的章节中，你看到关于常见的实时操作系统（RTOS）错误的讨论，然后发现它在调试实时操作系统的章节中再次出现，不要说我没有警告过你。

Arnold S. Berger

参考文献

[1] R.A. Pease, Troubleshooting Analog Circuits, Butterworth-Heinemann, 1991 ISBN 0-7506-9499-8.

目　　录

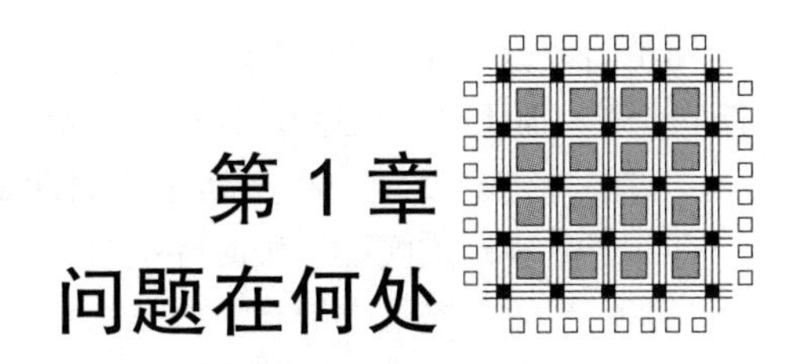

第 1 章 问题在何处

在编写和调试自己的代码时，软件工程师一般使用个人计算机、苹果电脑，Android、Linux 等标准平台。电子工程师在设计电路、运行仿真、制作印制电路板、焊接电路板以及进行可靠程度测试时，同样也要对自己的设计进行调试。

即便软件问题和硬件问题互不关联，从单个方面出发寻找缺陷也会比较复杂并极具挑战性，但是软件缺陷可能仅存在于软件当中，硬件缺陷可能仅存在于硬件当中。

现在我们把水搅浑，也就是将硬件和软件问题纠缠在一起并让它们相互影响，那么我们就会面临各种相互交叉影响和各种失效情况：

- 软件中出现的与硬件无关的缺陷。
- 硬件中出现的与软件无关的缺陷。
- 系统中仅在硬件与软件相互影响时才会显现的缺陷。
- 当系统必须在有限时间窗口内执行某个算法时出现的缺陷。
- 当多个软件应用程序在某个控制程序（如实时操作系统）控制下并发运行并且争抢有的硬件资源时出现的缺陷。
- 系统中仅会在极少数情况下出现的错误缺陷，并且我们无法复现失效模式。

我相信读者肯定能往上面这个清单中添加其他实例。

如图 1.1 所示，让我们了解一下传统的嵌入式系统产品生命周期模型。这个模型在每一次营销演示中都会出现很多次，所以质疑模型能否代表实际情况是合情合理的。我们暂时假定这个模型确实代表了很大一部分嵌入式设计的实现方式。

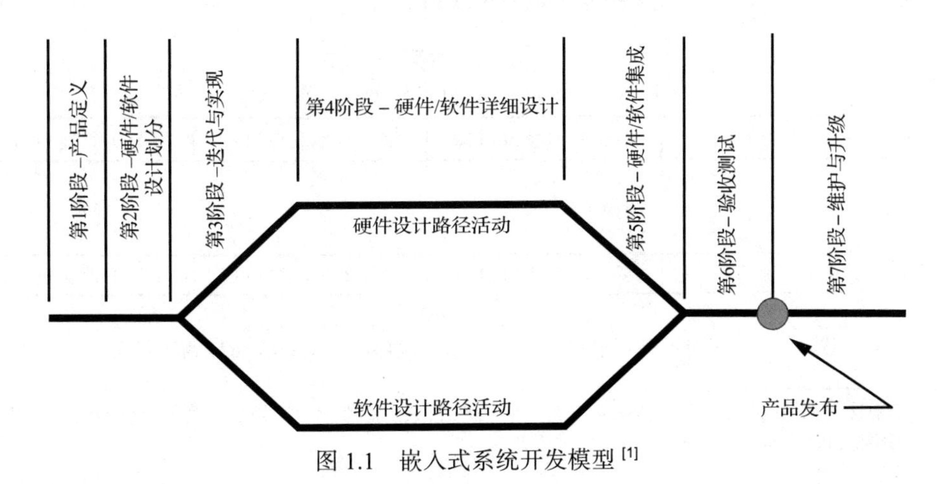

图 1.1　嵌入式系统开发模型 [1]

我们可以假定在第3阶段之前，一切都是正确的。到了第3阶段，软件团队和硬件团队根据第1阶段和第2阶段提出的产品定义分别踏上了硬件设计和软件设计之路。

我们肯定会质疑，在产品生命周期最初的两个阶段是否会引入产品缺陷，而这类缺陷一直到产品规范被实际实现时才会显现出来。

我们暂时忽略这类缺陷，广义来讲，这种缺陷可能就是由于各种原因而无法实现的营销需求，这种营销需求上的“缺陷”可以视为一种产品定义上的缺陷。很多人可能会争辩，这并非真正意义上的缺陷，而不过是产品定义阶段的一点瑕疵而已。但是与找出硬件时序或软件性能方面的缺陷相比，发现并修复这种缺陷也同样具有挑战性，并且也是要耗费时间的。

从传统意义上讲，缺陷都是在第3阶段和第4阶段出现的。硬件设计师是从物理系统是什么的角度理解产品定义，并据此开展工作；而软件设计师则是从系统必须具有的行为以及必须得到的控制的角度出发开展工作的。从这两个方面都可以对产品定义进行解读，但是每个团队或者每名工程师对于产品定义的解读又存在歧义。

你或许会反驳说这种情况不会发生，因为团队之间会彼此沟通，分歧之处可以通过讨论得以解决。确实如此，但是请想象一下，如果这两类团队事先没有认识到存在分歧怎么办。

下面给出一个此类缺陷的经典实例。实际上，这个实例可以说是计算机科学中排名前十的缺陷之一，即所谓的字节顺序问题。

在这个问题上会出现歧义的原因在于较小的数据类型——例如字节（8位）或者字（16位）——可被存储在为容纳较大变量类型（32位或64位）所设计的内存系统当中。由于所有的内存寻址都是面向字节的，所以32位数据类型会占据4个连续的字节地址。

假设在十六进制地址00FFFFF0处有一个32位双字，如果使用字节寻址，那么这个双字会占据4个内存地址，00FFFFF0、00FFFFF1、00FFFFF2以及00FFFFF3[⊖]，下一个双字将会从字节地址00FFFFF4开始，以此类推。

如图1.2所示，我们可以看到在4字节32位双字中有两种方式排列字节地址。如果我们遵循大端约定，那么位于十六进制地址00FFFFF1处的字节是字节2；但是如果我们遵循小端约定，那么字节2占据的内存地址是00FFFFF2。

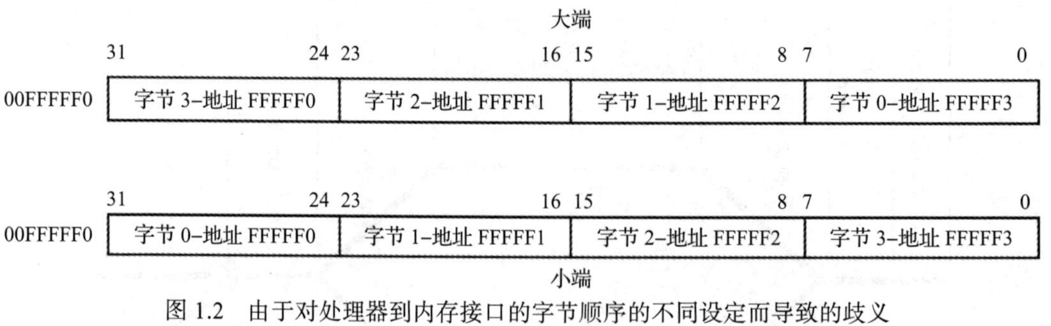

图1.2 由于对处理器到内存接口的字节顺序的不同设定而导致的歧义

⊖ 如果这个双字的起始地址不能被4整除（例如00FFFFF1），那么就有可能出现另一种错误。我们会在后面再探讨这个问题。

假设这个内存地址实际上是一组内存映射的硬件寄存器，并且将一个字节写入特定的地址必然会让硬件执行某种操作。很显然，如果硬件设计师和软件设计师对于系统字节顺序的设定不同，也没有明确讨论过这个问题，那么在正式的产品定义中有关系统字节顺序的疏漏就会导致错误发生。

如果你运气不错，那么会在仿真中或者在设计审核中捕捉到这个错误。但是你很可能捕捉不到这个错误，因为只有在命令被发送到 32 位硬件寄存器的错误地址时，这个缺陷才会显现出来。

更糟糕的情况是，两类工程团队有可能并非身处一处。我曾经管理过一个项目，这个项目是由我位于科多拉多州科罗拉多斯普林斯市的惠普分公司和一家位于以色列赫兹利亚市的芯片公司的研发团队共同完成的。我们确实有通过电话会议的方式召开例会，但是很多时候重要的工程师不在或者无法通过电话解决所有问题。尽管我们彼此之间都极力想保持沟通，但还是出了状况，并且有些产品缺陷确实是由于沟通不畅导致的。

除非你打算通过极限编程中的某个混合模型来设计硬件和软件，并且让硬件设计师和软件设计师坐在一起，一个编写 C 代码，另一个编写 Verilog HDL 代码，否则你别指望缺陷最终能被发现、分析和修复。

如果缺陷存在于硬件中，这个硬件是专用集成电路（Application-Specific Integrated Circuit，ASIC），并且设计已经提交给芯片制造厂进行生产，那么修复硬件的代价过于高昂，这种缺陷必须通过某种软件形式的变通手段进行修复（如果可行的话）。

这种变通手段可能会导致连锁反应，因为在极端情况下（墨菲定律）系统的整体性能会受到影响，这是由于最终是用软件替代硬件完成了其无法完成的工作。我们确实修复了硬件缺陷，但是在这个过程中又引入了实时性能方面的缺陷。

大多数缺陷都会在项目集成阶段（即将硬件和软件首次组合在一起时）凸显出来，硬件 / 软件设计集成阶段的概念通常被认为是错误的或是具有误导性的。最佳实践要求硬件和软件的集成应该在开发阶段持续进行，在此过程中要对模块进行频繁的测试。

实现此类系统的方法之一是使用硬件 / 软件协同验证工具，比如由位于俄勒冈州比佛顿的 Mentor Graphics 公司研发的 Seamless。一系列优秀文章[2]为理解协同验证技术提供了良好的基础。简而言之，在协同验证中会在虚拟硬件上对软件不断进行测试，而虚拟硬件存在于逻辑仿真当中。协同验证工具通过创建处理器的总线功能模型为软件提供指令集仿真器间的接口。总线功能模型是指令集仿真器与逻辑仿真器之间的胶合逻辑，它接收机器级指令，并将其转换为地址、数据以及处理器会执行的状态位活动（如果确实存在这种状态位活动的话）。

在总线功能模型的输出端插入硬件仿真器，如果硬件位于 FPGA 或者 IC 模型当中，那么这个仿真器可能是 Verilog 仿真器；如果系统的剩余部分是由分立的逻辑单元组成的，那么这个仿真器可能是系统逻辑仿真器。

此外如果使用协同验证设计方法，那么不管你是否真正用到协同验证工具，都可以期望集成阶段（如果存在此阶段）更加顺利并且出现较少的需要发现和修正的缺陷。

当我们引入第三个因素（即时间限制）以及第四个因素（即实时多任务处理）时，引发额外缺陷的概率会成指数级增长。我们现在来考虑这样一类问题：硬实时和软实时[3]。

在硬实时系统中，超时是致命的：系统失灵导致飞机从空中坠毁，飞机上的人就遇难了。此时我们要做出一个非常关键的决定，要么修复这个缺陷，要么这个嵌入式系统就没什么用了。

修复这个缺陷的最佳策略是什么呢？是处理器供电不足吗？还是内存系统太慢？我们应该使用更快的时钟吗？都有可能，这些都是硬件团队要解决的问题。是软件导致这个问题吗？或许吧。是硬件和软件共同造成了这个问题吗？非常有可能。那么软件工具有哪些（参见下文）？

硬实时失效问题是非常严重的，因为不太可能有一个变通的方案或者一种易于解决的方法来绕过这个问题。在别无他法时可以用变通方案来修复失效问题，但是这绝不会让情况变得更好。

我们以知名的激光打印机制造商为例，它们的设计理念是尽可能将处理器的性能发挥到极致，它们有非常优秀的工程师来检查 C 编译器输出的代码，并对这些代码进行人工处理，使其尽可能快速高效。这就意味着有时要用汇编语言重写 C 代码部分，以此消除高级语言中的固有开销。这样它们会认识到一旦出现硬实时失效问题，肯定是由于硬件造成的，因为软件已经经过了优化。

在这里我们会学到一课：一旦确定了系统遇到性能瓶颈的原因，并且原因是硬件，提高性能的最有可能的途径是重新调整硬件。这可能会涉及：

- 选择更快速的处理器。
- 保持现有处理器不动，使用更快速的时钟。
- 改良内存到处理器的接口。
- 额外添加定制的专用集成电路硬件。
- 增加更多的处理器，卸载出问题的处理器。
- 结合使用以上方法。

我的观点是强调在采取进一步行动之前进行准确分析的重要性，包括：

- 评估问题。
- 分析问题。
- 确定行动路线。
- 得到认同（非常重要）。
- 解决问题。

这里再给出一个例子（尽管这个例子属于在第 2 章中才会涉及的软实时问题，但是它和我们目前的讨论是有关联的）。一家磁盘阵列（Redundant Arrays of Independent Disks，RAID）制造商认为其 RAID 控制卡需要更快的处理器。它与当地的微处理器供应商的销售工程师进行了沟通，并确信即将推出的新处理器的吞吐量是现有处理器的两倍，并且代码兼容。但是与现有的处理器相比，新处理器的封装（管脚分布）不同，结果导致必须重新设计当前版本的 RAID 控制卡。

这家公司毫不迟疑地重新设计了控制板，却崩溃地发现吞吐量只提高了 1.15 倍，而不是期望的 2 倍。在进一步分析之后，该公司发现问题在于混合使用了几个糟糕的软件架构决策，换用新处理器并非解决之道。由于错误的分析，这家公司几乎倒闭。

让我们再来看看软实时错误。相比于硬实时错误，软实时错误会让系统完成任务所需的时间超过其能在市场上具备竞争力所需的时间。激光打印机就是一个很好的例子，我们假定市场规范要求打印机驱动程序每分钟输出 20 页纸（20 页 /min）。硬件 / 软件设计集成阶段进展顺利，但是打印机的输出只有 18 页 /min，显然不满足规范的要求。设计团队（以及营销团队）必须决定如何修复这个错误，修复的过程可能要耗费数周或数月，或者冒着在市场上不具备竞争力的风险发布低性能的产品。

之前我们探讨过这个问题，即定制集成电路中出现了错误，但这个错误最终是用软件进行修复的。尽管软件非常灵活，但它不可能和专用硬件一样快，或许这就是造成性能低下的根本原因。另一个原因就是编译器与所选的微处理器的匹配不好。当我和支持 AMD 嵌入式微处理器的嵌入式工具供应商共事时，发现性能最差的 C 编译器与性能最好的 C 编译器之间的性能差距达到了一倍，一倍的差距相当于以正常时钟速度的一半来运行处理器。

我还曾经遇到过另一个有趣的软实时错误，我的公司（应用微系统公司，现在已经倒闭了）曾经研发出了一个被称作 CodeTest 的硬件 / 软件工具，这个工具在我的公司倒闭之时被卖给了 Metrowerks 公司。CodeTest 的工作方式是对用户代码进行后处理，并在各个不同的位置（例如函数的入口和出口）插入标签，这些标签被设计为向特定的内存单元执行写入操作，CodeTest 的硬件部分可访问这类内存单元。

与逻辑分析仪不同，CodeTest 可以持续获取标签数据，将标签数据打上时戳、进行压缩，并将其发送到收集数据的主机上，在这个过程中会显示软件执行的运行时映像。它曾经是并且现在仍然是一个可用于软件性能分析的出色工具。

回到软实时缺陷的话题上来。我们曾向一家电信制造商演示了 CodeTest，当时它们正在尝试查找一个软实时缺陷，那时它们的产品性能已经不能满足市场需求，因此正在考虑到底是升级现有产品，还是设计一个新产品。

我们安装了 CodeTest 并开始采集统计数据，发现有一个函数占用的 CPU 周期看上去要比其他函数多得多，而软件团队中没有一个人承认是自己编写了这段代码。

在一番探索之后，该公司的工程师发现这个函数是一个实习生写的，这名实习生当时正在进行板级测试，在此过程中他写了一个高优先级测试函数，用于让设备中一块电路板背面的发光管闪烁。这个函数从未被计划成为最终发布产品的代码的一部分，但是偏偏被阴差阳错地添加了进去。

一旦修复了代码映像，删除了错误的函数，这家电信制造商的产品就又可以在市场中占有一席之地了。我们没做成这笔生意，但他们请我们吃了一顿美味的晚餐。我们怎么归类这个缺陷？它当然是一个软实时缺陷，但根本原因在于这家公司的源代码控制与构建系统。然而，如果没有 CodeTest，工程师就不太可能获取所需的洞察力来查找产品缺陷并修复它。

如果我们再通过实时操作系统加入多任务处理，那么出现系统错误的概率就更高了。在探讨实时操作系统及其引发的缺陷之前，我们首先简要介绍一下实时操作系统的运行方式。一般来讲，任何计算机操作系统的目标都是相同的。它希望同时运行的程序之间能够很好地隔离，并且对每个应用程序而言，它应该看上去始终能够利用全部的系统资源。这使得针对任何处理器编写程序都变得超级简单，而不仅仅只是执行几个简单的并发任务。

我是在一台运行 Windows 10 操作系统的笔记本电脑上进行本书写作的。如果你数一数我打开的程序数量，再加上在后台运行的所有软件，那么同时运行的应用程序超过了 30 个。是的，基本上可以认为这些程序在同时运行。Windows 基本上是一个轮询式操作系统，每个处于运行状态的程序都会获得一个时间片，有一个内部定时器为每个应用程序分配时间片。这些时间片通常都非常短，使得所有程序看上去就好像在同时运行，尽管在某个时刻实际上只有一个[⊖]应用程序在运行。对台式机或笔记本电脑来说，轮询式操作系统是完全可以接受的，但是对实时系统而言，它又是完全不够用的。因为在实时系统中需要按照 CPU 周期的优先级排序确定应用程序的时间分配，而排序的依据是应用程序时间限制的紧急程度。具有超临界时间窗口的任务不能等到队列中的下一轮，它必须抢占所有其他不太重要的任务，并在需要运行时尽快运行。

实时操作系统是一种优先级驱动的操作系统，较为重要的任务要比没那么重要的任务具有更高的优先级。如果优先级较低的任务正在运行，而此时优先级较高的任务唤醒并需要运行，那么优先级较低的任务就会暂时挂起，而优先级较高的任务就会接管控制权并运行到任务结束为止，或者被优先级更高的任务抢占控制权。

那么会出什么错误呢？一个最简单的错误就是发生 CPU 饥饿现象，也就是说由于 CPU 负载过重，导致低优先级任务基本无法得到 CPU 的使用权，因此永远不会有运行到结束的那一天。尽管并不能完全相提并论，但是如果你想看看这种现象的表现，那么可以试着在一台安装了小于 4GB 内存的计算机上运行 Windows 10。

当你移动鼠标或在键盘上敲击一个按键时会看到延迟，这是因为 CPU 很难给所有程序都提供所需的运行时间。由于安装的内存过小，程序不得不在内存中进进出出地进行交换，此时硬盘必须接管和保存程序，而硬盘速度只有内存的万分之一。

实时操作系统中另一个经典缺陷是所谓的优先级反转。假定在实时操作系统的控制下，一个低优先级任务已经申请并被授权使用某个系统资源，这个系统资源有可能是定时器，也有可能是通信信道，还有可能是一块内存，等等。突然，一个高优先级任务唤醒并同样需要使用这个资源，尽管优先级较高的任务会大概率抢在优先级较低的任务之前运行，但是如果涉及系统资源，情况就复杂了。优先级较低的任务必须尽快释放资源，但是又不可能马上释放资源，因为这样会将资源置于一种亚稳状态当中。

因此，实时操作系统必须等待，直到资源空闲时才能将其转交给等待的任务。在这个过渡过程中，一个并不需要该资源的中等优先级任务就有可能抢占优先级较低的任务运行。这就是所谓的优先级反转，也就是说优先级最高的任务被优先级低于它的任务抢先运行了。换句话说，两者的优先级被反转了。

⊖ 当我们使用多核 CPU 时，同时只能运行一个程序的断言并不那么可靠，但是为了最有效地利用多个内核，操作系统必须能够管理这些内核，这不是项简单的任务。有些应用程序是专门为利用多核优势而编写的，但是大多数应用程序不具备这种能力。

此类系统错误中最出名的发生在 1997 年的火星探路者任务当中。当时索杰纳号火星车中断了与帕萨迪纳市的喷气推进实验室的通信，开始进行系统重置，并清空了当天采集到的所有数据。

在 Dobbs 博士对 Glenn Reeves 所做的一次知名访谈 [4] 中对此事有详细的阐述，Reeves 是火星探路者任务姿态与信息管理子系统的飞行软件专业责任工程师。访谈文章的标题就说明了一切：*REALLY REMOTE Debugging: A Conversation with Glenn Reeves*。

下面引述 Reeves 的话：

> 在不到 18 小时的时间里，我们能够复现这个错误，并将其定位到 pipe() 函数的交互中，同时诊断为优先级反转问题，并确定了最有可能的修复方案。

这个知名故事的要义在于，即使硬件和操作软件都能够正常运行，但是由于引入资源控制和调度程序（实时操作系统）而新增的方面会为其他错误进入系统制造机会。

避免出现这种交叉耦合问题出现的方法之一是将问题分离到多个独立处理器中，Ganssle[5] 认为这是一种能够提高生产率的方法，它抵消了大型程序带来的生产率下降，也降低了大量程序员之间保持沟通的必要性。

这种说法乍看上去违背常理，因为工程师们总是尝试优化设计，但是对设计一个多任务嵌入式系统而言，针对出现的问题“抛出晶体管”㊀或许是最好的方式，而大可不必借助实时操作系统。并非每个设计都适合使用这种方法，但是很多都适合。看看今天的汽车，每一辆汽车都是一个移动的计算机网络，其中包含近 100 个独立的微处理器和微控制器，这些处理器中的大多数都只执行一个任务。

我最喜欢举的有关的汽车的例子是拥有独特性能的豪车。如果驾驶员从里面关上车门，而此时所有其他车门和车窗都关着，那么每扇车门上都有一个迷你微控制器，它在车门准备关闭时将车窗打开一道缝，只要车门被关上了，车窗就会随后被关上，这一切不过发生在几秒钟之内。

这个处理器的目的是避免车门关闭时司机耳内气压骤变。这确实很酷，但是为何要这么做？因为我们能够做到这一点。我可以用可编程逻辑阵列或分立元件设计一个电路，并为这个电路制板，但是这种解决方案绝不会像成本还不到 0.1 美元、所需的汇编语言代码还不到 100 行的 4 位微控制器那样简单。

在我们即将结束本章的时候，回归一下我在本章所讲的内容以及它与嵌入式系统设计之间的关系是很有意义的。针对软件开发中经常出现的混乱状态，业内已经出现了大量有关软件设计方法的文章（但很少有文章涉及硬件设计方法）。对软件进行详细说明、编码和测试的系统化方法应该是一门工程规范，而不是某种形式的艺术。

那么既然总体理念是从一开始就设计出没有缺陷的硬件和软件，为什么还要写一本有关查找和修复缺陷的书呢？

下面我给出自己的结论：

㊀ 抛出晶体管是硬件工程师的行话，意思就是添加硬件。

- 不管什么原因，我们还没有达到不出任何缺陷就能设计出软件和硬件的境界。
- 总的来说，电子工程、计算机科学以及计算机工程专业的学生从未被传授过关于发现和修复缺陷的系统化流程方面的知识。
- 发现和修复缺陷的工具软件和技术常常被闲置，因为工程师们要么根本就不知道有这些工具和技术，要么就是没有尽力学习使用它们。
- 以上现象都有。

在下一章中，我们将处理第一个缺陷。你知道存在缺陷，那么如何查找和修复它呢？

参考文献

[1] A.S. Berger, Embedded System Design, CMP Books, Lawrence, KS, ISBN:1-57820-073-3, 2002, p. 2.
[2] J. Andrews, https://www.embedded.com/design/debug-and-optimization/4216254/4/HW-SW-co-verification-basics–Part-1—Determining-what—how-to-verify, 2011.
[3] X. Fan, Real-Time Embedded Systems: Design Principles and Engineering Practices, Newnes, ISBN: 978-0-12-801507-0, 2015, p. 6.
[4] J. Woehr, REALLY REMOTE Debugging: A Conversation with Glenn Reeves, https://www.drdobbs.com/architecture-and-design/really-remote-debugging-a-conversation-w/228700403, April 2010.
[5] J. Ganssle, The Art of Designing Embedded Systems, Newnes, Boston, 2000, p. 37 0-7506-9869-1.

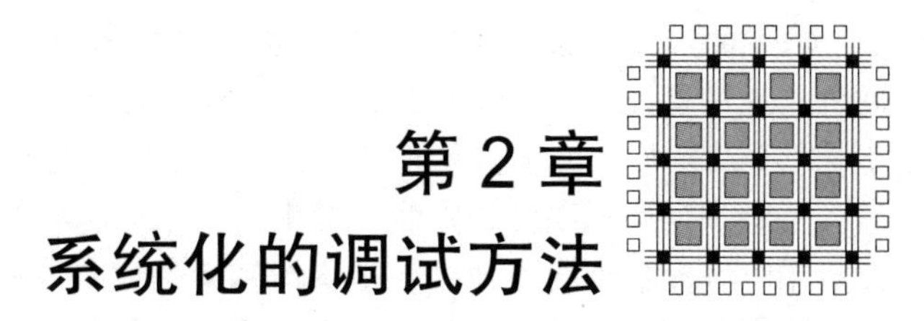

第2章 系统化的调试方法

在本章中，我将坦率地与学生和老师交流。我希望有经验的工程师能精通我所探讨的技术，新工程师是优秀的大学毕业生。对阅读本章内容的学生们，请原谅我在这里用第三人称指代你们，因为我在讲授本章内容时采用的口吻是面向你们的老师的。

2.1 调试的六个阶段

1. 那不会发生。
2. 那不会在我的设备上发生。
3. 那不应该发生。
4. 为什么它会发生？
5. 哦，我明白了。
6. 那是怎么回事呢？

现在，回到手头的问题上来。我的学生们正在持续地为发现和修复硬件的、软件的或者兼而有之的问题而焦头烂额。看到这些现象，我决定和他们分享一些“最佳实践”，这也是我多年来学到的解决问题的方法：

1. 观察缺陷。
2. 能够复现缺陷。
3. 对导致缺陷的原因做出假设。
4. 验证这些假设。
5. 对假设正确持有高度自信。
6. 制定修复方案。
7. 重新测试以便对修复进行验证。

简而言之，这未必有用。如果出一道测验题，我相信大部分学生能给出正确的答案。但假设你正在为一个设计问题或者一个不能正常工作的电路而苦恼，你能知道从哪入手吗？你会不会像用“霰弹轰击”方法解决电路问题那样越弄越糟呢？㊀

霰弹调试是一种针对程序、硬件或者系统问题的调试方法，它是指同时尝试所有可能的解决方案，希望总有一个能起作用。这个方法在有些情况下有效，但有时会增加引入新的甚至更严重的问题的风险。

㊀ 这个定义很好地概括了这个方法[1]。

以我的经验来看，这样做绝无效果。软件的霰弹调试可能只是浪费时间而已，但对于硬件来说却是死亡之吻。为什么这样说呢？因为对初学者而言，印制电路板的焊盘和走线不能承受反复焊接，精密元件也不能承受反复加热。

因此，当遇到硬件缺陷时，学生们会采取哪些措施呢？他们会开始更换元件，祈祷这能管用。但多数情况下他们会把事情越弄越糟，他们弄坏仅有的元件和印制电路板。随着时间流逝，他们并没有找到解决方法反而深陷其中。更能说明问题的是，他们对最初的出发点一无所知，所以即使希望回到出发之处也无法如愿。更极端的情况是他们会重蹈覆辙，重画电路板、重写代码，希望所有问题能迎刃而解，但最终都会无功而返。

因此，如果他们真能更明白事理，那为什么不遵循已经为他们介绍过的最佳实践呢？我猜想，这是因为他们宁愿尽快地动手尝试，然后希望碰巧成功，而不是花时间去掌握查找缺陷的系统化调试过程。

在此，我将兜个小圈子，并提醒读者有一种非常危险的调试技术存在。在为电子工程专业的新生讲授第一节电路课时，我为他们提供了包括免焊面包板在内的实验套件。图 2.1 是典型的免焊面包板照片。

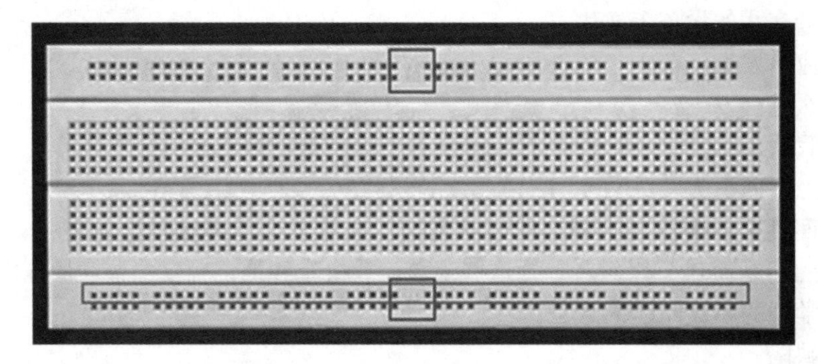

图 2.1　免焊面包板（https://www.auselectronicsdirect.com.au/arduino-solderless-breadboard-840-points?gclid=EAIaIQobChMI2O6Nt5S-2gIVmnZgCh2f2gLZEAQYASABEgKlqPD_BwE）。5 孔的垂直列（已标出 2 孔）是导通的。水平行（已标出 1 行）也导通。插入 22 号实心线能可靠连接。两个窄方框表示的点被分到 8 个独立总线中。通过跳接导线可以形成四个连续的电源和地线条

如果你是正在学习电路Ⅰ和电路Ⅱ课程的新生，你将使用免焊面包板搭建简单的直流和低频交流电路。在这种情况下，电路应该能正常工作。如果你处理的信号高于 10mV、频率低于 1kHz，那么免焊面包板可以帮助你快速搭建电路原型。

根据布线的整洁程度，你（或多或少）能进行实验，获得合理的结果，然后拿到课程的及格分数。简单数字电路也是如此，只要电路足够简单而且工作频率足够低，哪怕是在接近直流开关速度的情况下，对上升沿和下降沿的仔细检查显示出明显的过冲、下冲和震荡，逻辑芯片也都能正常工作。

当你将免焊面包板用作针对所有电路设计问题的调试工具时，或者将其用作高灵敏度高频率电路的快速原型开发调试工具时，情况会变得相当危险。此时面包板就会变成起负

面作用的生产力工具，在学生试图查找电路无法工作的原因时，他们将会花费更多的时间。你可能已经正确接线，但信号要么看上去非常糟糕，要么就掩盖在接地回路的噪声之中。这就是我为何不用免焊面包板的原因。

在我刚刚担任 HP 公司科罗拉多斯普林斯分公司的工程师时，曾经完成了第一个真正的电路设计，当时我在免焊面包板上搭建了部分电路的原型，电阻、电容、导线和晶体管在三维电路中都是分立的。

一位高级工程师隔着墙窥视到我的工作间，看到我正在做的事情，走了进来，一巴掌推倒了电路，并把它们压成一团，然后不发一言地走了出去。这就是我当时学到的教训。

什么时候可以使用免焊面包板呢？除非是受到了胁迫或者在这本无所不谈的书中，否则我是不会随便承认的，但偶尔我也不得不使用免焊面包板。当我不理解设计电路中元件的数据手册中的某些内容时，或者想确认元件的某些功能特性时，我就会使用免焊面包板。阅读产品数据手册通常没什么用，因此如果没有元件的仿真模型，我就会在免焊面包板上用样品元件做实验，以便能理解元件是如何工作的。如果我确实卡壳了，我就会致电元件制造商的应用工程师。

刚才已经警告你们使用免焊面包板的危险了，在这里我忍不住要把 Bob Pease 的经典著作 *Troubleshooting Analog Circuits*[2] 的封面图片加进来，如图 2.2 所示。就像你看到的那样，他没有听从我的关于使用免焊面包板的警告。我怀疑这张照片是为了效果而摆拍的。Bob 是一个电路设计大师，关于免焊面包板，他这样说道：

在我撰写这一系列㊀文章时，我甚至没有想到免焊面包板，因为我很少在工作中看到它们。对于任何严肃的工作而言，它们有着太多的缺点。因此，如果你坚持使用这些给人带来麻烦的面包板，不要说我没警告过你。

图 2.2　*Troubleshooting Analog Circuits* 封面图片，Bob Pease 著（来自 Elsevier）

㊀ Bob Pease 在 *Electronic Design* 杂志上撰写定期的系列文章“Pease Porridge”。他于 2011 年 6 月死于车祸。

2.1.1 谁有故障

在讲授如何查找和纠正设计错误时，教师们没有像在讲授工程电路设计或编写软件的基本原理时那样严谨，我认为这是失职的。2005 年在旧金山举行的嵌入式系统会议上进行的一项调查表明：

……调试是软件开发生命周期中最耗时且成本最高的一个阶段，大多数受访者认为调试是他们所遇到的最重要的问题。

因此，如果调试是开发生命周期中最昂贵且最耗时的阶段，那么为什么不向工程师们讲授调试代码（或者硬件，或者 Verilog）的最佳方法呢？下面介绍一些相关的观点。

- 调试被视为是负面的，缺陷即瑕疵。最好是一开始就设计没有缺陷的代码。
- 当你讲授编程或者电路设计基础知识之后，在一个季度或者一个学期中就没有足够的时间来讲授调试这门值得学习的科目了。
- 最佳调试工具尚未被发明出来，因为目前的工具还不能胜任这个挑战。
- 调试还未被指定为值得学习、理论探索和研究的学科，因此不必讲授它。
- 最佳实践是由高级工程师传给初级工程师的，不会在联系紧密的设计团队之外传播。

2.1.2 我遇到过的一个缺陷

现在我们开始试着定义一个总体策略，以查明硬件（或者软件）缺陷的根本原因并加以修复。为了创建这个策略，我们从一个案例研究开始。我将介绍一个简单的存在缺陷的嵌入式系统，这个系统是我针对华盛顿大学博塞尔校区 B EE 425 课程 *Introduction to Microprocessor System Design* 而设计的。

这个特别的设计面向的是课程的实验部分。我想让班上的学生学习如何使用逻辑分析仪去观察硬件和软件之间的相互联系。电路板由一个 4MHz Z80 CPU、32K ROM、32K RAM、一个 7 段数码管和一些胶合逻辑构成，包括一个用于处理开机复位的 Dallas 半导体（现在是 Maxim）微监视器 IC、看门狗定时器和一个复位按键。这个 8 脚芯片正好位于 Z80-CPU 的背面。

选用 Z80 是因为它是能演示微处理器如何工作的极好的教学例子。当代码运行时，学生可以实时观察处理器 I/O 引脚上的信号。对于逻辑分析仪来说，处理器所做的一切都是清晰可见的。它没有缓存器，没有输入流水线队列，只有基本的时钟、地址总线、数据总线和状态总线。是的，Z80 确实老掉牙，速度又慢，但如果你想讲一堂关于通用处理器典型时序图的课，那么跟踪 Z80 总线周期的逻辑分析仪完全能满足课堂插图的要求。

电路板的后续版本中增加了 7 段数码管，这是因为学生们总是抱怨电路板死机了。数码管和合适的测试 ROM 芯片将为他们展示电路板在工作。

在搭建、加载并试运行了三块电路板后，我编写了电路板运行的测试代码，以便使用逻辑分析仪和示波器探针去查看所有总线信号。示波器能显示精确的信号，34 路逻辑分析仪几乎能观察 Z80 的全部地址、数据和状态引脚（如图 2.3 所示）。

图 2.3　微处理器课程的实验电路板。40 针连接器能将电路板连接到 LogicPort 逻辑分析仪

将所有的测试电路板上电。接下来我编写了数码管显示的代码。我违背了良好设计实践的所有规则，编写了软件时序循环，使得显示程序运行得足够慢，使其便于观察。由于我的电路板上没有增加独立定时器的空间，因此在不增加硬件的情况下，软件循环是减慢系统的唯一方法。我的代码在三块电路板上运行良好，数码管不停地滚动显示 b-E-E-4-2-5。

我充满信心，订购了 20 多块电路板和足够组装电路的元件。因为不想自己动手制作电路板，我把电子工程专业的学生组织起来，利用周六上午开设了一个焊接班。这些学生以前从未焊接过电路板，在他们焊接电路板之前，我让他们在 YouTube 上观看了几段有关焊接的视频。然后，我给了他们一些练习焊接用的 PC 板和各种元件。当学生们能够说他们“有那么点”知道该怎么做时，我才让他们动手焊接，几个有焊接经验的学生助理在现场密切关注着焊接工作。

在制作完成一块电路板后，我会插入显示 ROM，看看其是否能正常工作。令人满意的是，20 块电路板中的大约 15 块可以立即点亮。剩下的 5 块不行，因此我们将其放在一边。后来，我仔细地检查了不能开机的这 5 块电路板，其中 2 块是容易修复的焊接问题，维修之后就可以工作了。3 块看上去焊接没有问题——没有桥接，没有冷焊——但是电路板还是无法工作。

与其讨论我是如何发现这个缺陷的，不如介绍一下我传授给学生们的查找和修复缺陷的系统化过程：写下你所了解的和已经发现的。你需要书面记录，就像沿着标记不清晰的小路放上石子，就能找到回去的路。同样的，书面记录将帮助你厘清思路和提出假设，然后再去测试。

a. 观察：使用激活显示的 EPROM 测试代码进行检查后，发现一批 20 块 Z80 电路板中的 3 块不能工作。

b. 已知：

　b.1. 代码和 EPROM 在其他电路板上工作正常。

　b.2. 目测检查发现焊接点良好，任何一块电路板上都没有焊接桥接。

c. 可能的原因：

　c.1. 电源到地短路。

c.2. 制作的电路板存在缺陷。

c.3. 时钟坏了。

c.4. 地址、数据、状态信号短路或者开路。

c.5. 焊接时焊盘或者走线过热。

c.6. 元件插错了芯片底座。

c.7. 弄弯的 IC 引脚没有插入芯片底座。

c.8. 7 段数码管显示电路有问题。

c.9. 其他我还没有想到的原因。

在此，让我们深吸一口气，回顾一下我们的处境。我们已经找到至少 9 种可能的假设可以作为入手之处。当然，可能还会有更多造成缺陷的原因，我们甚至还没有考虑软件缺陷，但是通过最简单的测试，我们推断应该是硬件缺陷。这是因为新的电路板是由缺乏经验的工程专业学生制作的，它们是这些学生加载和焊接的处女作。

测试计划将会更仔细地检查电路板，包括最简单的可能原因以及全面的电路板调试。如果有必要，还应该连接逻辑分析仪去观察所有的相关信号。

在我的笔记本（或者你的实验笔记本）上，我制定了一个有关各项测试的清单，内容包括我将进行哪些测试，以及我期望观察到的结果和实际观察到的结果。

进行测试的过程如下。

1. 使用欧姆表，检查电源到地是否短路。

   期望：测量到的阻值应该大于 0Ω。

   测量：150Ω。

2. 检查电路板电源。

   期望：所有的 V_{CC} 引脚都是 DC + 5V。

   测量：每个 V_{CC} 引脚测量值都是 DC 5.25V。

   说明：使用实验套件的 5V 电源，DC 1A 电流限制。

3. 检查元件。是否正确插入芯片底座？是否过热？进行彻底的目视检查，然后从底座上移除所有元件，检查引脚，再重新插入。

   期望：所有元件的方向都正确，都正确插入各自的插座。

   观察：所有元件都正确插入，没有过热。

4. 检查时钟信号。

   期望：在晶体振荡器输出端和 Z80 时钟输入端测量到 4MHz、0～5V_{pp}（V_{pp} 为电压峰值）方波。

   说明：使用实验室的示波器，地线连接到电路板的地线测试点上。

   观察：在晶体和 Z80 时钟输入端（引脚 6）的时钟信号看上去很好。

5. 使用逻辑分析仪，检查地址、数据或者状态走线开路还是短路。

   期望：跟踪列表应该符合源代码二进制输出。

   说明：

   a. 使用状态模式。

b. 退出复位状态（_RESET 变为高电平）时触发逻辑分析仪进行跟踪。

c. 重点关注软件定时循环填充缓冲区。

观察：代码运行正确，能进入软件延迟循环，填充缓冲区。将走线短路或者开路都没有出现问题。但是还是没有观察到显示工作。

6. 检查代码是否存在软件延迟循环。

期望：代码将在循环结束时正常退出，表明问题出在别处。

说明：通过将逻辑分析仪触发电路重新配置为顺序触发，尝试消除软件延迟循环。设置条件 A 为软件延迟循环的首地址，然后设置条件 B 为软件延迟循环后的首地址。

观察：逻辑分析仪没有触发。软件从未退出延迟循环。

这是第一个出现的线索，它看上去不是硬件缺陷，但是我们也不能排除这种情况，必须进行更多测试。挠了半天头之后，我重读了逻辑分析仪的帮助菜单，然后修改了触发条件，使得状态 B 是软件延迟循环范围之外的任意地址，代码未能正确退出。

在进行下一步之前，需要写下刚刚观察到的现象，以便得到一个能返回的数据点。接下来，我重复使用逻辑分析仪进行测试，这次使用修改后的触发条件，设置触发顺序，这样条件 A 就是延迟循环的首地址，条件 B 是延迟循环外的任意地址。

观察：逻辑分析仪触发了。

说明：跟踪列表显示 RESET 变成低电平，并且处理器开始重新运行初始化代码。

现在我知道了问题所在，只是不知道为什么发生问题。一旦进入延迟循环，处理器将复位并重启，它从未退出循环以驱动新数值进行显示。

产生硬 RESET 信号的唯一方法就是按下 RESET 按键，而我绝对没有这样做，硬件也没有产生复位信号，现在就怀疑到 Maxim 公司的微监控器芯片了。除了上电复位、复位按键和供电监控之外，微监控器也有一个看门狗定时器，是它触发和产生了 RESET 信号吗？

我认为我知道元件是如何工作的，但还是重新打开数据手册，认真阅读了有关看门狗定时器运行的内容。按照我的设计，我为定时器延迟预留了一个输入引脚，标记为 TD，并且未进行连接。当这个引脚保持开路时，如果没有检测 STROBE 引脚的输入，看门狗定时器将在 600ms 时产生超时，定时器超时会产生 RESET 信号。我使用 Z80 的一个状态信号来阻止看门狗定时器 RESET 生效，但是当软件处于定时器延迟循环时，这个信号并没有起作用。

在对墨菲定律进行难以置信的验证中，看门狗定时器超时值几乎等同于定时器延迟循环。DS1232 微监控器芯片中的精确超时延迟具有相当大的易变性，以致大部分芯片能够工作，而有些却不行。检验这个假设的最简单的方法就是将正常工作的电路板和出现问题的电路板上的微监控器芯片互换。如果故障是随芯片出现的，就能知道问题的原因了，并且可以通过再次阅读数据手册给出一个解决方案。

7. 将能工作的电路板和不能工作的电路板上的微监控器芯片互换。

观察：故障随 DS1232 芯片出现。

解决方案：重写延迟循环代码或者更改看门狗定时器超时时间。

8. 将微监控器芯片的 TD 输入跨接到 V_{CC}，这应该会让超时时间从 600ms 增加至 1200ms。

   观察：现在失效的电路板应该能正常工作。

   我再一次停下来用文档记录下测试结果。我知道导致问题的原因，并记录了自己所进行的工作，以证明自己确实找到了问题的根本原因。我还编写了一个仅涉及软件的可能解决方法，这样就不需要在 20 块板上焊接跨接导线。

9. 重写软件延迟循环，向微监控器芯片的 STROBE 输入持续输出信号，这样就不会产生超时，也不会再产生错误的 RESET 信号。

   期望：现在所有电路板能正常工作，且不需要硬件跨接导线。

   观察：所有出问题的电路板现在都能正常工作了。

从这个练习中能学到什么呢？

1. 在解决问题之前，先停下来，进行思考并制定计划：

   首先写下我知道什么、怀疑什么以及认为该检查什么，这种练习是非常重要的，它在开始进行修改前，提供了一个隔离缺陷的框架。

   此外，还要写下计划，我强迫自己慢下来，不要匆忙行事。如果问题非常复杂并且涉及多名工程师，那么第一步极有可能是召开会议，来一场头脑风暴去激发思路，然后将其精心组织成一个连贯的计划。

   计划中可能会有很多步骤，而且一旦我们开始调试系统，有可能会不得不修改我们的路线图，这是合理并且可预见的。当我们更进一步分析问题时，可能会有新的线索浮出水面，这样我们就必须针对原计划之外的其他领域进行研究。

   前期工作的另一部分是找出你认为必须跟踪的所有变量。这很容易形成编译器版本、生成文件、链接器命令文件、数据手册等的清单。这么做可能有些过头了，但是当你倍感压力去修复缺陷以便能满足产品发布期限时，手头上拥有的所有这些信息是极为重要的。

   当然，你可以用电子形式做笔记。我比较老派，习惯用实验笔记本去收集想法和做笔记。

   如果你曾经维修过自己的汽车，那么你可能已经花时间去查阅工厂服务手册了。这些手册是由汽车工程师为修理厂或者经销商的维修机械师们编写的。翻到手册的任意一部分，你将找到流程图形式的推荐过程，以隔离机械或者电子故障。

   流程图是步骤列表的另一种形式，并且它有许多优点，允许你将调试计划看成线路图，并且列出了做出决策时你该做的事情。这可能有点过头了，老实说我从未碰到过要用这种方法解决的问题，但是它可能还是有好处的。我们仅将它划入“可能有用”的类别中。

2. 仔细阅读和理解产品数据手册：

   在 *Debugging：The 9 Indispensable Rules for Finding Even the Most Elusive Software and Hardware Problems*[3] 一书中，作者 David Agans 的一个重要观点就是理解你的

系统。这就意味着要彻底而仔细地阅读所有数据手册，以及你将使用的但又不是你亲自编写的全部代码，或者你在很久以前写的但现在又不记得怎么运行的代码。

Agans 进一步指出你应该认真阅读软件的所有注释，这些软件注释是与缺陷相关的，或者可能是相关的，甚至看上去不相关的。他举了一个例子，他正在调试嵌入式处理器系统，代码是用汇编语言编写的，一个片上寄存器出错了，下面是作者对这个问题的描述：

> 我们正在调试一个用汇编语言编写的嵌入式固件程序，这意味着我们可以直接操作微控制器寄存器。我们发现 B 寄存器被破坏了，而且我们将问题缩小到了某个子过程的调用上。当我们查看子过程的源代码时，发现顶部有以下的注释：/* 注意——这个子过程会破坏 B 寄存器 */。

Agans 用一整章来阐述这个观点。你应该阅读所有资料，尤其是那些不是你编写的代码的注释，或者是在很久以前编写的代码的注释（超过两周都算很久）。只有这样你才能排除“不完全理解系统”这个关键因素。下面是他对调试硬件和软件缺陷所做的 9 条必不可少的规则的总结。在本章和下一章中，我将一遍又一遍地重复这些要点.

- 理解系统。
- 使其失效。
- 停止思考，观察。
- 分而治之。
- 一次只做一处改动。
- 保持检查跟踪。
- 检查插头。
- 换个角度看。
- 如果你没有修好它，那么它就没修好。

当我谈到需要完全理解你的设计时，这里有另一个相关的实例。在 20 世纪 90 年代中期离开惠普逻辑系统部门（Logic Systems Division, LSD）之前，我主管一个尚处于产品定义最初阶段的项目。我们有一个产品创意，但是没有得到开始开发产品的许可。产品的代号是 Farside，这个代号不是因为 Gary Larson 的连载漫画，而是因为我们正在寻找传统之外的工具。

正如我们定义的那样，Farside 是接近终极的嵌入式系统调试工具。我们以工程师作为此调试工具的目标受众，工程师必须理解需要升级的在用系统。当我们在东海岸的一家大型电信公司做用户调查时，就决定使用这种调试工具。在那里，我们会见了工程师团队，他们的任务是使用一款不是他们开发的现有产品并进行改进。

他们不得不依靠标准文档、服务手册、所有的软件和硬件原理图，而最缺乏的就是能描述原创设计师意图或者原创设计思想的文档。令我印象深刻的是，他们能够通读大量文档，从中提炼出设计理念和可以改进的地方。他们要求我们提供一个或者一套逆向工程工具，这就能使他们在更高层次审视设计，而不仅仅是通读源代码或者原理图。

这些优秀的工程师给出了理解系统[⊖]的方法。

3. 相信奥卡姆剃刀原则：

我相信你们大多数人都知道，奥卡姆剃刀是一种解决问题的原则，指的是当针对一个问题提出相互竞争的假设性方案时，应该选择使用假设最少的那个。

另一种阐述这个原则的方法是在条件相同的情况下，简单的解释通常优于复杂的。

如何将奥卡姆剃刀原则应用到调试中呢？我们来重温一下调试微处理器板的流程图。在失效的电路板上进行的第一个测试就是观察电源和地是否短接在一起，这是故障电路板的一种可能解释。同样，学生可能由于焊接过热而损坏电路板，从而导致内电路层短路，这貌似也是可能的原因。这并非我假设的一部分，我只想从简单而有意义的测试开始，然后逐步进行更精细的测试。

请注意，我没有从第 5 步“使用逻辑分析仪”开始，而是从简单的全局性测试开始，在排除简单问题的同时，努力解决更复杂的可能问题。

4. 进行差异测试：

这意味着一次只改变一个变量。差异测试与霰弹测试完全相反，仅更改一个变量就可以影响系统。在询问学生为什么不遵照这个过程时，我得到的答案是一致的：“我没有时间。”

如果你是学生，在读到这段内容时，可能会赞同时间是最宝贵的财富，你永远没有足够的时间。因此，你可能会支持他们的说法，说不定你已经这样干过很多次了，只是不想承认而已。但是如果你没有时间去遵守这个严格的过程，那么为什么你愿意把东西拆开、重新布线，或者重写程序，而不去分析造成缺陷的真正原因呢？

看到一块明显花费很长时间才完成的布局整洁的免焊面包板被拆开和重新布线是十分痛苦的，而这是由于学生没有花时间去正确定位缺陷造成的。

在这个特殊的案例中，学生的电路板布线正确，仅仅忽视了检查电源正负极轨条。如果进行了这个简单的测试，他就可能会发现半个电路都没有连接到电源或者接地。他所使用的面包板中间的轨条被划分成电源轨条和接地轨条。上面的四个轨条接到电源和地，但是下面四条没有连接。只需要在上面和下面的电源和接地轨条之间连接四条跨接导线就能修复问题。回到图 2.1，两个窄方框是电源和接地轨条被分割的地方。面包板左侧四段连在一起，右侧四段也连在一起，但是这两部分之间并没有连接。

在本章的前一个例子中，我在第 6 步展示了这个原则。至此，我把缺陷缩小到了一个可能性上——微监控器芯片，但我不能确定它就是罪魁祸首，因为 17 块电路板工作良好，只有 3 块不行。关于这个问题我有个相当好的思路，因为我知道延迟和看门狗定时器复位间隔在时间上是差不多的。

⊖ 就在我们获得许可进行 Farside 开发时，HP 关闭了逻辑系统分部。那时，我们忘记了这个项目，把 110% 的精力放在了别处能赚钱的工作上。

此外，在阅读了元件的数据手册之后，我认识到在看门狗定时器的精确时间间隔设置上存在不少变数，因而导致了一些元件可以工作，而另一些元件却不能工作。因此，差异测试就是用不会产生 RESET 脉冲的元件替换可疑元件。

同一时刻测试且仅测试一个变量是一个明智的决定。每当你同时测试多于 1 个变量，可能得到的结果数量至少是 2^N，这里 N 表示改变的变量数量。

现在你可能会想："为什么他说'至少'2^N？不就是 2^N 吗？"如果 N 个变量之间没有额外的相互作用，那么可能的结果组合数量估计就是 2^N。更进一步，这句话说的是，在输入变量变化的特殊组合的系统中，如果你观察到一个改变，那么其他的 2^N-1 个组合也可能会导致这个变化。

然而，如果两个及以上的变量是相互依赖的，或者在两个变量共同作用下问题得到了解决（或者产生了新问题），那么就会导致调试过程面临更多可能的结果，而处理这些结果的时间将会按照指数级增长。

即使进行的是差异测试，记录下预期结果和实际观察到的结果仍然极为重要。即使你能正确地进行调试，也很容易就会忘记正在执行的数十个测试的结果。

5. 在进行后续工作之前，请考虑最佳解决方案：

快速修复是很有吸引力的，而且"师出有名"，包括：

a. 我们落后于计划。

b. 下周要进行"重要演示"。

c. 软件团队需要硬件设备以便继续开发。

d. 尽快将硬件设备投入实际使用。

e. 工程师们不得不转到其他项目。

如果你是学生，可能会有自己的一套说辞，以便进行快速修复和后继工作。这些说辞很可能包括以下这些：

a. 项目必须在本周末完成。

b. 我不得不为通过 XX 课程的期末考试而学习。

c. 期末考试结束后我要离开这里。

d. 如果在班上得不到好成绩，我将无法获得奖学金。

为了对本章进行总结，我们必须回到出错的 Z80 电路板的实例上来。我们已经找到了问题，而且提出了在延迟循环中进行软件修复，消除了看门狗定时器超时并导致～RESET 被断言的问题。难道我们应该就此罢手，认为已经搞定了吗？

快速修复是重写代码并将 ROM 重新编程。然而，还有另一种解决方法，即通过将 TD 输入端连接到 DC + 5V（V_{CC}）电源端，将定时器的超时间隔修改为 1.2s。这还需要从 TD 到 DC + 5V 输入端之间增加一根跨接导线。对于 3 块电路板来说，这算不上特别困难的修改，可能总共需要 30min。但是请稍等，这是一个潜在的问题。难道我不应该将 20 块电路板都修改过来以便阻止问题再次发生吗？这无疑至少需要好几个小时。

或者，我可以重新设计电路板并且将 TD 永久连接到 V_{CC}。现在我不得不再购买一批电路板，重新装配它们，这很费时并且代价高昂。更好的办法是用固定的跳线选择器来选择时间间隔。再来看一下图 2.2，你会看到电路板左下角有几个跳线选择器。为什么不能为定时器再增加一个呢？

我所在的 HP 分公司里，一位项目经理有一个塑料棒球棒，上面有“WIBNI Killer”的字样，WIBNI 是“Wouldn't It Be Nice If…”的缩写，当一个工程师突然对添加更多的特性或功能感到兴奋时，那位经理会拿出“WIBNI Killer”，这意味着对这名工程师进行敲打，让其放弃这个念头。

为什么要放弃这种做法呢？因为如果我们有机会修复硬件，那么就应该扪心自问趁此机会去修改或改进设计是否也是合理的？如果需要重新设计电路板来修复缺陷，那么也许我们应该趁此机会引入一些市场一直需要的设计。

这个讨论的主要观点在于，我们不应该敷衍了事地修复缺陷并且继续下去。一旦你知道了问题在哪，在采取最简单的方法之前，应该花时间列举可能的解决方法。让我们回顾一下，可能的解决方法有：

a. 修改软件延迟循环代码。

b. 增加将 TD 连接到 V_{CC} 的跨接导线。

c. 重新设计电路板，增加 TD 到 V_{CC} 的走线。

d. 重新设计电路板，针对 3 种可能的定时器超时延迟增加可选择的跳线块。

在此例中，对于 20 块学生实验用的电路板而言，最简单的方法就是最好的。修改 ROM 代码，解决看门狗定时器超时问题。在这个案例中我就是这样做的，但这并不是我们深思熟虑后的唯一选项。

总而言之，大多数时候我们发现问题，解决问题，然后继续下去。我建议在进行后续工作之前，你要花一点时间去思考更多的可能选项，或许能够得到意想不到的结果。

6. 记录缺陷：

如果想改进设计过程，记录你所发现和修复的缺陷也是过程的重要环节。在我简单的例子中，我会列出两方面的根本原因：

a. 未完全理解 DS1232 是如何工作的。

b. 使用软件定时循环这样糟糕的软件设计。

这里的经验教训是什么？不是那么简单。我认为使用软件定时循环并不是良好的设计实践，但在简单情况下它也是一种合理的方法，在此情况下我需要一种方法向学生们展示电路板能正常工作，问题出在别的地方。

是不是对微监控器有更好的理解就能避免缺陷发生呢？或许是。可能我会花时间计算用于显示的时延循环的精确耗时，而不是编写延迟循环，观察显示，认定“好像是正确的”，然后查看定时器超时的可能变化以观察是否存在可能的冲突。

那种方法可能也会发现缺陷。有趣的是，我怀疑这个缺陷是否会在设计审查中被发现。我已经收到过一些有关软件延迟循环的批评，但是我会根据软件的优点来证明它是合理的。

硬件缺陷（如果你能称之为缺陷）可能出现，因为 DS1232 的 TD 输入端未连接。开路的输入端总是需要检查的，因为浮动输入端上的噪声是系统不稳定的根源。然而，将其作为设计的一部分合情合理。我认为应该在我揭示这个缺陷之前，让非常精明的人来发现它。

即使如此，对这个缺陷进行书面分析（观察到什么缺陷以及如何修复）在将来的某些时候都可能节省大量的时间。如果仅仅修复缺陷并继续，你可能会忘记，然后 2 年以后又要重来一次。你会模糊地记得好像以前见过这个问题，但是回忆不起来问题究竟是什么，是怎么发现的，又是怎么解决的。因此你需要再进行一次完整的调试过程。你找到了问题并对其进行了修复，但是想象一下，如果你打开缺陷记录本（纸质的或者电子的），找到很久以前记录下来的缺陷笔记，这种场景多么让人惊艳。

我们来总结一下之前讨论的主要观点，以此来结束本章中有关调试通用过程的内容。

1. 在解决问题之前，先停下来思考，并制定计划：

   写下你已经观察到的和可能的原因。如有必要就修订计划。将假设系统正常时期望观察到的和实际观察到的进行书面记录。

2. 深入阅读和理解数据手册：

   未能全面理解设计工作是嵌入式系统出现缺陷的主要原因。

3. 相信奥卡姆剃刀原则：

   首先从简单的可能性入手，然后再向更精妙的问题前进。

4. 进行差异测试：

   决不能一次改变一个以上的变量，也决不能抱着“原力与我同在”和这些修复方法中的一种就是“救世主”的奢望，从而一次改变几个变量。

5. 进行后续工作之前要考虑最佳方法：

   用最快速的方法去修复缺陷是十分诱人的，但是要经过深思熟虑，选择最优的整体解决方法，而不是应付了事。

6. 记录缺陷：

   除非你能从缺陷中汲取教训，否则你无法实现持续性的改进。保持记录，针对缺陷及其原因的记录是无价之宝。

另一条调试之路是重新运行电路仿真，看看它们是否能为观察到的现象提供线索。我们将在后续章节讨论如何使用仿真，在那里我们将讨论如何以最佳方式使用可用的调试工具库。

我将用另一个学生的故事来结束本章。华盛顿大学博塞尔校区的电子工程（EE）、计算机科学（CS）和计算机工程（CE）专业的学生们大多数都努力获得学士学位，然后参加工作。少数学生会继续到研究生院进行学习以获得硕士学位，仅有非常少的学生会继续深造获得博士学位。最终的毕业考核是技术面试，他们极有可能遇见未来的雇主。

由于我在这个行业做了很多年的招聘经理，并且面试过很多很多新人工程师，因此当我谈论招聘过程时，我的学生们还是愿意听的，而当我谈论课程主题时，他们就“多任务”

地浏览推特网页。当学生们提交最终的项目报告时，我要求他们对自己的项目进行自我评价，并谈谈还有什么本来可以做得更好。

很可能三分之一到二分之一的学生会描述他们是如何将全部时间用于调试硬件或软件的，比如“我决定使用从网上下载的 Arduino 代码并且……”或者“我在厂商官网上找到了应用程序说明……”。在我给项目评定等级的时候，会针对他们的项目和报告写下相当长并且详细的评语。

通常，我会建议他们采用正确的方法去重做项目，然后撰写一份报告，阐述自己是如何遵循课堂上讲过的开发过程，以及如何使用讨论过的最佳实践的。不管他们第一次的项目有多么糟糕，他们仍然可以撰写出一份优秀而有说服力的项目报告，这将会使招聘经理认真考虑这个学生。

想象一下，报告中正好有调试记录，就像我们在课堂上讨论过的那样，这应该是一份装入你的求职简历中的报告，而不是为了评定成绩而提交的报告。这让我想起了作为高中生参加第一年物理实验的日子，当时我们被分派进行测量重力加速度的实验，我们的实验数据与期望值相差甚远、偏差巨大，但是不用担心。我们知道结果如何，因此我们只需从结果（32ft/s/s）出发，逆向创建数据来匹配要求。

2.2　参考文献

[1] https://searchsoftwarequality.techtarget.com/definition/shotgun-debugging.
[2] R. A. Pease, Troubleshooting Analog Circuits, ISBN # 0-7506-9499-8Butterworth-Heinemann, Boston, MA, 1991.
[3] D. J. Agans, Debugging: The 9 Indispensable Rules for Finding Even the Most Elusive Software and Hardware Problems, Amacon, a Division of the American Management Association, New York, 2006, p. 11. ISBN 0-8144-7457-8.

第 3 章 嵌入式软件调试的最佳实践

3.1 引言

在本章中，我们将探索一些嵌入式软件调试的最佳实践。我准备把关注点放在嵌入式 C 语言和汇编语言上，因为它们是我最了解的语言，而且通常也是与嵌入式系统联系最紧密的语言。

我针对研究过程中碰到过的文章列出了一份读物清单，这些文章对很多主题介绍的详细程度大大超出了我的预期。此外，它们偏向于关注如何编写没有缺陷的代码，因为编写没有缺陷的代码总是好过在缺陷出现后查找并修复缺陷，另外，早发现缺陷的成本也比晚发现缺陷要低㊀。

图 3.1 展示的是项目开发周期中的时间线与修复缺陷的成本之间的关系。请注意图中的曲线呈指数形态而非线性形态，这意味着：越到产品设计生命周期中的后期，修复缺陷的成本也就越高㊁。但是现代技术能在一定程度上缓解这种情况。

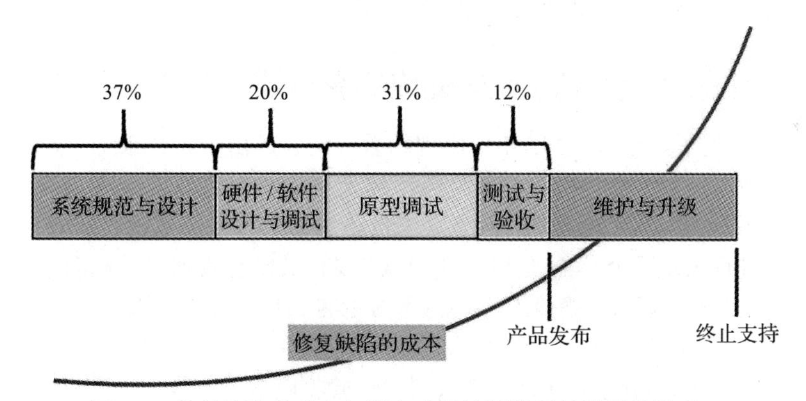

图 3.1 修复缺陷的成本与嵌入式设计周期所处阶段的关系 [1]

考虑到非易失性存储器在现代嵌入式系统中的普遍性，在微控制器中修复该领域的缺陷通常是非常简单的。这假设设备可以以某种方式连接到通信链路，并且内置无缝升级固件的规定。如果此功能不可用，则此图是准确的。

另外请注意，数据显示整个设计周期差不多有一多半的时间都花在了项目调试阶段，

㊀ 你可以用任何自己喜欢的标准来衡量成本：金钱、工程时间、延迟的交货时间等。

㊁ 我在编写本章时，波音 737 MAX 软件出现错误，导致所有 737 MAX 航班停飞，问题正在修复当中。

这个数据在我拜读过的一些文章中是相当一致的，尽管其中有些异常数据会高达 80%。

虽然这个数字适用于所有的软件开发，但我敢说，对嵌入式软件来说，因为增加了硬件 / 软件交互方面的内容，所以这个数字很低。

我不想重复其他作者已经讨论过的内容，所以让我们从嵌入式的角度出发来看待这个问题，并从这个角度开始。

3.2　造成嵌入式系统与众不同的原因

从本章开始研究嵌入式系统调试最佳实践很合适。尽管嵌入式软件（固件、操作系统和应用程序）与所有其他类型的软件（无论是基于 PC 的软件、移动平台软件还是大型机软件）具有许多共同的属性，但嵌入式软件属于一个独特的类别，有其与众不同之处。下面将列出其中的一些不同之处 [2]。

3.2.1　嵌入式系统专门用于特定的任务，而 PC 是通用的计算平台

现在我们可以争论智能手机到底是另一种形式的个人电脑，还是一种嵌入式系统。当然，智能手机既具备传统嵌入式系统的要素，比如特定任务的需求（通话、GPS、蓝牙通信等），也有在手机上运行的应用程序，这些应用程序使得智能手机成为我们日常生活中不可或缺的一部分㊀。

当然，与智能手机相比，单一用途的嵌入式应用程序还是要多得多，但我们必须承认，传统的嵌入式设备与现代嵌入式设备之间的界限并不那么明显。

3.2.2　软件失效在嵌入式系统中造成的影响要比在桌面系统中严重得多

我在 3.1 节提到了波音 737 MAX 中出现的软件问题，由于某种系统故障，在两次飞机坠毁事故中有 300 多人遇难。我们可以喋喋不休地争论，探讨原因到底是硬件失效（迎角传感器提供了错误的数据），还是软件失效（来自传感器的数据未被正确解析），是设计失效（关键系统没有进行三重冗余），还是说明性问题（飞行员没有收到有关机动特性增强系统操作的足够信息）。还有可能是一个营销失效（系统的告警灯只是作为选售品出售），或许是波音公司的失败（为了和竞争对手空客公司一决高下，这种飞机的投产太过匆忙），最终还可能归咎到政府头上（联邦航空局允许波音公司自行验收该型号飞机）[3]。

不管原因是什么，最终的结果都是机动特性增强系统失灵，乘客失去了生命。

最近出现了另一起失效事件，此次失效涉及即将到来的下一个风口——自动驾驶汽车。2018 年 3 月，Uber 公司的一辆 Volvo 自动驾驶汽车在亚利桑那州坦佩市撞死了一名行人 [4]。有文章指出，因为人类驾驶员未能从自动驾驶手中成功接管控制权，所以死亡事故发生了。

加拿大原子能有限公司生产的放射治疗仪 Therac-25 也出现了典型的致命软件失效事故 [5]。

㊀ 当我告诉学生在上课期间关掉手机并把它收起来时，观察他们的表情总是非常有趣的。

在谈到安全关键型软件设计时，这起事故已经成为糟糕的软件设计以及缺乏严格评估的案例。

在上述事故中至少有 6 人遭受了过量的致命辐射，这是因为软件中的故障允许操作人员在无心之中错误地设置辐射参数，并且在 Therac-25 中去除了之前型号的 Therac 产品中的安全备份。我们都清楚，即使没什么生命危险，嵌入式软件也绝不能失效。作为用户，我们希望内置了微处理器的设备能够持续工作下去，这也是大多数嵌入式微控制器都带有看门狗定时器的主要原因。

我曾经有一台喷墨打印机，总是会定期自动重启。如果我是一个赌徒，那么我就会大胆猜测，在控制处理器深处有一个看门狗定时器来修复软件缺陷，这个缺陷会造成固件每隔一段时间就崩溃。

如果没有看门狗定时器，这台打印机就是个让人无法接受的产品，那样我就只能退货了。相反，因为有了看门狗定时器，这个缺陷可以视为一个可爱的“特性”㊀。

3.2.3 嵌入式系统具有实时性约束

本质上，嵌入式微处理器是一种控制元件，属于必然会与时间打交道的设备。无论多么简单或廉价，你都很难找到不包含任何定时器的微控制器。

一般而言，有两种类型的实时依赖关系：时间敏感型和时间关键型。

时间敏感型依赖关系是指性能会随着时间的推移而逐渐下降。比如一台每分钟打印 18 页而非 20 页的激光打印机，这种打印机的销售前景黯淡，但是却不会有人会因为它受到伤害。这种打印机能够正常工作，但它在市场上的竞争力或许不如其主要竞争对象——每分钟能打印 22 页的打印机，但是它仍旧能够工作。

时间关键型依赖关系就要严重得多。如果在所分配的时间窗口内要求的动作没有发生，那么系统就失效了。造成的后果可能包括带有电传飞行控制系统的飞机从空中坠落，或者工业过程控制器失控。你能想象到那种场景。

现在如果再引入实时操作系统，事情就变得更加复杂了，因为软件的行为不再具有确定性。你无法简单地对 CPU 指令周期进行计数，并推算出某个特定的函数执行起来究竟要耗费多长时间。

你的软件或许非常出色，但是系统却可能会因为 I/O 事件序列中的百万分之一的错误而失效。你永远也无法通过单步执行代码或代码检查来发现这个错误。

我曾经听过的最好的演讲之一是在一次嵌入式系统会议上，David Stewart 博士分析了嵌入式软件开发中最常见的 25 个错误 [6]。Stewart 博士从第 25 个，也是最不严重的错误（“我的问题与众不同”），开始，并依次回到第一个（也是最严重的错误），Stewart 称这个缺陷为“没有测量执行时间”。

Stewart 声称：“很多设计实时系统的程序员对自己代码任意部分的执行时间一无所知。”
我想你能够明白为何在不清楚设计的实时性约束的情况下编写代码是件糟糕的事情。

㊀ 有时缺陷会被视为一种特性，我想这取决于你从什么角度来看待它。

我曾经给自己所带的微处理器系统班布置过几个不同的设计项目。我个人最喜欢的是设计一个能够输出最高频率为100kHz的正弦波、三角波以及方波的函数发生器。对这些电子工程专业的学生而言，这是布置给他们的第一个实际设计项目，也正是这个项目把他们从学完课本就行的舒适区带出来去解决问题。

他们拿出Arduino Uno或者Mega潜心研究，当他们展示自己的设计作品时，很多作品在100Hz频率下就停止了工作，只有设计要求的千分之一。

出了什么问题？尽管我曾经在课堂上讲授过性能问题，但学生们还是没有弄清楚为了能够每10μs生成一个完整的正弦周期，到底要以多快的速度从查找表中输出正弦值。

3.2.4 嵌入式系统可被各式各样的处理器以及处理器架构支持

我曾试图搞清楚当今世界上到底有多少独特的微处理器和微控制器，但是这个过程让我感觉像是掉入了Google的陷阱而无法自拔（意思是指Google搜索的结果过多）。所以我们还是保守一点，姑且算超过1000个吧。

很多处理器采用的是像ARM Cortex这样的标准架构，但是还有一些处理器采用的架构完全不同。对于每一种架构，都必须能用一套软件工具来支持它。至少，我们需要一个汇编器和一个链接器。进一步说，我们还需要编译器和调试器，可能还需要其他一些面向特定架构的工具。

沿着工具链上溯，具有片上调试资源的处理器需要以JTAG或其他调试协议形式提供外部硬件支持。

重要的是，这些不同的处理器需要不同的软件设计和调试工具。

3.2.5 嵌入式系统通常对成本非常敏感

几年前我曾有一台录像机，但是在一场风暴导致的电力波动后报废了，这就属于一种相当糟糕的供电设计。好在这台录像机不贵，还不到50美元。因为它是一个低成本工程的奇迹，所以出于好奇我把它拆了，并把主PC板留下来带给我班上的学生们看，据我猜想，它的全部制造成本肯定还不到20美元。

是的，这台机器是在低薪酬的其他国家制造的，物美价廉。主要的印制电路板是单面的，所有的走线都位于电路板的底部。表面贴装式元件和插入封装式元件在电路板的上下两边都有。最上面的元件大部分都是跳线，这些跳线需要穿过最下面的走线。

我认为控制处理器的批发价不会超过0.5美元，我想不出还有什么比这个VCR更好的例子，可以说明嵌入式系统相对于其他计算设备的成本敏感性。

当然，除了像NASA或军方的产品之外，大多数带有微控制器的产品都是以尽可能低的成本设计的。那么软件应该如何均衡成本和性能呢？简单，软件必须经过设计以适应可用的代码空间，以此满足项目的成本和性能目标。

因此，我认为我们应该对调试的定义进行扩展，它包括探寻提高代码效率的方法，以满足我们的设计目标。这种定义扩展意味着任何能够运行但不能达到产品性能目标的代码都是有缺陷的代码。

与此类似，不能适应可用代码空间（ROM、FLASH、EEPROM 等）的代码也属于有缺陷的代码，除非有证据表明在制造成本的价位上，可用代码空间确实不能满足规定的特性集合。如果是这种情况，那我们遇到的还有硬件问题。

3.2.6　嵌入式系统具有功耗限制

大约一年前，我为家里买了一套广受好评的安防系统。它完全是无线的，所有的远程传感器都依靠小小的 CR2016 纽扣锂电池工作。到目前为止我还没有更换过一次电池，系统仍然运行得非常好。有趣之处在于基站一直与所有外围传感器保持通信，如果传感器没有响应或需要更换电池，就会向键盘发送消息。

低功耗运行是当今嵌入式系统的常态。这一点会对软件产生什么影响呢？软件的设计和编写必须满足低功耗要求。时钟速度越慢，功耗就越低。此外，休眠模式设计必须只能用于当需要进行某些处理时才唤醒处理器。

我曾讲授过一门高级嵌入式项目课程，当时有两名学生组成了一个小组，决定构建一个电池驱动的门锁系统——就是那种你可能在酒店客房的保险箱上看到的门锁。这并不是一个多么有挑战性的项目，但我好奇的是他们是如何处理供电问题的。结果他们并没有对供电问题进行处理。他们选择了一种具备低功耗性能的微控制器，却并没有用到低功耗选项。结果他们的系统在使用 9V 电池的情况下只能工作大约 15min。

3.2.7　嵌入式系统必须能在极端环境下工作

嵌入式处理器必须能够在任何需要它的场景下工作，它可能被要求在急剧的温度变化、湿度、振动等情况下工作。在被应用于航天器时，它还要面对地球大气层外的高强度辐射。这是否会影响软件调试过程？或许不会，除非你试图搞清楚你的火星车为何会持续自动重启。

3.2.8　嵌入式系统的资源要比桌面系统少得多

假设你正在为自己的 PC 编写一个应用程序，PC 的架构是一个标准环境，不管它的操作系统是 Windows、Mac、Android 或者 Linux。为了达到调试目的，你会通过对你而言可用的资源直接与应用程序进行交互，显示器和键盘都是你了解代码行为的窗口。

然而绝大多数包含嵌入式设备的电路没有键盘或显示器，它们也不太可能带有通信端口，允许你在处理器上使用带有调试内核的远程调试器。

3.2.9　嵌入式微处理器通常具有专用调试电路

从好的一面来看，现在几乎所有微控制器都有片上调试资源。我曾经对最廉价的微控制器做了一个非正式调查，发现即使价格为 0.25 美元的微控制器都带有调试内核。大多数微控制器都支持 JTAG 风格的调试器来与主机调试器进行通信，其他一些微控制器则带有自己专有的某种变体形式的调试器。

Atmel AVR ATTINY13A-SSUR 却独一无二，因为它只需要用一根接线连接复位引脚来与处理器内核进行通信[⊖]。

集成电路技术的进步使得以前有关集成电路制造的所谓经济学真理成为过时的东西。现在晶体管基本上是免费的，在嵌入式微控制器中加上健壮的调试电路也没有什么风险，即使产品在设计、调试与发布之后从未用到过调试内核。

3.2.10 如果嵌入式系统用到了操作系统，那么它所用的很可能是实时操作系统

如果你的嵌入式系统用到了某个实时操作系统，那么它极有可能不是一个简单的系统，对其进行调试很有挑战性。嵌入式系统需要专门的工具和方法来进行有效的设计，这不足为奇。为了得到最终的产品，必须均衡考虑产品的各个方面。这就是要掌握这些工具用法的原因，尽管掌握这些工具可能十分复杂，所需的学习曲线会让你感到时间紧迫，但是这些工具或许是维系你和将被撤销的项目之间的唯一的救命稻草。实时操作系统是复杂的，在实时操作系统控制下，硬件资源、处理器以及应用程序之间会产生微妙的相互作用。

因此，软件调试的目标就是利用 CPU 内核的外部和内部工具，以最快捷的方式查找和修复缺陷，使得我们能按时交付高质量的产品。

是的，这听上去和你曾经听说过的所有营销策略非常相像，但坦白地讲，这就是我们正在努力从事的工作。我之前拿我学生的经历来举例说明不要做什么，但是学生相对业界的嵌入式工程师而言具有优势。对学生而言，每次失败都是一次学习的机会，并不会造成什么实际后果（除了他们在班上的成绩）。但是如果一个有经验的工程师犯了错而导致出现产品缺陷，那么他就会面临决定职业生涯的严峻时刻。

不管怎样，让我们继续以积极的态度看待未来吧。

3.3 嵌入式系统调试的最佳实践

我们可以将有关这个话题的讨论划分为几类：

- 首先避免调试的需要。
- 通用软件调试的最佳实践。
- 作为特殊情况的嵌入式软件调试的最佳实践。

在接下来的几小节中，我将主要依靠专家们的著作进行阐述，并对每一种“最佳实践”做一个小结。强烈推荐在此之后按照给出的参考文献的链接去阅读完整的文章。

首先避免调试的需要

针对一般意义下的软件调试最佳实践以及作为特殊情况的嵌入式软件最佳调试已经发

⊖ 我认为你还需要一个接地连接，这样一来实际上它是一个双线接口。

表了很多文章。由于全书都是围绕这个主题编写的，并且软件工程也是每名计算机科学专业学生的课程之一，因此我只会对自己认为特别相关的一些最佳实践进行介绍。

1. 拆分项目

Ganssle[7] 认为软件工程的基本理念之一就是让函数代码行数少一些，一般不超过 50 行，他阐述了代码行数过多的复杂函数为何会难以理解和维护。

总的理念就是将项目拆分成若干小模块，每个模块由小型团队负责完成，并且团队之间的工作是独立的。否则，由于团队成员之间以及团队之间的沟通而带来的问题会导致项目进度时间呈指数级增长，并且会显著降低效率（效率用每名工程师每个月的代码行数来衡量）。当项目规模从 1 增长到 100（单位为工程师 / 月）时，效率几乎会降低 90%。

Ganssle 还提出了另一种拆分项目的方法：添加硬件，也就是使用多个小型微控制器，每个微控制器执行一个任务，而不是让一个复杂的多任务处理 CPU 运行实时操作系统，从而导致问题的发生。

2. 断言

Beningo[8] 和 Murphy[9] 主张在编写代码时使用断言宏，如果断言条件为假，那么断言宏就会在运行时返回错误信息。他们指出，在长调试会话情况下和找出首次满足条件为假的代码的情况下，断言 ASSERT 的数量是不一样的。Murphy 对创建断言宏并将其放到代码当中的过程进行了讨论。

3. 使用 Lint

Lint 是一个静态分析工具，有助于分析 C 和 C++ 语法，它从速度和效率两个方面补偿了 C 语言极为简陋的错误检查方法。代码中的运行时错误检测越少，降低速度的软件开销就越少，软件占用的空间也就越小。

Ward 声称 [10]：

> Lint 可谓“吹毛求疵”，即使最挑剔的用户也能对它感到满意。它能识别技术上的错误用法，也能标记出技术上正确但是“风格糟糕”的用法……
>
> Lint 甚至还能标记出虽然合法但是经常会导致无心之失的用法。

Ward 接着说道：

> Lint 会生成大量的分析信息，明智之举是尽早使用它来识别未初始化的变量和其他明显的问题，在代码优化阶段也是如此。

Lint 的另一个有价值的特性是它能指出程序执行期间未被使用的变量，以及逻辑上不会触及的代码。

我认为 Lint 对那些有兴趣学习更多 C 语言细微差别之处的学生特别有用，但也可以用它对由于疏忽大意造成的缺陷进行调试会话，并将代码恢复到能够运行的状态。

Gimpel Software㊀是最知名的静态分析器研发公司之一，该公司研发的PC-Lint Plus是一个工业级工具，既可以分析基于主机的软件，也可以分析嵌入式软件。PC-Lint Plus还会“检查是否违反内部代码指南，以及分析是否符合诸如MISRA的行业标准㊁”。

如果你不打算购买工业级产品，那么可以在网络上查找Lint的免费版本。AdLint㊂就是一个开源且免费的静态代码分析器，它可以在GNU通用公共许可下使用。

关于使用Lint最后再提一句，出于好奇，我曾经回过头去查看了一下讲授C++编程入门课程时使用的教材，发现在索引中没有提到Lint，这也更突出地说明了一点，即讲授编程通常并不包括如何编写良好的程序。

4. 认真对待编译器警告

忽略编译器警告很容易，因为你的代码仍然能够编译。你可以启动makefile过程然后去享用午餐。但编译器警告是代码中潜在缺陷的提示，这些警告可能是输入错误，比如你的实际意图是使用==来测试相等性，但实际上使用的却是赋值运算符=。

Allain[11]认为编译器警告信息表明了测试期间难以发现的问题，他以未被初始化的变量举例，未被初始化的变量的值在每次测试代码时都不相同。

他接着说道：

如果你不理解一条编译器警告，那么或许最好就相信是编译器正在告诉你一些有价值的信息。我曾经经历过这样的场景，我确信自己的代码无误，但又不能完全确定编译器警告的含义。但是在仔细研究了编译器警告后，我认识到自己在一个布尔表达式中犯了一个微不足道的错误，这个错误在调试时几乎不可能被发现——相对于在几个小时或者几天后（如果幸运的话）因为错误才发现缺陷而言，在对代码记忆犹新时会更容易发现缺陷。

5. 避免软件定时循环

我很愧疚，因为我很难将这种缺陷解释清楚。Stewart[6]认为这是一种难保什么时候就出现的缺陷。或许对你而言这不是什么问题，但无论什么时候，只要处理器、时钟速率或内存定时发生变化，都有可能出现难以发现的故障。

6. 全局变量

我们学校有一位计算机科学讲师，人很不错，也很和善。她总是很生我的气，这是因为我在嵌入式系统的入门课程上告诉学生有时全局变量是一个合理的解决方案，于是当她说全局变量是一个邪恶的发明时，她那些上过我的课的学生就会拿我的话反驳她。她比我说得对，但是学生们没有领悟我和她的论点的相对性。当中断服务程序必须与主程序交换数据时，很显然会调用全局变量。因为中断服务程序是在自己的上下文中运行的，所以没有什么便捷的方式来交换数据，不是说不可能，只是不方便而已。

Stewart指出绝不应该用全局变量来传递参数。他认为虽然这样做很方便，但是会妨碍

㊀ www.gimpel.com。

㊁ MISRA: Motor Industry Software Reliability Association, https://www.misra.org.uk/。

㊂ http://adlint.sourceforge.net/。

代码的重用性。

7. 命名和风格约定

Ganssle 和 Stewart 都指出了在组织中编码和风格约定的必要性。对 Stewart 而言，风格约定（例如一致的变量命名约定）的缺失是非实时编程的头号错误。如果没有一套函数和变量命名以及代码表现形式的编码指南，那么每个程序员都会自说自话，如此一来你需要一个翻译才能理解别人的代码。

国际 C 语言混乱代码大赛（International Obfuscated C Code Contest，IOCCC，https://www.ioccc.org/）将糟糕的风格（或者压根没有风格）作为自己的逻辑结论，在其网页上，IOCCC 声称：

> 在规则范围内编写最晦涩 / 混乱的 C 程序。
> 以反讽的方式展示编程风格的重要性。
> 用不常用的代码对 C 编译器进行压力测试。
> 来说明 C 语言的一些微妙之处。
> 为糟糕的 C 代码提供一个安全的论坛。☺

具有大男子主义气质的程序员会颇为自得地展示自己对运算符优先级的掌握程度有多么好，而忽略了那些帮助普通人进行理解的括号。括号提供了一种指引，并消除了那些可能在你的代码中蔓延的微妙缺陷。

Ganssle 认为，如果组织有一本有关编码约定的 200 页厚的手册，那么这本手册只能放着落灰而已。他主张使用简洁易读的小册子，任何工程师都能拿起它来轻松地理解组织中达成一致的语言约定。

8. 防御式编程

我在网上找到了一份有关防御式编程的讲稿，即参考文献 [12]，我觉得这份讲稿对防御式编程的理念做了一个很好的总结。讲稿的作者将防御性编程定义为这样一种技术：可以始终假定最糟糕的情况源自输入。他为防御式编程规定了三条准则：

> 永远不要想当然。所有的输入必须根据合法输入的全集进行验证，如果输入不正确，再决定要采取的行动。
> 使用编码标准（这一条很眼熟）。
> 让你的代码尽可能保持简单，因为复杂性会滋生缺陷。函数应被视为用户和程序员之间的一种契约，程序员要保证函数仅会执行一个特定的任务，如果函数无法让任务执行下去（比如除以 0），它能通知调用它的函数出现了错误。

9. *Peopleware*

*Peopleware*㊀是关于软件项目管理社会学方面的经典著作，作者是 DeMarco 和 Lister[13]。

㊀ 本书已由机械工业出版社出版，中文书名为《人件》，书号为 978-7-111-47436-4。——编辑注

当我在 1987 年读到该书的第一版时，它对我产生了深远的影响。当时我是一名研发项目经理，手下管着一堆软件和硬件工程师。

书中的大部分内容都是在讨论一些常识性问题，但不知何故，这些常识在一心赚钱的公司的忙碌工作中却被忽视了。当我还在试图为工程师个人指明最佳实践时，该书的作者从更宽广的视角出发，着眼于决定工程师成败的工程环境。所以，如果你是一名招聘经理，并且希望得到成功的嵌入式软件工程师，那么就必须为他们提供一个能让他们成功的环境。

在担任工程师和工程经理的日子里，我最喜欢抱怨的就是我的研发实验室所处的嘈杂环境。我们当时就坐在墙壁低矮、紧邻生产区的小隔间里。虽然这种环境或许有利于和生产工程师沟通，但是不利于思考。更糟糕的是，广播系统不断地向大家通报电话和其他行政事务。

我的小组内的工程师经常申请在家工作，因为只有如此他们才能把工作干完。我曾经试图让管理层相信，我们需要安静的空间以便让工程师在不受干扰的情况下集中精力工作，但是没有成功。

还有哪些因素是造成整体工程环境恶劣的帮凶？下面给出一些因素的简要清单：

（a）不切实际的计划安排：创建一份你明知道在理想情况下也无法实现的计划时间表，然后迫使工程师们对这个计划穷追不舍。

（b）没有时间进行代码审查或测试：工程师应该定期进行代码检查，并且应该相互对对方的代码进行压力测试。

（c）没有时间进行自我提升：如果每个新项目都需要工程师投入全部精力，而没有时间放松、阅读期刊或参加会议，那么工程师就会被弄得精疲力竭。

（d）不要把缺陷报告当作一种惩罚工具：鼓励工程师查找和修复缺陷。和他们一起工作来确定他们的技术短板，从而帮助他们成长。

（e）进行项目总结：当一个项目完成之后，请一位训练有素的引导师和开发团队坐下来，共同确定哪些方面干得不错，而哪些方面需要改进。将讨论的结果反馈到研发实验室的工作流程当中，以确保不会重复犯错。理想情况下，引导师来自其他部门或团队，也可能来自不在工程师行政管理系统之列的外部咨询机构。

（f）奖励具有广泛影响力的工程师：不仅要找出那些解决最为棘手的设计问题的最优秀的工程师，还要找出那些帮助实验室中的其他工程师提高业务水平的人。

3.4 通用软件调试最佳实践

无论你是调试一个复杂的算法，还是排除硬件故障，抑或是消除汽车引擎盖下的噪声，过程差不多都是相同的。我有理由相信，在我们内心深处，我们知道处理事情的正确方法。关键之处在于即使我们明明知道应该要干什么，却经常没有按照正确方法去做。

当谈到为何会忽略最佳实践而采用漫无目的的方法或者所谓“一试便知”的方法时，有很多借口，其中大多数还相当不错。例如说自己的时间紧迫，但是我们一直都时间紧迫。我曾经在研发实验室中熬了个通宵，试图让产品能够工作，这样我就能和其他硬件工程师一样展示产品，我只是和接手的工程师一样内疚。

就我自己而言，在实验室中度过了大半个周末之后，终于在周一凌晨三点左右云开雾散，看到了一线曙光。那一刻我突然想道："现在我宁愿在家和妻子躺在床上。"当时，我决定认真对待如何充分利用时间的问题，尽量减少那些为了完成工作而赶工至最后一分钟的拼命行为。

这种新方法拓展了我的调试技能（也有可能削弱了我的调试技能）。我认真地创建并跟踪我的任务清单和项目计划表，开始听取其他人关于设计问题的意见，并寻求非正式和正式的设计审查。

大概在同一时间，我看到了 Tom DeMarco 的著作 *Controlling Software Projects*[14]。我强烈推荐这本书，这倒不是因为作者介绍了软件管理过程，而是因为他探讨了导致糟糕的流程与浪费的时间的真正代价。

我在这里转述一下，但是作者谈到了一些管理者将离婚视为一种坚忍的标记，就好像战士用枪柄上的刻痕标记战绩一样。DeMarco 描述了不切实际的开发计划、清晰需求的缺失以及慢吞吞的进展等造成工程师懈怠的因素。

因此，我在本书中的努力目标只是让嵌入式系统的调试成为一门工程学科，其严密性与我们应用于设计工程的严密性相同。

打造流程

很多文章都谈到了打造流程，我同样也会介绍这方面的内容。描述同样的流程有很多方法，我给学生们上的第一课就是"**动笔记录**"。不要一头扎到代码当中，为了快速修复缺陷而开始肆意尝试修改代码。

当你第一次注意到缺陷或异常，或任何看起来不合理的地方时，把它写到你的实验室笔记本上或者其他东西上。说明系统的运行和预期不一致时的时间和日期、测试的条件、系统正在进行的处理。

接下来，写下你认为导致问题发生的几个原因的假设，接着与其他工程师交流并向他阐述你的想法，听取他们的意见并将这些意见引入你所认为的原因集合当中。如果有可能，之后再系统地设计测试用例来隔离导致缺陷发生的原因。

动笔记录还有一个好处，就是当你在心中对代码进行检查时，不得不回过头去考虑可能出现的缺陷，并对缺陷的可能潜伏之处有更深入的理解。

Beningo 提出了一个有趣的观点，他建议重读数据手册和用户手册，以确保正确地设置了寄存器。但不幸的是，关键的信息可能被湮没在这些资料当中，如果要找出问题，则需要花一番功夫阅读。

我记得曾经为一个项目构建过软件性能分析工具（Software Performance Analyzer，SPA），但是这个工具有个周期性（大约几周）得到错误的结果的坏毛病。经过很多优秀工程师几个小时的调试，终于将错误定位为制造商对于当计数值溢出并回滚到 0 时定时器发出信号的说明中的笔误。

我曾经看到过学生们耗费几周的时间试图在自己的代码中查找缺陷，但结果却是给自己挖了个越来越深的坑——尽管他们学过查找代码缺陷的正确方法。幸运的是，一些比较聪明的学生很快就放弃了，并且开始寻求帮助。

但是，“流程”远远不止是调试过程，它是软件工程的核心。如果你的软件是作为流程的一部分开发的，那么你的代码中的缺陷就要少得多，之后的调试过程也要快得多。

但是即使你遵循了我在本章之前介绍过的最佳实践，最终还是会在代码中发现缺陷。不过你很有希望能够及早在流程中发现缺陷，从而不会对项目计划产生不利影响，更重要的是客户不会发现缺陷。

根据业界数据，一般能被接受的缺陷率是每1000行源代码产生大约8处缺陷或者低于1%，所有项目都用这个百分比作为衡量标准，因此我猜想用于关键任务的应用程序的代码缺陷率还要低得多。我对世界上最优秀的软件中的缺陷率感到很好奇，因此在网上查了一下有关航天飞机上软件缺陷率的若干讨论[15]。

- 航天飞机软件包含大约420 000行代码，缺陷总数在1上下浮动。大概在1996年，美国宇航局的工程师们构建了11个版本的代码，总共有17处缺陷。**而与其复杂程度相似的商业程序却有数以千计的缺陷。**
- 软件的编写过程非常精细。工程师们曾经需要对GPS软件（6300行代码）进行更新，在编写代码之前，他们编写了一份长达2500页的说明，详细描述了所需的修改。
- 代码中的每一处修改都有文档说明。
- 每个缺陷都进行了详尽的分析。
- 软件小组所做的一切都是在流程中完成的，每一个缺陷都是检查和改进流程的理由。

我们该何去何从呢？幸运的是，一些有见识的计算机院校已经开始认识到有必要将讲授调试知识作为本科生课程的一部分。Tatlock[16]在他的“软件设计与实现”（课程编号CSE 331）课程教案中曾经发出过这样的感慨：

> 基于实验室的嵌入式系统课程教学有一个很让人痛苦的地方，就是我不得不一遍又一遍地面对这样的学生：明明代码中只有相当简单的缺陷，他们却总是试图通过胡乱修改来对其进行修复。通常来讲，一开始学生们的代码都相当不错，接近于能够运行，但是接下来却弄得越来越糟。到实验结束时他们完全泄气了，非但没有找到任何缺陷，而且把代码搞得一团糟，最终不得不回滚到前一天或前一周的版本。
>
> 典型的计算机科学课程没有认真地讲授有关调试的内容，我并不是说教会学生们如何使用调试工具，而是说我们没有教会他们真正的重点：如何思考调试。问题的一部分原因是大多数计算机编程作业都属于小型独立的任务，并且实际上也不怎么困难。问题的另一部分原因在于没有明确地讲解调试。在注意到这些问题后，我就开始关注教会学生如何在实验课上进行调试，并且开了一门有关调试的课程，现在我每年都会讲授这门课……

下面给出Tatlock教授的调试课程的一些摘录。

步骤1——找出会产生失效的小型可重复的测试用例

　　— 可能需要付出努力，但是有助于识别缺陷并为你提供回归测试。

— 在有一个简单的可重复测试之前，不要开始步骤 2。

步骤 2——缩小缺陷位置和疑似原因的范围

— 循环：(a) 研究数据；(b) 进行假设；(c) 进行实验。

— 实验通常包含修改代码。

— 在理解原因之前不要开始步骤 3。

步骤 3——修复缺陷

— 是简单的输入错误还是设计缺陷？

— 在别的地方还有这种缺陷吗？

步骤 4——向回归集中添加测试用例

— 缺陷修复成功了吗？有没有引入其他新的缺陷？

他用图 3.2 描述了上述过程，请注意该图的通用特征。Tatlock 教授展示这张图时可能正在谈论调试汽车发动机中的排放控制系统，但这个过程与软件调试基本相同。

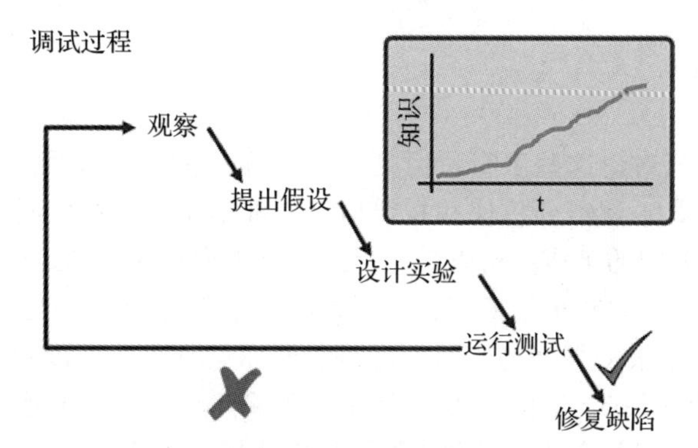

图 3.2　强调了调试关键步骤的瀑布图

汽车工程师将还要在上述调试过程的基础上更进一步。如果你为自己的汽车购买了维修手册，那么在每一章中（例如发动机、底盘、外观、内饰等），你都会看到有一节的标题是**故障排除**（Troubleshooting），它为车间技师提供了一个可能的缺陷清单以及一张流程图，指明如何找出发生故障的配件并更换它。

上面给出的都是很好的建议，但是我发现有经验的工程师（经历过几轮裁员的人）都有一套对自己行之有效的调试流程。和其他大多数人一样，首先我会从简单的尝试开始，只有在被卡住时才会放大招。因此下面给出我调试软件的流程，我之所以分享这个流程只是因为它对我有用。

1. 拿出实验笔记本，开始做笔记。
2. 尝试让缺陷可复现。
3. 隔离可疑的模块，这种方式可能会涉及删除模块并再次进行隔离测试，这意味着要编写抛弃型代码，但这是调试必须付出的代价。如果无法将问题隔离到模块，那么就转到步骤 4。
4. 一次只修改一处，并对结果进行比较。霰弹测试的处理方法是致命的，而且在时间上来讲也是个无底洞，不要使用这种方法。

5. 分而治之。在代码执行到一半时调用 `printf()` 函数，输出重要的变量值。如果一切看上去都很好，那么问题就出在代码的第二部分。重复上述过程，直到可以锁定缺陷发生的区域。
6. 寻求帮助。向我信任的工程师展示代码并演示缺陷。我坚信最好的工程源自交流，然而这意味着：
   a. 当被问及时，我必须愿意研究他们的问题。
   b. 如果有人帮助我，我就必须给予他们适当的褒奖。

   如果你将别人的帮助归功于自己的话，那么很快那些愿意帮助你的人就会离你而去。曾经有一名惠普的工程师，当我遇到软件缺陷时，他是我的得力助手。
7. 如果寻求帮助也没什么用的话，那么此时就应该开始使用工具了，我最喜欢的工具依次为：
   a. 调试器
   b. 逻辑分析仪
   c. 在线仿真器

我将在之后的章节讨论这些工具，但是简单而言，在线仿真器就是被集成封装的调试器与逻辑分析仪的超集。逻辑分析仪和在线仿真器都是用于调试实时系统的工具。因为我从事的正是实时系统方面的工作，所以它们自然也就成为我的工具。

我打算用自己的一些观察来结束有关通用调试最佳实践的讨论：

- 关于调试技术有很多很好的资料，但是需要你花时间去阅读和消化吸收。作为专业人士，你有义务在自己的领域紧跟潮流，如果不这样，那些刚走出校门的掌握着最新技术的计算机科学专业的毕业生们愿意以比你少的薪酬来取代你的岗位。
- 在本章中我列出了一份拓展读物清单以便你使用，里面的资料都是我在本章用到的。
- 你还可以采用很多其他特殊的技术和流程，在参考文献和我的拓展读物中的许多文章中都有详细的说明，我只是介绍了其中一点皮毛。

3.5 嵌入式软件调试最佳实践

我对嵌入式（或者实时）软件调试与本章前面探讨过的通用调试之间的差异有过很多思考，它们之间的明显差异很容易列举出来：

- 必须实时运行。
- 调试通常涉及硬件和软件之间的交互。
- 与实时操作系统相关的问题。

但是我认为很大的一点差异在于嵌入式系统的失效一般是不确定的。由于外部事件是随机异步发生的，因此几乎不可能人为地重建导致系统失效的事件序列。由于明显的软件失效可能会追溯到软硬件交互问题，而并不一定就是硬件失效，因此我在这里特意使用“系统”这个词。

通过与诸如 PC、MAC 或 Linux 工作站这样的标准平台上编写代码进行比较可以发现，

PC、MAC 或 Linux 工作站都是标准平台，与底层硬件之间具有定义良好的接口，其操作系统已经被数千万用户用到了极致。如果存在软件缺陷，那么查找和修复缺陷的过程很简单。

这就是我们需要与实时系统开发紧密结合的专用工具的原因——通常没有别的办法来发现错误。因此，在此处有关调试嵌入式系统的最佳实践的讨论中，有必要介绍一下这些专用工具，尽管我们还没讨论到它们。

在这里我准备遵循在之前章节一直遵循的流程模型，我挑选了相关的文献，并将研究嵌入式系统中最常出现的缺陷，探讨造成这些缺陷的根本原因以及如何发现这些缺陷。

这里唯一要提到的限定条件，就是之前谈论的所有内容都适用于调试嵌入式代码。当然，嵌入式代码有其自己让人头疼的麻烦事，但是在某种程度上，过程都是一样的：

- 记录每个出错之处。
- 一次修改一个变量。
- 分而治之。
- 使用断言[⊖]。

3.6　内存泄漏

内存泄漏主要与使用动态内存分配的系统有关。在桌面系统和嵌入式系统中都有可能会遇到内存泄漏，但是它们有几个重要的不同之处。嵌入式系统可用于进行内存分配的 RAM 要比桌面系统少得多，比如我的新 PC 有 32GB 的 RAM。嵌入式系统还需要长时间无故障运行，对任务关键型应用程序而言，由于内存泄漏而导致的崩溃是非常危险的。

大概 20 年前，世界被千年虫的恐慌情绪所笼罩。人们担心无法解决从 1999 年到 2000 年的日期变更问题，我们已知的文明会因为一个接一个的计算机系统故障而逐步沦落。恐慌以破产告终，这要归功于很多人的努力，因为大量系统都要求对运行中的代码打补丁或进行更换。

1998 年的夏天，在某位从事电力行业的工程师给我打电话后，我开始关注这个问题。他询问我是否愿意成为千年虫问题的顾问，我告诉他："就我所知，不存在什么千年虫问题。"在我正要挂上电话时，他说他的团队正在负责修复一家火力发电厂的千年虫问题。这家发电厂使用了 500 多套嵌入式系统，如果设备中实时时钟错误地修改了日期，则他不知道究竟哪些系统会失效。

我有点受宠若惊，因此答应了帮忙。他邀请我在美国电力研究院（Electric Power Research Institute, EPRI）主办的会议上发表演讲 [17]，与会者来自各行各业，这些公司都在处理千年虫问题。之后我又将这次演讲发表为 EPRI 的技术报告 [18]。

这和内存泄漏有什么关系？另一场会议演讲直击要害，用一种我能够理解的方式解释了这个问题。当时这名演讲者讲述了他是如何与数据集中器的供应商打交道的。数据集中器是这样一种设备：它从远程发射机收集传感器数据并汇集成数据包，然后定期将数据包发送给控制室。

⊖ 这里可能就是我们开始与之前有所不同的地方，因为性能驱动型系统在正常运行期间可能无法向标准 I/O 输出流 stdout 进行输出。

供应商愿意帮助他们解决问题，而不是试图向他们销售新的集中器，因此供应商给固件打了补丁，并向电厂工作人员交付了新的 ROM。在一个周日的晚上，这家电厂关闭，维护团队进入厂区，用补丁代码更换了每个集中器的固件。这些补丁代码以四位数字的格式表示日期，而不是多年前编程时采用的两位数字格式。

除了调用 malloc() 重新分配内存大小，让其多出 2 个字节以适应四位数字的年份，其他什么也没有改变。每当需要发送数据包时，malloc() 就从堆上分配一些空闲内存。然后每个收集器都开机，并通过了自检，之后维护团队就回家睡觉去了。第二天一大早，电厂恢复供电，为周一早上的用电高峰做好准备。结果在 20min 内所有数据集中器都发生了故障，公用设施不得不从电网买电，直到维护团队重新装机，用旧固件替换新固件。电厂中重新安装的旧固件运行良好，但是公用设施却为了从电网购买电力花费了数百万美元。

根本原因分析确定了两个问题。首先，改变动态内存分配的大小意味着在集中器耗尽可分配的内存之前，能够得到处理的数据包只能更少。事情本不应该这么糟糕，但是集中器的制造商从未编写针对 malloc() 错误的处理程序，这种 malloc() 错误最终归结为所调用的陷阱向量是“跳转到自身”的指令，于是系统自然而然全都瘫痪了。

其次，针对内存泄漏的问题是：“每次内存分配都有相应的内存释放调用（销毁调用）吗？”如果系统运行在实时操作系统下，并且有一个任务用于调用 malloc()，那么指向内存块的指针将通过一个消息队列被传递给任务申请的内存，那么这个任务是否释放了内存块？你需要找到释放之处。

然而，即使没有用到实时操作系统，动态内存分配始终也是查找问题的起点。

内存碎片是动态内存分配问题的另一种表现形式。当被请求的内存块大小可变时，就可能会出现碎片。如果每次内存分配请求的内存块大小相同，那么一个块与另一个块没什么不同，唯一可能出现的问题就是会耗尽要分配的内存块。

当堆上有内存可用于分配时，就会出现碎片，但是内存块的大小并不正确，即使有几个不连续的块有足够的容量来满足分配需求，情况也是如此。由于内存块是不连续的，所以无法使用它们。

据 Barr 所言 [19]：

> 碎片很像熵：两者都随时间增长。在长时间运行的系统（几乎所有的嵌入式系统）中，碎片或许最终都会导致某些分配请求失败。那接下来该怎么办呢？你的固件该怎么处理堆分配请求失败的情况呢？

Barr 建议处理这个问题的一个方法是限制一个内存块的大小，要是不可行，那么就针对单个大小的内存块请求使用多个“堆”。然后编写自己的处理函数，根据请求的内存块大小预选合适的堆。

可以通过不使用动态内存分配来避免碎片和内存泄漏。不使用动态内存分配并不总是可行的，但如果你的任务是设计一个高可靠性系统，那么努力研究出不受此问题影响的可替代系统架构就很值得。

Java 有内置于语言中的内存管理机制。嵌入式程序员通常认为垃圾收集㊀会使代码具有不确定性，并且还会导致性能问题。这个观点不无道理，但我确信它是 Java 程序员和 C 程序员之间绵延不绝的斗争的源头之一。

我对此的建议是，如果你需要使用动态内存分配，那么当产生内存泄漏或者碎片时，就要编写额外的代码对其进行良好的处理并报告系统状态，这就是良好的防御式编程。

3.7　时钟抖动

时钟抖动通过实时操作系统、外部环境以及传入中断之间的相互作用产生。时钟抖动是指任务可以运行的时间以及任务运行所需时间的变化。如果一个低优先级或中优先级任务频繁地被较高优先级任务或者传入中断所抢占，那么它就会单独分析代码的执行时间，使得运行时间比设计者想象的要长。

时钟抖动可能会导致让人难以接受的性能问题，也有可能导致极难发现的偶发性故障。Barr 建议，如果时钟抖动成为一个问题，那么解决方案是提高任务的优先级，或者将其转换成一个中断服务程序（Interrupt Service Routine, ISR）。

我之所以打算在此处的讨论中引入时钟抖动，是因为我个人参与了两个基于硬件的工具的开发，它们可用于测量代码执行时间的可变性。SPA 是 HP B1487 软件性能分析仪的代号，是面向 HP 64700 仿真系统的一种插线板 [20]。这种分析仪可以观察函数的唯一地址点以及系统中的其他关键要素，并为函数打上时间戳，以便测量时间间隔。分析仪通过后处理软件削减了要采集的数据，并以图形化方式显示采集到的数据。

该工具的弱点在于其对于处理器运行的依赖对外部世界是可见的。换句话说，随着缓存变大，该工具进行精确测量的能力就会变弱。

Code Test 由应用微系统公司（Applied Microsystem Corporation，AMC）开发，之后卖给了 Metrowerks 公司，而 Metrowerks 公司又被出售给了摩托罗拉半导体公司，之后又被剥离出来成立了飞思卡尔公司，飞思卡尔公司后来又与恩智浦公司进行了合并。Code Test 在这个变迁过程中被弄丢了。

我于 1996 年加入了 AMC，曾参与过 Code Test 项目。巧合的是，我从惠普公司离职之前，一直在从事类似技术（代号 Farside）的研究㊁。Farside 和 Code Test 使用的是相似的技术，该技术被称为测量代码。

测量代码的概念并不新鲜。每当你在代码中插入 `printf()`，发送有关程序流中特定点的状态信息时，都是在测量代码。Farside 和 Code Test 所采用的技术的区别之处在于 Farside 的测量过程是由工具自动实施的。

用户代码会得到预处理，在函数的入口处和出口处插入标记，这些标记会被非缓存写入特定的内存位置，当代码全速运行时，工具可以检测到这些位置。当读取到标记时，系

㊀ 垃圾收集是一个术语，用于表示由编程语言执行的自动内存管理，但是这个术语实际上可以表示任何情况下的未使用内存对象返回堆中。

㊁ 对于代号的选择让我们有很多机会将 Gary Larson 的漫画“远端”（*Far Side*）引入我们对产品的内部叫法当中。

统会为其打上时戳并放入内存缓存中进行后处理。通过这种方式，可以测得每个感兴趣的函数的最短执行时间、最长执行时间以及平均执行时间。

3.8 优先级反转

优先级反转是我个人最感兴趣的实时操作系统缺陷，正如我在第 1 章中讲过的那样，由优先级反转引发的最有名的缺陷发生在火星车上。正如 Barr 所指出的那样：

> 优先级反转的风险在于，它可能会阻止集合中的高优先级任务满足实时时限。在最后时限前完成任务的要求一般和抢占式实时操作系统的选择息息相关。根据最终产品的要求，错过最后时限的结果对用户而言可能是致命的！

实时操作系统厂商了解这个缺陷，很多商用实时操作系统在其 API 中都有应对优先级反转的解决方案。

然而，即使修复优先级反转缺陷非常简单，它也是一种经过再多测试也无法发现的缺陷，直到它出现在现场（火星车），并导致出现了失效问题。

3.9 栈溢出

这种缺陷很有趣，但这与其本身没有什么关系。通过与其他嵌入式工程师的非正式交流（通常都是在会议结束后喝着啤酒的场合），我发现这个缺陷是技术面试中最喜欢被人抛出的问题。所以，如果你是一名电子工程专业的学生，并且开始寻求一份嵌入式系统工程师的工作，那么仅仅这一话题就值得你买下这本书。

栈是一种由处理器自身管理的后进先出的数据结构。放入内存栈的最后一个数据项也是第一个被取走的数据项。栈通常位于 RAM 的顶部，并向存放着其他变量的较低的内存或堆增长。每当函数被调用时，就会创建一个栈帧，或者在栈上创建一个内存块，它包含了函数所需的全部局部变量、处理器内部寄存器的状态、传递给函数的数据以及其他一些信息，比如函数退出后的返回地址。

由于函数还能调用其他函数（包括它自己），栈就会一直增长，直到它开始丢弃堆中存放的其他变量，这就是栈溢出。

Barr 指出，栈溢出对嵌入式系统造成的影响要比对桌面计算机造成的影响深远得多，原因在于：

1. 嵌入式系统的内存要比 PC 少得多。
2. 实时操作系统中通常每个任务都有一个栈。
3. 中断处理程序也会使用同样的栈。

和优先级反转类似，栈溢出也难以在测试中发现，它可能永不会在测试中出现，溢出的影响可能直到其发生很长一段时间后才会显现，这是因为在被盖写后很长一段时间内，都不需要被丢弃的变量。

下面给出具体的面试问题：

你如何确定栈对于你的程序代码而言足够大？（或者一些类似的问题）

答案是用已知的模式预加载由完全不同的程序写入的栈域，接下来以不同的时间长度运行这个程序，并检查栈增长最多时的位置，然后分配足够的空间，以此避免栈溢出其边界。

如果你使用的是实时操作系统，那么可以指定一个任务来监控栈，以确保栈绝不会溢出其边界。该任务应该还要负责收集有关溢出的信息，并正常地退出程序或者采用其他一些恢复方法，比如关闭出错的任务或者重启。

此处引出第二个面试问题：

采用递归作为编程技术有问题吗？特别是对任务关键型软件而言有问题吗？

接下来的问题是：

除了递归，你还能使用什么编程技术呢？[1]

3.10　本章小结

本章只是涉及了一般意义下的软件调试以及作为特殊情况的嵌入式软件调试的有关文献的皮毛。根据达尔文的进化论，那些不会调试代码，或者让带缺陷的代码落到最终用户手中的软件开发人员会被淘汰。

我也注意到技术已经让带缺陷的固件更容易被人接受，因为 ROM 代码通常被存放在闪存当中，可以在现场对其进行常规修复。我记得曾在嵌入式系统会议上参加了一个有关如何编写可现场升级固件的讲座。还是在那次会议上，我看到了一台汽水自动售货机，它会给家里打电话并定期报告自身的状态。

我们看到了大量需要通过现场软件升级来修复的缺陷，但并未过多思考过这些缺陷。但是，因为嵌入式设备的互联互通已经成为日常生活的现实，网络安全也成为一个明确的要求。当黑客发现我们的网络嵌入式设备上的漏洞时，他们就有了进一步破坏家庭网络的切入点。或许我们应该认为程序员是合格的，因为他们的软件受到了前所未有的窥伺和攻击。

诸如编译器、调试器以及静态分析器之类的工具只有在你知道其用法时才能发挥作用。这让我想起了一个关于樵夫的寓言，他每天都要加倍努力地工作，才能砍下同样多的木头，因为他从不停下来把他的斧头磨一磨。

当今让人难以理解的用户手册正在被 YouTube 视频所取代，这是件好事。我曾经花费了很长时间来维修自己的汽车。过去我一直试图弄清楚工厂提供的维修手册或者二手维修资料手册，以及难以辨认的照片和插图。现在再也不用这样了，我只要在 YouTube 上找到有关自己打算进行的维修操作的视频即可。我新收的一名学生就通过观看 YouTube 视频教程成为优秀的 LabView 程序员。但是，你仍然需要花点时间学习工具的正确用法，以及可

[1] 问题 1 的答案是“是的”，问题 2 的答案是“for 循环”。

能更重要的工具特性集。

我们还讨论了调试的最佳实践以及规范的方法和流程的重要性。

我将以一份拓展读物清单来结束这一章，其中包括我直接参考的资料以及其他你可能会发现有趣和有用的背景文章。

3.11 拓展读物

- 书籍
  - Ann R. Ford and Toby J. Teorey, *Practical Debugging in C++*, Prentice Hall, ISBN: 0-13-065394-2, 2002.
  - David J. Agans, *Debugging*, Amacon, ISBN: 0-8144-7457-8, 2002.
  - David E. Simon, *An Embedded Software Primer, Addison-Wesley*, 1999, ISBN: 0-201-61569-X, Pgs. 283–327.
- 文章
  - Gokhan Tanyeri and Trish Messiter, *Debugging embedded systems,* Clarinox Technologies, Pty, Ltd., http://www.clarinox.com/resources/articles/.
  - Anindya Dutta and Tridib Roychowdhury, *Debugging software/firmware using trace function re-usable components*, www.embedded.com, June 1, 2009, https://www.embedded.com/design/prototyping-and-development/4008297/Debugging-software-firmware-using-trace-function-re-usable-components.
  - *EMBEDDED SYSTEM DEBUGGING,* http://www.romux.com/tutorials/embedded-system/embedded-system-debugging.
  - Ilias Alexopoulos, *How to debug embedded systems*, EDN, December 11, 2012, https://www.edn.com/design/test-and-measurement/4403185/How-to-debug-embedded-systems.
  - Robert Cravotta, *Shedding light on embedded debugging,* EDN, Vol. 53, No 8, 2008, pg 29.
  - David LaVine, *Six debugging techniques for embedded system development*, April 2, 2015 https://www.controleng.com/articles/six-debugging-techniques-for-embedded-system-development/?utm_campaign=TURL-SixDebuggingTechniquesArticle&utm_source=Blog.
  - Stan Schneider and Lori Fraleigh, *The ten secrets of embedded debugging,* embedded.com, September 15, 2004, https://www.embedded.com/design/prototyping-and-development/4025015/The-ten-secrets-of-embedded-debugging.
  - Philip Koopman, *Avoiding the Top 43 Embedded Software Risks,* Embedded Systems Conference Silicon Valley, San Jose, May 2011.

3.12 参考文献

[1] Arnold S. Berger, Embedded Systems Design, ISBN: 1-57820-073-3, CMPBooks, Lawrence, KS., pg. 12, 2002.

[2] Arnold S. Berger, Embedded Systems Design, ISBN: 1-57820-073-3, CMPBooks, Lawrence, KS pg XVIII, 2002.

[3] D. Gates, M. Baker, The inside story of MCAS: how Boeing's 737 MAX system gained power and lost safeguards, The Seattle Times (2019). June 22.

[4] https://news.vice.com/en_us/article/kzxq3y/self-driving-uber-killed-a-pedestrian-as-human-safety-driver-watched.

[5] https://web.archive.org/web/20041128024227/http://www.cs.umd.edu/class/spring2003/cmsc838p/Misc/therac.pdf.

[6] D.B. Stewart, Twenty-five most common mistakes with real-time software development, in: Embedded Systems Conference, Boston, Class ESC-401/421, 2006.

[7] Jack Ganssle, The Art of Designing Embedded Systems, Second ed., Newnes, an Imprint of Elsevier, Burlington, MA, ISBN-978-0-7506-8644-0, Pg.37, 2008.

[8] J. Beningo, 7 Tips for Debugging Embedded Software, EDN Network, August 4, https://www.edn.com/electronics-blogs/embedded-basics/4440071/7-Tips-for-debugging-embedded-software, 2015.

[9] N. Murphy, How and When to Use C's Assert( ) Macro, The Barr Group, March, 2001. https://barrgroup.com/Embedded-Systems/How-To/Use-Assert-Macro.

[10] R. Ward, Debugging C, Que Corporation, Carmel, IN, 1990, pp. 62–66. ISBN: 0-88022-261-1.

[11] A. Allain, Why Compiler Warnings Are your Friends, Cprogramming.com. https://www.cprogramming.com/tutorial/compiler_warnings.html, 2019.

[12] A. Denault, Comp-206: Introduction to Software Systems, Lecture 18: Defensive Programming, Computer Science, McGill University, Montreal, 2006. https://www.cs.mcgill.ca/~adenau/teaching/cs206/lecture18.pdf.

[13] T. Demarco, T. Lister, Peopleware: Productive Projects and Teams, third ed., Addison Wesley and Dorset House, 2013. ISBN: 0-321-93411-3.

[14] T. DeMarco, Controlling Software Projects: Management, Measurement, and Estimates, Prentice Hall, 1986. ISBN: 0-13-171711-1.

[15] https://space.stackexchange.com/questions/9260/how-often-if-ever-was-software-updated-in-the-shuttle-orbiter.

[16] Z. Tatlock, From Lecture 15, Debugging, CSE 331, Software Design and Implementation, Winter Quarter, University of Washington, Department of Computer Science and Engineering, Seattle, WA, 2017. https://courses.cs.washington.edu/courses/cse331/17wi/lec15/lec15-debugging-4up.pdf.

[17] A.S. Berger, A brief introduction to embedded systems with a focus on Y2K issues, in: Presented at the Electric Power Research Institute Workshop on the Year 2000 Problem in Embedded Systems, August 24–27, San Diego, CA, 1998.

[18] A.S. Berger, A Primer on Embedded Systems with a Focus on Year 2000 (Y2K) Issues, Electric Power Research Institute Report #TR-111189, (August 1998).

[19] M. Barr, Top 10 Causes of Nasty Embedded Software Bugs, The Barr Group, May, 2016. https://barrgroup.com/Embedded-Systems/How-To/Top-Ten-Nasty-Firmware-Bugs.

[20] A.J. Blasciak, D.L. Neuder, A.S. Berger, Software performance analysis of real-time embedded systems, HP Journal 44 (2) (1993) 107–115.

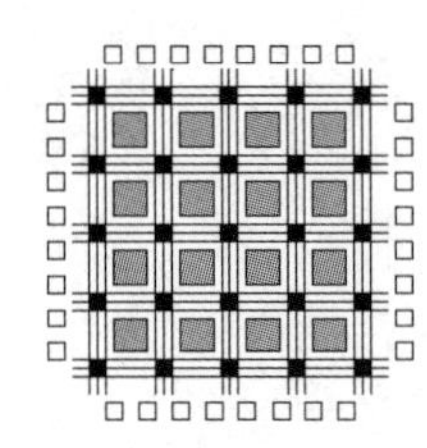

第 4 章 调试嵌入式硬件的最佳实践

4.1 概述

我觉得写这一章感觉比较舒服，因为在进入管理层和成为多面手之前我在 HP 担任硬件设计师㊀。当时，我还在华盛顿大学博塞尔校区讲授微处理器设计，我班上的高年级学生必须完成一个设计项目，一块 PCB。对于大部分学生（除了那些电子爱好者），这是他们第一次尝试进行 PCB 设计。

之后，他们必须完成更有价值的项目作为毕业设计实战的一部分。所有官方认证㊁的电子工程课程都要求在其学位课程中有一个毕业设计项目。我们的毕业设计模型把学生当成一家小型咨询工程公司 [1]。这使我们的学生深入理解整个产品设计生命周期，包括硬件启动、调试和验证测试。

我也为我们的部门管理过毕业设计，还曾亲自担任多个团队的教学顾问。我可能观察到比你能想象的更多的调试硬件的错误方法。对于逻辑地分析问题、分析出原因的假设以及测试假设这些方面，学生能力的欠缺导致在调试过程中浪费大量的时间和元器件及印制电路板的毁坏。对这些学生的观察是我决定写这本书的主要动机。

与第 3 章一样，本章将聚焦最佳实践。再次，我精选了一些揭示技巧与窍门的文献和官方应用笔记，用以向硬件设计师提供行业工具。

4.2 硬件调试过程

我在惠普公司工程项目管理委员会任职期间听到了一个故事，我将借此来开始这一章。我在以前的一本书里也讲述了这个故事 [2]，而且其经验至今依然很有价值。

大约 20 年前，惠普公司的一部分，现在是 Keysight® 公司，正迅速转向基于嵌入式微处理器的仪器设计上。惠普发现硬件设计师过多而软件设计师短缺。因此，作为一家相当开明的公司，惠普决定派遣有意愿的硬件工程师参加软件训练营，并对他们进行软件设计方面的再培训。课程相当严格并且持续了大约 3 个月，在此之后，一位经过再培训的人员回到了他的部门，开始了软件开发师的新职业。

这个“再培训工程师”成了传奇，他的软件绝对是防弹的。他编写的软件从未有过缺

㊀ 关于这件事情有一幅 Dilbert 的漫画。

㊁ www.abet.org。

陷报告。几年后，他接受了一个内部项目团队的采访，该团队被特许负责寻找和推广公司在软件质量领域的最佳实践。团队向他问了很多问题，当他被直接问道为什么他的代码中没有任何缺陷时，关键时刻来临了。他的回答也是相当直截了当的："我不知道我被允许可以在代码中存在缺陷。"

事后看来，这只是基本工程管理 101。当他再接受软件方法培训时，他的价值系统还是基于硬件工程师的观点，那就是缺陷必须不惜一切代价地避免，因为如果发现缺陷，代价将是十分惨痛的。一个缺陷可以使整个设计一钱不值，被迫花费数月和成千上万美元来完成完整的硬件重新设计周期。由于没人告诉他在代码中可以有缺陷，因此他得确保他的代码是没有缺陷的。

这里，我的观点是显而易见的。硬件是严酷无情的，找到并修复缺陷可能非常昂贵。从那时起，我们在技术上取得了长足的进步，尤其是 FPGA 领域，可重编程特性将大量的硬件设计转换成软件设计。然而，我们不可能用 FPGA 完成所有工作。在某些情况下，信号必须离开 FPGA，与外部世界或其他软件相互作用。有时作用太过强烈，使得性能完美的系统无法上市，因为它的射频发射太强，不能作为商业产品售卖。

4.3　设计评审

对于最佳实践，在"最容易发现的缺陷是那些不存在的缺陷"的目录中，排在第一位的推荐就是在问题被嵌入 ASIC 或 PCB 板之前让其他工程师审查你的工作以找到问题。怀着学生会采纳我的建议的一丝希望，我教给学生如何进行设计评审，但是这总是徒劳无功的。典型的回答是"我们没有时间去进行设计评审"。

学生的另一种行为是进入我的办公室，询问我如何进行快速设计评审，因为他们必须在接下来的一个小时左右就订购 PCB 板。更糟糕的是，他们只有 PCB 布线图而没有电路原理图。他们从不花精力去进行原理图设计。

理智的组织意识到设计评审的价值，确保所有项目的工作计划都要包含工程师对其硬件进行设计评审的时间，并且让其他工程师有时间在设计评审中担任评审员。

我们都知道项目中缺陷越晚被发现，修复缺陷的代价就越大。对硬件和软件来说确实如此，但是越来越多的软件（和基于 FPGA 的硬件）能通过软件更新进行修复。因此这条通用规则有可能不像以前那样普遍适用，但不是每个嵌入式系统都具备可升级性。不过，作为一名经理，你更愿意让你的工程师设计新产品，还是让他们修理那些引起客户抱怨的产品？

我的第一次硬件设计评审是在我和 David Packard（Hewlett-Packard 中的"Packard"）的一次临时会议上。我十分幸运地在惠普科罗拉多斯普林斯分公司开始了工作，那时 William Hewlett 和 David Packard 都还健在，而且十分负责地管理公司。他们在我们的分部进行年度部门评审，"Dave"在研发实验室闲逛并与工程师们交谈[⊖]。

⊖ 在 HP 的公司文化中，这被称为"闲逛式管理"（Management By Wandering Around，MBWA）。

我正在进行原理图设计工作，也没太注意周围发生了什么，突然一个黑影出现在我的办公桌旁。我抬头看过去发现 David Packard 正站在一旁看着我的原理图。他指着一部分电路说："那不能工作。"我说："不，它能。"那就是他介绍自己的方式。

几年后，我在帕洛阿尔托的 HP 总部，碰巧在一处走廊上遇见了他。我打了个招呼并介绍了自己，我提到了我们的第一次设计评审会议。他微笑着，但我不认为他能像我以前甚至现在那样清晰地记得那次会议。

无论如何……

优秀的设计评审步骤是什么？这里要注意的是，评审的目的是发现缺陷和缺点，而不是草率地批准设计以便勾选写着你已经进行的设计评审的方框。设计评审是劳动密集型的耗时工作，就损失生产力而言也是昂贵的。当你让工程师放下手头的设计工作时，这可谓祸不单行，因为工程师每小时的实际费用包括薪水、奖金、设备等，此外他们的主要项目所损失的生产力成本变成了设计成本。因此，设计评审有正的投资回报率（ROI），它必定有效，需要参与这个过程的每个人认真对待。

步骤 1：大约在评审前一周，找到 3 或 4 名参加评审的工程师。理想情况下，其中一名工程师作为主持人 / 记录秘书，其他工程师实际评审你的设计。

评审组的工作就像陪审团的职责。你可以找个好借口逃避一两次，但是你最终必须参与。

步骤 2：在审查前 3～4 天分发所有相关设计文档。这应该包括原理图、数据手册和 ABEL、CUPL、VHDL 或 Verilog 可编程器件的代码，还包括时序预测、仿真结果、数据表或应用笔记。简而言之，你的所有设计文档都应该是评审材料。

步骤 3：为了开始评审，工程师要给出设计概述和相关产品需求规格。这可能包括微控制器选型或者微控制器使用、所需内存、时钟速度等。

步骤 4：在评审期间，主持人将掌控评审过程，评审人员将提出应进一步关注的设计问题。评审的目的是发现问题，而不是解决问题。然而，工程师就是工程师，他们难免会陷入问题 – 解决模式。

被评审的设计师可以进行一些解释，但是不应该在评审中强词夺理。这就带来了另外的问题。评审人员应该评价产品，而不是评价设计师。"你怎能犯下如此愚蠢的错误。"像这样讲话只能使设计师产生抵触情绪，评审效果也随之被迅速破坏。

对于每个被提出的问题，不管是否需要设计师进一步跟踪，主持人都要记录在案。如果设计师不赞同评价，所做的辩解也应该被保留一段时间。

步骤 5：在评审的结论阶段，主持人复述每个需要进一步关注的问题，之后休会。

步骤 6：主持人撰写有关会议内容和所提出问题的纪要。报告的副本发送给实验室经理和所有与会人员。

步骤 7：设计被评审的工程师设法解决每个问题，并对如何解决问题撰写一份最终的书面报告。有时，如果问题数量巨大和设计被大量修改，就要计划进行复审。

步骤 8：一旦每个人都对评审签字，设计就将进入 PC 板布线阶段。

我还能记得我的第一次 HP 设计评审的细节，仿佛就在昨天。因为将被实验室的顶级专家评审，而我还只是个新人，所以我非常紧张。我的设计是一块 1GHz 以上带宽的 16 通道示波器探头多路复用器控制板（HP 54300A）。

在评审中，一个评审人员指出一些连接 8 条数据线到 +5V 电源线和到地线的高阻值电阻好像是随机的。我告诉他这些电阻只在测试时使用，发布版本是不使用这些电阻的。其目的是迫使数据线一直向处理器提供 NOP（无操作）指令，这样我能探查电路板并观察时序容限和信号完整性。他告诉我："这是个很酷的想法，我也该试试。"我才如释重负。

这件事后来还发生了一个故事。多年后，在我离开了 HP 之后，我在嵌入式系统会议上偶遇了研发实验室的一名同事。我们回忆起了旧日时光，他提到我的探头多路复用器出现了非常高的失效率，这是我不能理解的。这个问题是由选用的高频传输线开关引发的。按照制造商的说法，这些器件可以额定使用几百万个周期，这应该足够使用了。

然而，这些开关原本设计用于导弹，它们只需在几百次切换中保持可靠，然后就消失在随之而来的爆炸中了。制造商对这些开关的测试从未延续到失效阶段，引用的失效率仅仅是猜测的。设计评审未能发现这个潜在错误，但是更彻底地调查开关数据或者调查开关制造商，也许能"举起红色警告旗帜"。

Bob Pease[3] 是 National Semiconductor（现在是 Texas Instruments 的一部分）的模拟电路传奇设计师。在他的经典书籍 *Troubleshooting Analog Circuits* 中，他介绍了如何进行正式设计评审。

> 在 National Semiconductor，我们经常将新设计的电路布线提交给同行评审。我要求每位评审人员尽力去发现我的电路板上真正的错误，然后赢一杯他们选择的饮料（Beverage of Their Choice）。我们称其为"啤酒检查"。这挺有趣，因为赠送几罐啤酒，我就能使一些愚蠢的错误得以修正。就算是经历更长时间、更多痛苦、更加昂贵的阶段，我自己也可能无法发现这些错误。此外，我们都有所收获。而且，你也不能预测谁能发现这些恼人的小错误或者偶然的致命错误。请邀请所有技术人员和工程师。

4.4　测试计划

本节的主要读者是即将毕业的电子工程专业学生。假设你的简历足够吸引人，一家公司会和你进行电话沟通，然后如果你通过了这一关，那么公司将邀请你参加深入的面试。伴随着一成不变的技术面试，你可能会与好几个经理进行面谈。他们的工作就是评估你的"其他技能"。这通常包括专业能力、沟通能力、公司文化符合度和成熟度。

你的工作就是让面试官确信你是这份工作的最佳候选人。除了你的技术能力，你还需要让他们相信你已经准备好踏入纷乱的技术江湖，并且从第一天开始就卓有成效。他们总是会问你做过什么项目，和校友交谈过什么⊖。我们认识到，学生们的毕业设计经历是被录用的关键因素之一。给面试官留下深刻印象的是学生参与毕业论文项目中学到的那些"软技巧"，例如跟踪计划、召开团队状态会议、归档和制订测试计划。对于面试者而言，测试计划是他们征服面试官的撒手锏。

⊖ 在毕业 3～5 年后邀请毕业生参加焦点小组（Focus Groups），这是我们认证过程的一部分。

测试计划是一张你将使用的、从未加工的 PCB 到功能原型路线图。就像飞行员的检查表一样，它是你从开机到调试的一步一步的指南，因此你不能忽略任何步骤，否则就会浪费时间和毁坏你的硬件。

我给每个毕业论文团队一本正式的实验笔记本，就像我当工程师时那样。他们被要求创建测试计划，然后将工作记录在实验笔记本上。对于这一代智能手机不离手的学生来说，这是一个难以置信的困难。但是他们还是迁就了我，因为我有能力让他们推迟毕业。

为了向学生们介绍此话题，我提出了这个问题。

假设你已经从电路板制造商那里拿到了未加工的 PCB。它棒极了。这是你所设计的第一块 PCB。你在电路板上进行的第一个测试是什么？

在迷茫的对视之后，我得到了各种答案，但很少是正确的答案[⊖]。

这是我关于测试计划的建议格式。你的建议可能不同。

1. 未加工电路板
   a. 对未加工电路板进行视觉检查，与设计进行比较
   符合 / 有问题？ ___________________
   b. 使用万用表，测量 V_{CC} 和地线之间的电阻
   预期值：开路，测量值 _____________
2. 装配电路板
   a. 所有的元件是否正确安装和排整齐？
   b. 所有要插入芯片座的 IC 引脚是否都插入芯片座，IC 方向是否正确？
   c. 所有的连接线焊接到了电路板上吗？
   d. 引脚间存在焊料桥接吗？
   e. 电路板上有焊剂残留吗？
   f. 所有元器件都安装到位了吗？
3. 电路板上电（无外部输入）
   a. 测量 V_{CC} 和地线之间的电阻 ___________________
   b. 短路了吗？是 / 否 _______
4. 用带限流功能的电源上电，或者在电源线上串联电阻
   a. 有焦煳味吗？是 / 否 __________
   b. 有过热吗？是 / 否 ___________
   注意：此测试意味着你已经在空载时进行了最坏情况下的功耗计算，因此如果电路板上电时超过这个值，在其中一个导线变成熔丝之前，你就知道出了问题。
5. 测量供电电压
   在所有 V_{CC} 输入引脚上都正常吗？是 / 否 _______

并且清单会继续下去。每做一步，你就会更加确信设计是正确的。

⊖ 答案：检查电源和地线没有短路。

诸如此类。虽然这看上去似乎是浪费时间，但对于节省时间绝对是物有所值的，它肯定会给你的面试官留下深刻印象。

当你无法确定到底原因何在时，测试计划就变得很有价值了。举个例子，假设你正在设计精密整流电路，在这个过程中你使用 1kHz 正弦波，在输入的负半周时，使用示波器观察到没有整流正弦波输出。

有经验的设计者可能直奔整流二极管，认为二极管可能焊反了方向或者 PCB 连接有错误。也可能电路板丝印层是错的。还有很多诸如此类的可能原因。

步骤 1：我教给学生的最佳实践就是停下来将期望看到的和实际看到的记录在他们的实验笔记本上。因为我们的示波器是联网的，我鼓励学生们打印出显示轨迹，这样他们就能将其添加到笔记本中。

步骤 2：我告诉他们去思考电路应该如何工作（工作原理），并且基于他们对电路的理解，写出几个可能出错的原因。这将迫使他们在调试电路板之前加强对电路行为的理解。

当学生在网上找到一个示例电路并且没有真正理解电路如何工作就使用它时，这一步尤为重要。如有必要，请重读数据表来确认你没有遗漏什么东西。

步骤 3：使用示波器检查电路板，并记录波形和电路节点的 DC 工作点。

步骤 4：使用仿真器运行他们的设计，例如 Spice、LTspice 或者 Multisim，并通过仿真检验他们的假设，试图重现故障。一旦证明仿真器将产生与电路相同的输出，他们就可以继续检查可疑的元件。

如果你是熟练的硬件设计师，此时你可能会翻白眼。我知道你正在思考着什么。但是……

你和那些新手工程师之间隔着多年历练。我们要让新手不错过每个成功机会。

4.5 可测试性设计

回到“黑暗时代”，我写了一篇关于设计嵌入式硬件的文章[4]，着眼于调试系统所需的工具。因为我参与了微处理器在线仿真器（ICE）的设计和制造，所以这就是我在文章中的主要关注点。

它基本上都是些简单的东西，例如避免将微处理器安装到无法连接仿真器或逻辑分析仪的位置。无论你看没看过销售宣传册，你都会看到一个单板放置在干净整洁的桌面上，附近的仪器突出地显示出令人兴奋的波形。

实际上，真正的电路板将被塞进卡笼，没有方便空气流通的足够空间。如果你在调试时需要访问处理器，极有可能需要插入一个 JTAG 插头。如果连接器位于背板插座或导轨旁边，而不是电路板顶边，那么这使你的调试变得更加困难。

按照同样的思路，设计第一块电路板作为原型电路板，而不是最终电路板。给自己一个查找问题的挑战机会。

尽管 Pease 的书籍关注于模拟电路并讨论了大量的 IC 设计缺陷，但书中大量的实践信息在今天依然有用。该书第 1.7 节中，他描述了如何经常在 PC 电路板的某些元器件分配一些额外的空间，因为他不能百分百地保证 PC 电路板能正常工作，因此他会预留一些空间以便在下一版本的电路板上能进行修改。

我从他的书中学到的另一个非常有趣的方面是（只有模拟设计师才会考虑，但数字设计师往往会忽略的）信号保真度。Pease 描述到，他观察一个有大量振荡的脉冲序列。因为担心脉冲的保真度，他观察并发现是示波器探头的 6in[⊖]长地线产生了振荡。他通过在要探测的关键信号节点附近加上小接地焊盘，解决了这个问题。

这样，在靠近探头尖的地方增加一个接地弹簧夹，使用这个探头（如图 4.1 所示），可以消除由 6in 长地线夹引起的振荡。

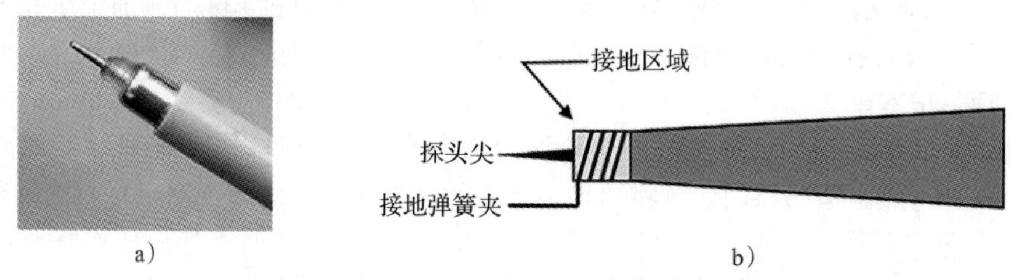

图 4.1　带接地区域的探头尖（图 a 左边）。带接地弹簧的夹子示意图（图 b）

我喜欢在关键导线上增加通孔焊盘。这个孔要大小合适，以便我能在上面焊接一个小接线柱并放置探头。同样，几乎绝对需要增加地线引脚甚至是 V_{CC} 引脚，以防你需要给逻辑探针供电来检查电路。

4.6　构建流程

本节是软件和硬件分道扬镳之处。软件可以很容易地通过重新编译和下载来进行检查，只要你不是用一整夜去执行软件构建流程。HP 64000 在线仿真器的一项宣传就是你可以使用它在 1min 之内发现缺陷、修复缺陷然后下载新的软件映像。这是很好的营销策略，但也不是一个流程。

将这一点暂时放在一边，由于硬件是现实存在的而非虚无缥缈的，所以我们无法像下载软件那样随时更换硬件，因为这样做的成本极高。在开始替换元器件、切割导线或者给电路安装滤波电容之前，我们应该对修复能起作用持有高度的自信。

我在前面的每一章都讨论过这一点，所以我希望它能深入人心。就像软件那样，硬件设计也存在一些你应该遵循的最佳实践，其目的在于尽可能降低将缺陷引入设计的可能性或者至少降低缺陷严重性。

除非你是在设计 FPGA，你的目标是不引入缺陷，就像我在第 3 章已经引用过的例子中的 HP 工程师。然而，包含在过程计划中的流程应该面对一个现实问题，那就是在硬件达到完美状态之前你有可能会一次或多次地重新设计电路。

同样，由于设计将要与软件进行集成，我们必须考虑一种非常可能的情况，即硬件在实际软件引入之前都会正常工作。然后，也只有到那时，缺陷才会显露出来。因此，这个

⊖ 1in = 0.0254m。——编辑注

流程通常要求硬件调试阶段有一个迭代过程。

嵌入式系统工具供应商讨论这个流程已经有好多年了，我和其他销售一样会犯相同的错误，因为我为这些工具公司一共工作了 19 年。

图 4.2 是经典硬件 / 软件（HW/SW）集成周期图。

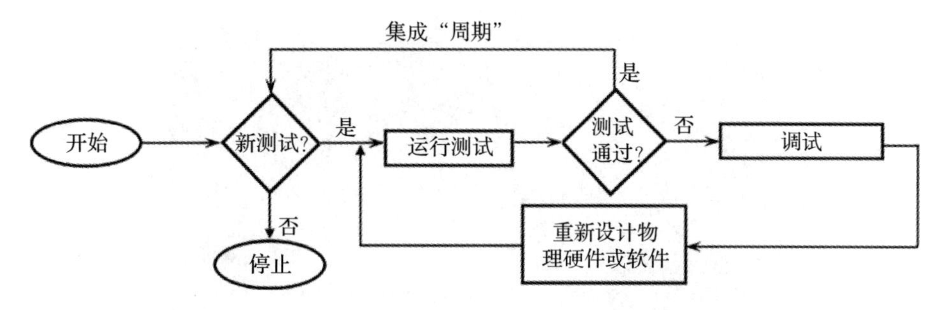

图 4.2　硬件 / 软件（HW/SW）集成周期

这个流程图表示了经典 HW/SW 集成流程。许多人会认为这个图要么是误导，要么是鼓励坏的实践，因为它暗示硬件和软件是相互隔离的，直到在产品设计周期后期将它们放在一起的时候，然后可以开始集成。

尽管图 4.2 在概念上易于理解，但还是被认为是相当落后的。实际上，各种专家都认为 HW/SW 集成、测试和调试是一个持续的过程，并且将最终版本结合在一起应该是令人扫兴的而不是灾难性的事件。

HW/SW 集成过程要占用产品开发计划的主要时间是有许多理由的。然而，假设硬件能按照设计师设计的那样工作，驱动软件能按照固件设计师设计的那样工作，那么问题是什么？我能断定 HW 和 SW 开发人员之间的通信失效占项目集成阶段问题的绝大多数。

这里有一个简单示例。硬件设计师忽略了系统字节顺序，因为所有需要做的就是将外围设备连接到地址和数据总线。墨菲定律说明无论固件开发人员假定的字节顺序是什么，都将是相反的。有时这是容易修复的，因为处理器有一个寄存器能用软件控制字节顺序。在 ARM 8 Cortex 处理器中，数据字节顺序能通过软件寄存器进行设定，但是指令访问总是小端排列的。

某些编译器（例如 GCC）允许你设置字节顺序转换，因此修复缺陷可能只需进行代码重编译。缺陷依然是缺陷。

如果在流程中已经提出这种可能性，那么产品的内部正式规范应详细说明系统的字节顺序，软件开发人员可以将其考虑在内构建硬件仿真代码。一个重要的流程需求可以使 HW/SW 集成阶段的需求最小化，那就是尽早就软件团队和硬件团队一起创建详细接口规格达成一致，以便软件团队能创建提供了开发硬件的正确接口的代码测试框架。

许多 RTOS，例如集成自 Green Hills 软件[㊀]，对硬件虚拟化提供了广泛的支持，在硬件还处于开发中的时候，软件团队使用 RTOS 就可以提早开始代码开发和集成。因此，没有

㊀ www.ghs.com。

硬件模型就不再是增加集成工作的好借口。

David Agans 写了一本关于调试的非常值得一读的好书[5]。他提出了一个由海报形式表示的过程。图 4.3 是这个海报的复印图。我建议你将它张贴到实验室，提醒自己该如何处理以免忘记。

图 4.3 调试过程（复印自 D. J. Agans 撰写的 *Debugging-The 9 Indispensable Rules for Finding Even the Most Elusive Software and Hardware Problems*，AMACOM，2002，ISBN: 0-8144-7457-8，作者授权使用）

这是一本奇妙的小册子，而且易于阅读。你在星巴克花上一次长会的时间就能轻松地读完它。在授权我复制这张海报时，作者要我推荐这本书，而且我也愿意推荐。书中有大量从作者的嵌入式系统设计经验中总结的实际建议和真实案例。

9 条规则中与我产生共鸣的是最后一条："如果你不去修复它，它不会被修复（it ain't fixed)。"因为我是辅修英语的，我可能会说" it isn't fixed（它不会被修复)"，但是观点是一致的。

有可能你会试图发布一个存在缺陷的产品，你能观察到但好像又不能定位这个缺陷。这种情况并不常见，那又有什么害处呢？但你知道缺陷就在那里潜伏着。

你可能会说服自己这是个小毛刺，或者小缺陷，并不是“真正”的缺陷，但是在内心里，你知道它就在那里，因此可能也要找到它。

然而，假设管理部门要求必须发布产品，在明知产品还有缺陷的情况下还要发布生产，你倍感压力。你会如何回应？这种两难情况已被大量研究，波音 737 MAX 事件就是最近的新闻。IEEE 网站上有一个关于 Code of Ethics[㊀] 的网页，应该能对你提供一些指导：

> 坚持公众安全、健康和福利至上，努力遵守合乎道德的设计和可持续发展的实践，及时披露可能危害公众和环境的因素……

我在惠普公司科罗拉多斯普林斯分公司[㊁]的第一份工作就是 CRT[㊂]设计师。我负责设计惠普 1727A 存储示波器上的 CRT。如今，所有新式的示波器都是存储示波器，因为波形采样系统全都是数字式的。在惠普 1727A 中，电子束在电介质网格上“写上”波形。写的过程包括把电子从网格上撞击下来，在电子束撞击网格的地方产生局部的正电荷。

之后第二束低能量电子束涌入网格，任何靠近带正电区域的电子都能穿过网格，然后被 25kV 电压加速到荧光屏，产生波形的存储图像。无论如何……

这个示波器有个缺陷。这绝对是个模拟电路设计。没有使用处理器，但是仍然存在缺陷。这种缺陷是不常见的，而且是我们从未发现过的。缺陷发生在触发电路中，可能会导致电子束发射一次，然后记录波形。有时，没有明显的原因，示波器会被触发，但是看上去输入源上并没有触发信号。

现在，购买这种 2000 美元以上的仪器的全部意义就在于能捕捉到神出鬼没的信号。如果仪器随机触发而且客户从未观察到希望看到的真实信号，那么这完全违背了初衷。

出于某些原因，工程师们开始怀疑是“颤噪效应”或者机械震动导致示波器误触发。因此，我们开始用橡胶锤捶打它，摔打它。对于任何可能产生问题的方法，我们都试过了，但是没能可靠地重现错误。我想他们最终找到问题出在触发电路板的高压电弧上，继而解决了问题。

为了声誉，他们不会发布任何尚存未解决问题的仪器。

4.7　了解你的工具

我所参与的嵌入式系统一直是有关行业调试工具的，因此，我能理解应关注流程方面。我看到和经历过许多次的一个最大的问题，就是客户不能理解如何正确使用我们的工具以寻求最大的效益。

㊀ https://www.ieee.org/about/corporate/governance/p7-8.html。

㊁ 现在是 Keysight 技术有限公司。

㊂ 阴极射线管。

我看到过这真实发生在高级工程师和我的学生身上。当然，我们（工具供应商）也应承担一定的责任，因为是我们创建了工具，然后没有提供能轻松地理解如何最大限度地使用工具的充足的文档。

在本书的前言中，我提到过汉森定律，让我再总结一次。John Hansen 是惠普公司的一名杰出工程师，我很荣幸和他一起在科罗拉多斯普林斯分公司工作。他说：

如果客户不知道如何去使用一项功能，那么这个功能就是不存在的。

这是一个非常简单但极富洞察力的声明，有关复杂产品设计和能够简单地向终端用户表达有用性的需求。

在 Geoffrey Moore 撰写的充满创意的 *Crossing the Chasm*[6]㊀一书中，他关注到高科技产品的营销。Moore 指出了一个在高科技市场建模方面传统方法的谬误。考虑在市场上新产品采用的传统生命周期模型，如图 4.4a 所示。我们看到每个市场阶段都占据了钟形曲线下的一部分区域。市场阶段的面积代表了该阶段的潜在销量。我认为我们可以很容易地确定每个市场阶段的特点。

然而，对于基于新技术的产品的成功营销和销售来说，Moore 认为这种模型是错误的。他认为，在引入期和成长期之间存在着根本的缺口或鸿沟。参见图 4.4b，我们看到，成长期和成熟期组成的市场是市场的大部分。因此，虽然对技术人员来说，最初的销售可能非常令人满意，但这些销量并不能长期维持一款成功的产品。

Moore 表示，成长期是市场其他阶段的守门员。如果他们接受了这个产品，那么这个产品的销量和市场影响力就会不断增长。如果他们拒绝了产品，那么产品将消亡。

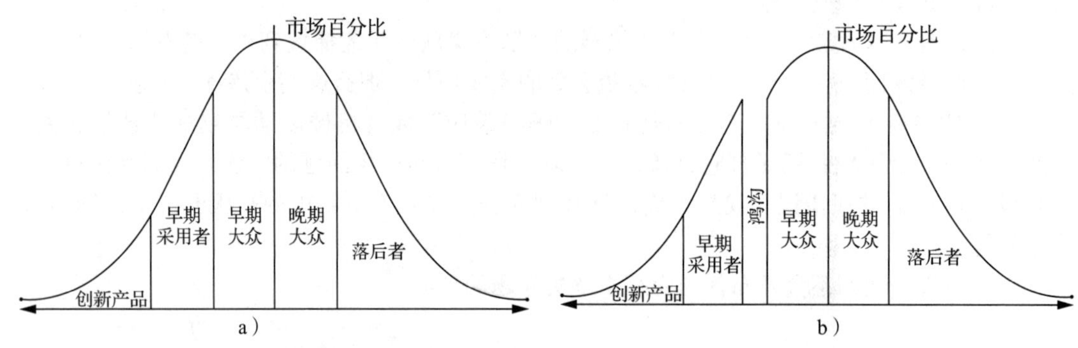

图 4.4　连续产品引入生命周期。图 a 表示传统观点。Moore 认为应该是一个非连续的模型，图 b 就是高科技产品的正确模型

为了被早期大众接受，有几个关键因素必须发挥作用，但我将专注于两个我认为与想要表达的观点密切相关的因素。

- 早期大众倾向于通过寻求其他信任的志同道合的人的推荐来验证产品的价值。
- 必须为产品提供一个“完整的解决方案”。

㊀ 本书已由机械工业出版社出版，中文书名为《跨越鸿沟》，书号为 978-7-111-24635-0。——编辑注

第二点是与此相关的。

作为新技术的开发人员，我们不断提出更新更好的解决方案满足客户的需求，客户自己也正在开发新颖的创新产品。这些早期大众客户没有时间或愿望容忍新产品的基本技术支持资源的匮乏。比如，带有错误的手册、技术支持与培训的缺失对于早期大众来说都是不可接受的。

所以，这和“了解你的工具”有什么关系呢？我们，研发工程师，可以提供世界上的所有功能让在线仿真器或者逻辑分析仪更引人注目，但如果客户不能利用这些功能集（因为它们太难学，或者客户没有时间去学），那么这个工具并不是他们所需要的。

是的，工具制造商需要将每一项技术都转化为最佳实践，以使其产品的功能易于访问和理解。站在他们的立场上，我想说今天的工具比我工作时候的工具好多了。这主要应归因于工具内置的额外处理能力甚至最普通的仪器所携带的内存数量。我可以按下上下文敏感的帮助按键去查看手册单页，而不是在手册中去查找。

但是，我仍然有责任花足够的时间来学习这个工具。如果我总是太忙而无法学习如何利用工具，那么我就只能怪自己没能挺过下一轮裁员。请记住这个关于樵夫的寓言：他总是忙着砍树，没有时间磨他的斧头，然后他还是不明白为什么不能砍出所需数量的木头。

对工具的理解超出了如何使用特性集的知识，还包括理解工具如何与使用环境交互。

在我的电气工程导论课程（电路 I）中，我们讨论了 D'Arsonval 仪表的主题。对于那些从未使用过模拟万用表的读者来说，基本的万用表是由一个仪表测量机构组成的，它的指针可以偏转到其量程的全部范围，且只有微安级的电流流过。所以，举例来说，如果你有一个模拟仪表，它的指针会对 10μA 的电流产生全量程偏转，然后你把这个仪表与 10MΩ 的电阻串联起来，你现在就有了一个 10MΩ 输入电阻 100V 量程的电压表。当然，仪表的绕组也有电阻，通常是电路计算的一部分。这节课的重点是让学生对被观察电路和用来观察电路的工具之间的相互作用建立起感性认识。

我们在课堂上做的另一个练习是精确度和分辨率的区别。数字万用表能测量电压到 ±1mV，但是万用表在 10V 量程的可信精度可能只有 ±15mV。作为经验丰富的工程师，我们知道这一点，但学生们经常会毫不怀疑地接受仪表上的读数。

由于探头之间的带宽差异，示波器本身也可能是电路的一个重要扰动和误差源。我记得有个学生问我为什么脉冲序列的信号幅度这么低。我用探头检查了一圈，并且十分确信脉冲幅度应该在 5V 左右，但显示器记录的在 500mV 以下。

然后我开始查看示波器设置，我注意到两个问题：

1. 示波器输入设置在 50Ω。

2. 探头设置在 1× 衰减上。

实际上，当学生探查电路节点时，他在节点上挂了一个 50Ω 的电阻。

这都是教育过程的一部分，也就是为什么实验室是工程专业学生教育中如此重要的一部分，即使学生常常抱怨他们不得不花时间待在实验室里。我经常在想，计量学是否应该作为电子工程的必修课，而不是选修课。在课堂上，学生可以学习测量的理论知识，通过实验室实验来展示测量仪器的实用性，例如该如何正确使用测量仪器、如何理解和解释测量结果。

在数字电路方面，逻辑分析仪一直是首要的测量工具，尽管这种优势可能会逐渐减弱（在后面的章节中会有更多介绍）。然而，学习逻辑分析仪的基础知识可能是非常令人生畏的，而学习如何使用它来解决真正棘手的问题则更加令人生畏。

如果表面贴装集成电路引脚间距为 0.5mm，时钟频率为 500MHz，那么试图观察这个集成电路输入和输出的 100 个或更多信号不是通过连接 100 根飞线到 IC 就能办到的。在这种情况下，测量工具是系统的组成部分，系统设计必须从连接到硬件的逻辑分析仪接口开始。通常，这将要求第一个 PC 板是“一次性的”，只用于开发。图 4.5[7] 说明了超前规划的必要性。

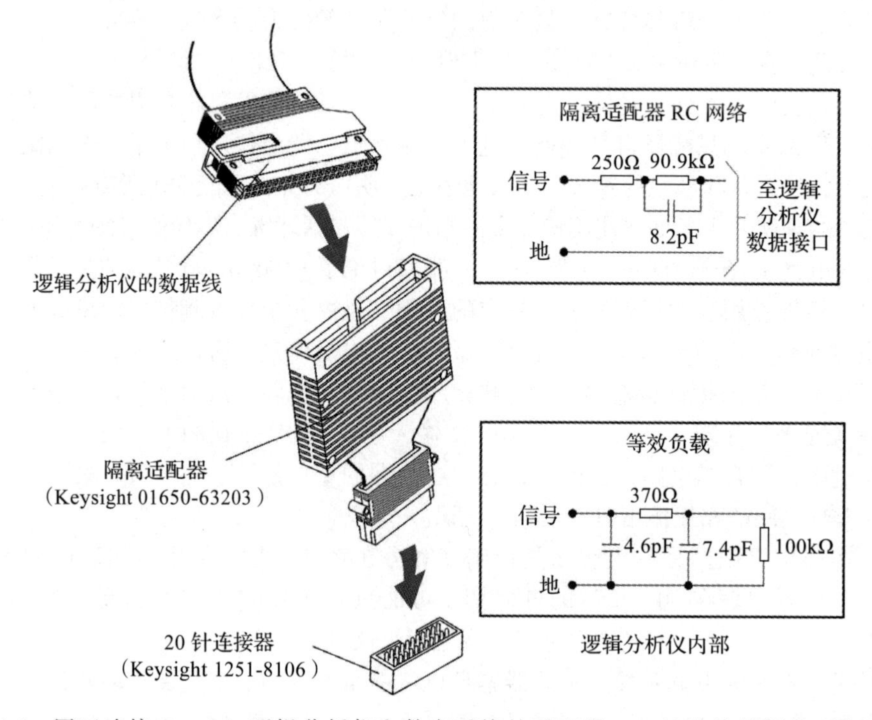

图 4.5　用于连接 Keysight 逻辑分析仪和数字系统的适配器。20 针连接器焊接到电路板上，图中的隔离适配器提供信号隔离，也是数据线和 PCB 连接器之间的机械接口（Keysight 科技有限公司授权使用）

这款电路适配器提供了 16 个输入通道和 100kΩ 绝缘电阻（参见右下侧的等效负载示意图）。这种探测方法推荐用于正常密度（元件引脚中心距为 0.1in）的应用，而速度并不是一个重要的问题。Keysight 提供了额外的探测解决方案和详细的应用文献，可用于探测高速和高密度电路。Keysight 探头也与 Mictor 和 Samtec 制造的高密度表面安装连接器进行适配。

然而，在大多数情况下，这些解决方案还需要将探测适配器内置到 PCB 中，并从一开始就成为计划过程的一部分。一旦电路彻底完成调试和功能定型，可以在电路板的下一个版本中移除探头电路。

4.8　微处理器设计最佳实践

4.8.1　引言

与软件类似，最容易修复的缺陷是那些不存在的。换句话说，作为设计师，你在系统中设计的缺陷越少，就越有可能自信地将缺陷归咎于固件设计师（对不起，这是我情不自禁的想法）。因此，我在微处理器系统设计课上教给学生的一些指导方针并没有特别的重要性或相关性。

如果你是一名经验丰富的数字硬件设计师，这些规则会深深地印在你的意识中，也可能不会。在任何情况下，如果你发现这些建议太过基础，直接跳到下一章。我不会生气的，我保证。

4.8.2　可测试性设计

是的，我以前说过，但我怎么说都不够。设计你的电路板以使它们是可测试的。将关键信号引出到容易检测的测试点，并在电路板上大量布置可轻松检测的接地引脚或焊盘。如前一节所述，你可能需要为其他调试工具（例如逻辑分析仪或 JTAG 端口[1]）提供可检测的接口。

在你进行可测试性设计时，请记住测量工具可能对电路行为产生的干扰，例如额外的电容负载。一种解决方案就是提供缓冲门或晶体管来隔离需检测的信号。

图 4.6 说明了这一点，用一个缓冲门将示波器探头与电路隔离开来。虽然确实解决了电路负载的问题，但它增加了一个额外元件和潜在的同步损失（时钟漂移），这是由通过缓冲门的传播延迟造成的。

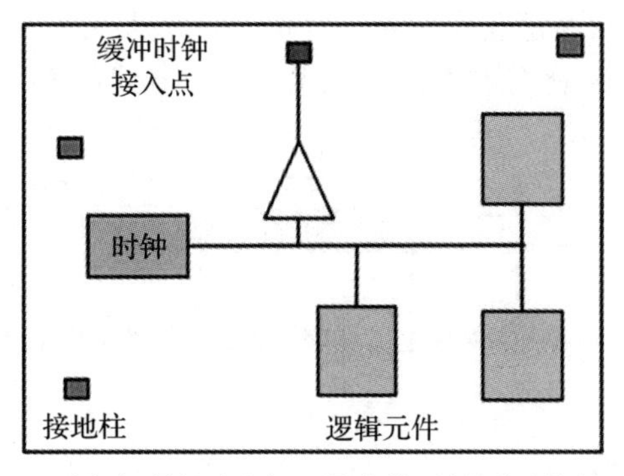

图 4.6　缓冲时钟测试点以最小化对被测系统的干扰

[1] JTAG 是 Joint Test Action Group（联合测试行动组）的缩写。最初是 PC 板测试的标准，它已经成为连接主机到处理器的调试内核电路的实际标准。

4.8.3 考虑 PCB 问题

PC 电路板远不止安装元件并连接这么简单。电路板能以类似于测量工具的方式成为系统的一部分。电路板或许是系统的干扰因素，但通常也是你的解决方案中必不可少的一部分。另一点需要考虑的是，你的电路在初始测试期间可能会正常工作，但要到很久以后才会出现异常。硬件设计师最大的噩梦之一就是电路故障，这种故障几周内不会再次出现，但你知道它是潜在威胁。

当成本是主要考虑因素时，PCB 可能只有一或两层，然后要重视对地线和电源线的管理。一般来说，高速信号要在接地层上传输，以便建立一个恒定阻抗传输线。然而，带内电源层和接地层的四层板将花费更多。

你需要考虑板上信号导线的静态和动态电学特性。显然，导线的载流能力很重要。你可以在 PCB 制造商的网站上查找这些表格。铜导线的厚度不是由铜层的厚度来指定的（那太直接了）。相反，它表示为面积为 1ft^2㊀的铜重量。最常见的铜厚度是 1oz㊁铜，换算成厚度也就是 1.4mil（0.0014in 或 35μm），而 2oz 层也经常使用。

如果你想正确计算在给定导线电流条件下的导线宽度，可以使用公式：

$$R = \rho L/A$$

其中：ρ 是铜的电阻率，单位是 Ω · cm；L 是导线长度，单位是 cm；A 是导线的横截面积，单位是 cm^2。在室温条件下，ρ = 1.68μΩ · cm。这是值得注意的，因为电阻率的温度系数是正的。电阻率随温度升高而升高。这意味着，如果电流负载太大，即使是在一瞬间，也有可能形成正反馈回路而烧毁，即把导线变成了熔丝。

动态效应就更加复杂。现在我们需要考虑将 PCB 材料和厚度作为另外的决定因素。此外，当公式中考虑到电磁干扰（EMI）时，传输线效应也是一个问题。

我不是射频（RF）专家，所以将只讨论我在以前处理这些问题中学到的东西。如果一个高速信号将进入板外连接器（例如 50Ω 的 BNC 或 SMA 连接器），那么将微带传输线（你的 PCB 导线）的阻抗与它驱动的电缆阻抗匹配是十分重要的。

我唯一一次处理这种问题是在我上课的时候，但再说一遍，我不是射频设计师。然而，让我们考虑一个典型的 PC 板材料（FR4）上的导线，该导线位于接地层之上，如图 4.7 所示。

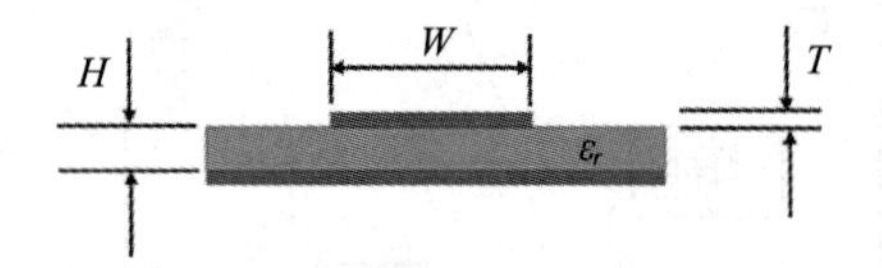

图 4.7 印制电路板上的微带传输线（导线）横截面视图

其中：

H = 接地层之上 FR4 层厚

W = 导线的宽度

㊀ $1\text{ft}^2 = 0.092\,903\,0\text{m}^2$。——编辑注

㊁ 1oz = 28.349 5g。——编辑注

T = 导线的厚度

ε_r = FR4 的相对磁导率

值得关注的公式如下 [8]：

特性阻抗

$$Z_0 = \frac{87}{\sqrt{\varepsilon_r + 1.41}} \ln\left(\frac{5.98H}{0.8W + T}\right)$$

分布电容

$$C_0(\text{pF/in}) = \frac{0.67(\varepsilon_r + 1.41)}{\ln\left(\frac{5.98H}{0.8W + T}\right)}$$

传播延迟

$$T_{\text{pd}}(\text{ps/in}) = C_0 \times Z_0$$

我请 UWB 学院的一位射频专家⊖为承载快速数字信号的 PCB 导线选择正确的阻抗。我很好奇这是随意的还是有潜在的工程原理。我将试着把他的答案归纳如下：这样做是为了避免脉冲（例如时钟信号脉冲序列）干扰后续脉冲的情况。如果在导线的负载端存在反射，然后在导线的传输端存在第二个反射，那么就会出现这种情况。

微带传输线的阻抗应设置为高于传输门的输出阻抗，且该值不会引起刚才描述的干扰现象。这样，信号的传输时间取决于导线长度和信号速度，而速度又依赖于阻抗。因此，通过调整阻抗，我们可以避免由于反射导致的破坏信号完整性的问题。

PCB 材料 FR4 的典型相对磁导率为 4.4，但由于制造商配方的差异，它可能会有所变化。然而，由于 ε_r 随频率变化，我们还无法完全确定。图 4.8 为 ε_r 的实部随频率变化的情况 [9]。

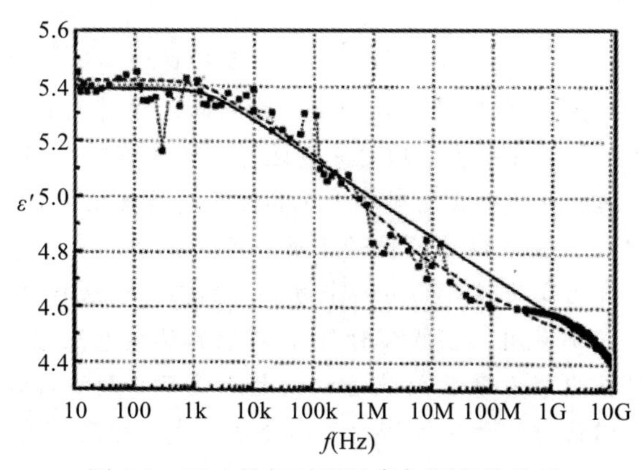

图 4.8 FR4 的相对磁导率与频率的关系

从图 4.8 中可以看出，ε_r 随频率变化就意味着，在沿导线传输的时候，由于其傅里叶分量的速度不同，每个频率分量对应的阻抗也不相同，因此脉冲将变得更加失真。

⊖ Walter Charczenko 博士。

由于集肤效应和电介质造成的损耗，高速信号也可以沿着导线衰减。高频分量比低频分量的衰减更大。因此，随着频率越来越高，我们需要考虑其他板材材料，例如聚四氟乙烯或陶瓷。

我们还需要考虑这样一个现实，那就是在典型的基于微处理器的系统中，我们有许多高速导线在一定距离内是平行走线的。请参考 IPC-2251[8]：

串扰是指电磁能量随信号从主动（源或活动的）导线上传输到被动（安静或不活动的）导线上。传输（耦合）信号的幅度随着相邻导线段的减小、线间距的加宽、线阻抗的降低和脉冲上升及下降时间（转换时间）的增加而减小。

被动导线可以在短距离内平行于其他几条导线。如果在其他导线上出现某种脉冲组合和时序，就可能在被动导线上产生虚假信号。因此，必须要求导线间的串扰保持在某个水平以下，该水平可能致使噪声容限下降，进而导致系统故障。

与我们研究过的设计问题相伴而来的是，考虑是否用在 PCB 上的导线端接其特征阻抗大小的电阻（Z_0）。这里有一条很好的经验法则：

如果导线长度 $L \geqslant \dfrac{t_R}{2xt_{PR}}$，则需要对导线进行端接，

其中：t_R 为脉冲上升时间和下降时间中最快的那个时间；t_{PR} 为 PCB 上传输速率，典型值大约为 150ps/in。

对一个上升时间为 500ps 的脉冲来说，如果导线长度大于 4.25cm，那么导线应该进行端接。

有几种方法可以用特性阻抗端接导线，你可以找到专门为这个目的设计的电阻排。参见 TT 电子公司的应用笔记[10]：

现在，每秒数千兆比特的数据速率在电信、计算和数据网络世界中已经很常见了。随着数字数据速率超过 1Gbit/s，数字设计师面临一系列新的设计问题，例如由传输线端接选择不当造成的传输线反射和信号失真。通过正确选择与传输线特性阻抗（Z_0）匹配的端接电阻，数字传输线信号中的能量可以在反射和干扰其他正向传播信号之前转化为热量。

端接类型的选择对高速数字设计的信号完整性至关重要。在理想的设计中，寄生电容和电感会是破坏精心设计的高速设计的另一个方面。然而，当选择高速传输线端接电阻时，必须小心，不是任何电阻都有用。在低频时与 Z_0 匹配的端接电阻在高频时可能不匹配。引线和焊接线的电感、寄生电容和集肤效应可以极大地改变高频端接的阻抗。在高速数字电路中，阻抗的这种变化以及由此产生的信号失真会导致虚假触发、阶梯抖动、振荡、过冲、延迟和噪声容限的损失㊀。

导线端接的三种基本方法如图 4.9 所示。

㊀ 此文章引用的主要来源：Caldwell B. and Getty D., “ Coping with SCSI at Gigahertz Speeds,” EDN, July 6, 2000, pp. 94,96. 也参见文献 [11]。

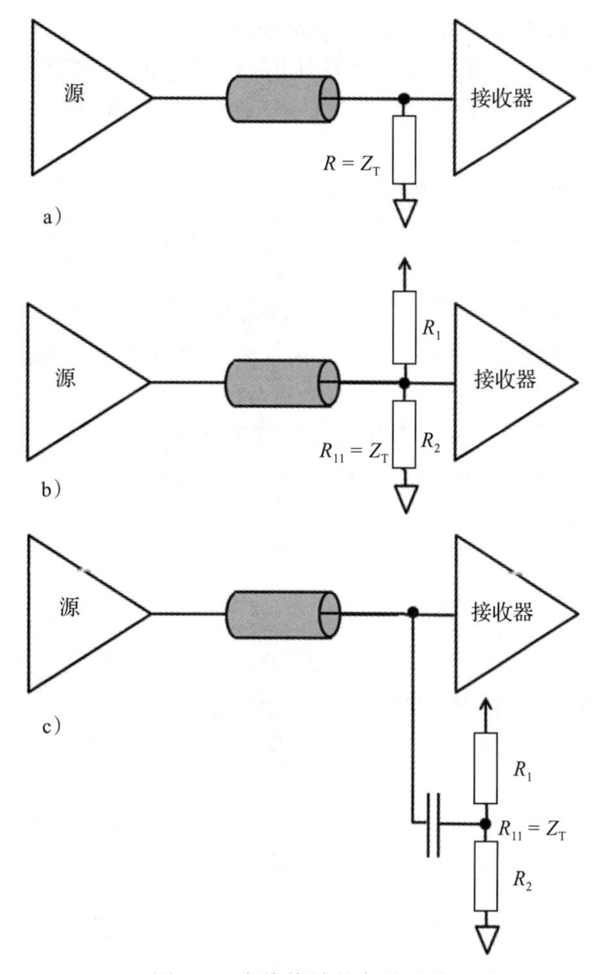

图 4.9　走线终端的各种形式

图 4.9a 展示了一种标准的终端形式，其中有一个接地电阻，其阻值等于走线的特征阻抗。

图 4.9b 所示也属于电阻终端，但它使用戴维南等效电路作为终端。尽管其中每条走线需要两个而非一个电阻，但它的优点是在逻辑开关点偏置到接收机的输入，从而使开关过程中的电流脉冲幅度最小。终端电阻同时还用做上拉电阻和下拉电阻，从而提高系统的噪声裕度。

图 4.9c 描述的是 AC 端接方式，其中电容阻塞了 DC 信号通路，这种方式显著减少了信号上的功耗要求。但是需要注意一下电容的选择，因为此时需要关注 RC 时间常数。例如，小电阻值可以作为一个附加的高通滤波器或者边沿发生器，这可能会增加信号的过冲和下冲。

在处理高速信号时，接地层是必需之物。但是，在设计中引入接地层和供电层的决定会对设计成本与性能产生重大影响。特别是在微处理器系统中包含诸如放大器和模数转换器之类的模拟电路时，接地管理会成为更为关键的考虑因素。

下面举一个简单的例子，假设我们正在使用一个 13 位的模数转换器，这相当于 12 位量级再加上一个符号位，输入信号范围为 −5～+5V，每一个数字步长大致相当于 1.2mV 左右的模拟输入电压变化。

就数字端而言，1.2mV 会湮没在噪声当中，因为我们的噪声裕度是 200mV 左右。但是如果我们能看到由于大于模拟阈值的数字切换带来的接地弹跳，那么我们就降低了模拟测量的精确度。然而，由于数字开关往往是快速的瞬态噪声脉冲，因此也许在大多数情况下它不会是一个问题，只有在极少数的情况下它会成为一个问题。对 PCB 设计师而言，有很多有关正确接地和屏蔽技术的参考文献 [12]，我只会从中选择一个我正在使用并且向学生们讲授的最佳实践予以介绍。

不要只使用一个接地层，而是将其划分为独立的模拟层和数字层。很多高精度的模数转换器都有独立的模拟和数字接地引脚，这两类引脚应该分别与各自的接地层连接，如图 4.10 所示。

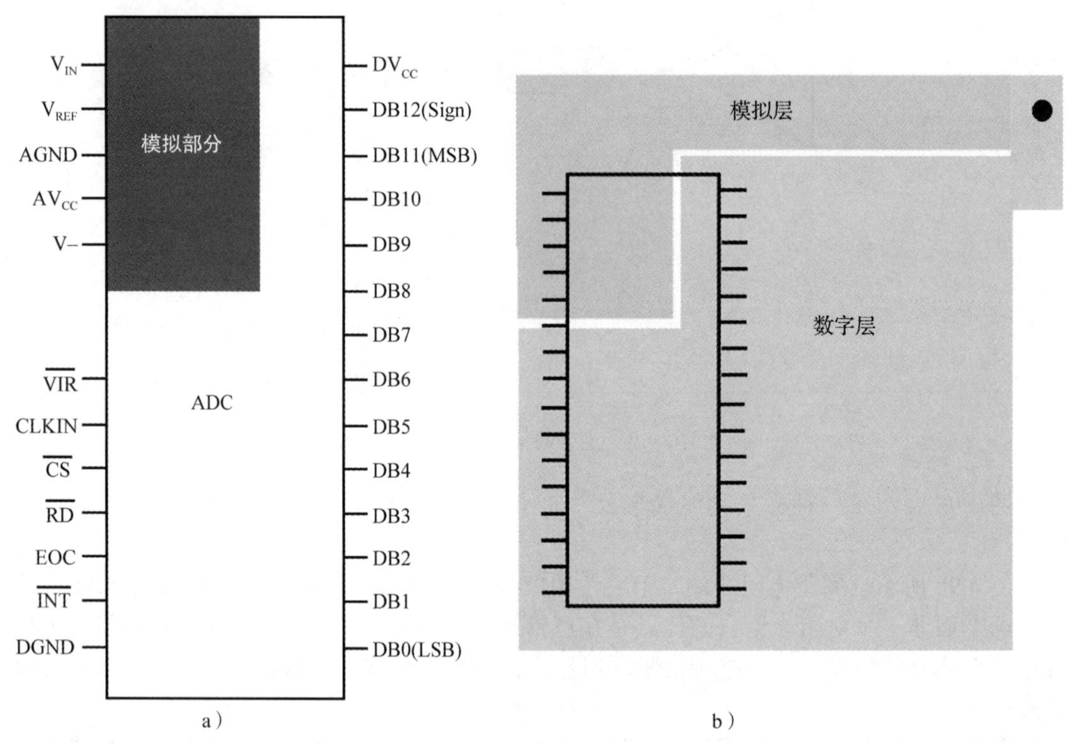

图 4.10　正确地分离接地层，以保持模拟接地和数字接地的分离。请注意图 a 所示的模数转换器分离了数字和模拟接地引脚，也分离了模拟和数字 V_{CC} 供电引脚

请注意有自己电源和接地输入的模数转换器的模拟部分是如何与封装剩下的数字部分相隔离的，这很可能会影响到实际的集成电路模具。模拟层和数字层的分离会确保输入接地层的电流脉冲不会影响到模拟接地的低噪声要求。最后，图 4.10b 中的点表示印制电路板

的接头焊盘，接地参考端在此处返回供电端。

最后一个有关接地层的提示：如果你的 PC 板销售商支持“隔热焊盘”，那么使用这种焊盘是个不错的主意。在图 4.11 中用箭头表示隔热焊盘。请注意，它们看上去就像一个轮子，有 4 根辐条从通孔向外发散。

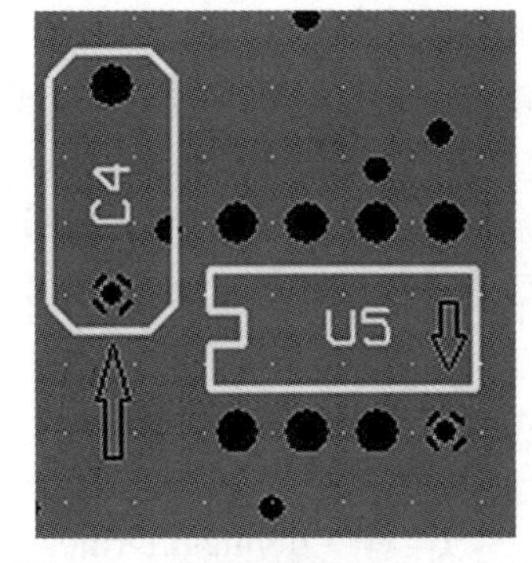

图 4.11　印制电路板接地层内层上的隔热焊盘

隔热焊盘的作用是增加焊盘的热阻，如果需要可以用上你的烙铁，从 PC 板上拆除焊好的元件。如果没有隔热焊盘，那么铜层就成为一个良好的导热体，烙铁刚给焊盘加上点热量，铜层就把热量带走了。

关于接地最后再提一点。我已经从 Analog Devices 网站[⊖]抽取了两篇有关正确接地技术的应用笔记，并将这两篇笔记放在了 4.10 节。所以，如果你不打算买书，那么可以参阅这些应用笔记。

我想建议的最后一个“最佳实践”是在印制电路板上自由使用电源滤波器电容。学生们经常问：“我到底应该使用多少电容？”我可以就此进行长篇大论，但我还是尽量保持简洁，在这里给出一条良好的经验法则：对于每台数字设备，都可以在靠近电源输入接头处使用一个 10μF 的电解电容，在 V_{CC} 输入引脚附近使用一个 0.1μF 的陶瓷电容。

我对自己提出的一个问题是：印制电路板设计中的瑕疵能否被视为缺陷？换句话说，是否在给电路板加电之前就已经在电路中存在缺陷了？我认为情况是这样的，因此再额外给出一个最佳实践，这个最佳实践更像是一个指导原则，而非行动方案。在亲自设计了大量印制电路板，以及帮助不计其数的学生设计和装配电路板后，我得到了这样的观察结果：如果电路板存在问题，那么有 75% 的可能属于机械问题，而非电子问题。

有经验的读者可能会对上述结论嗤之以鼻，但是请看看下面的清单，这份清单中列出了我曾经见识过的最常见的电路板设计错误：

- 错误的开孔尺寸
- 元件干扰
- 元件（特别是接头）的间距不对
- 接头上的引脚编号不对，特别是在接头被装反的情况下
- 接头引脚的尺寸不对
- 走线宽度不对
- 未能对元件进行正确的散热或者提供合适的冷却
- 错误的元件焊脚

4.9　本章小结

本章主要关注流程，而不是关注诸如“如何发现 7 号缺陷？”之类的问题。是的，我在

⊖ www.analog.com。

本章中介绍了一些我最喜欢的有关设计印制电路板的最佳实践，这是因为硬件设计师们的很多工作都围绕着将所有元件集成在一起的印制电路板展开。再次重申，本章的内容只是有关印制电路板设计问题的皮毛。我们可以花上很多页来讨论 FPGA[注]或者类似设备的故障检测，但这确实不是我的关注点。

在后面的章节中，当我讨论如何使用行业工具时，将介绍若干专门的调试话题（我希望这些话题足够了），所以，我希望读者不要被本章的内容和它的标题所误导。

4.10 拓展读物

1. www.debuggingrules.com: A web page devoted to debugging. Lots of good debugging war stories from engineering contributors.
2. Walt Kester, James Bryant, and Mike Byrne, ***Grounding Data Converters and Solving the Mystery of "AGND" and "DGND,"*** Tutorial Analog Devices, Inc., Tutorial MT-031, 2009, https://www.analog.com/media/en/training-seminars/tutorials/MT-031.pdf: Their list of references is worth the download by itself.
3. Hank Zumbahlen, ***Staying Well Grounded,*** Analog Dialogue, Volume 46, No. 6, June 2012, https://www.analog.com/en/analog-dialogue/articles/staying-well-grounded.html.

   根据作者所言：

   > 接地毫无疑问是系统设计中最困难的主题之一，虽然其基本概念相对简单，但是实现起来却非常困难。不幸的是，对于接地而言并没有所谓“烹饪指南”之类的方法来得到好的结果，如果没有处理好接地问题，那么就会引发若干让你头疼的问题。

4. http://www.interfacebus.com/Design_Termination.html#b.

4.11 参考文献

[1] A.S. Berger, A consulting engineering model for the EE capstone experience, in: Proceedings of the 2017 Annual Conference and Exposition, Columbus, OH, June 25–28, Paper 19700, 2017.

[2] A.S. Berger, Embedded Systems Design: A Step-by-Step Guide, CMP Press, 2001, p. 58. October, ISBN #1-57820-073-3.

[3] R.A. Pease, Troubleshooting Analog Circuits, Butterworth-Heinemann, Boston, MA, 1991, p. 6. ISBN: 0-7506-9499-8.

[4] A.S. Berger, Following simple rules lets embedded systems work with uP emu-

[注] 例如，请参见 Proceedings, 16th Euromicro Conference on Digital System Design: DSD 2013: 4-6 September 2013, Santander, Spain, Glitch Detection in Hardware Implementations on FPGAs Using Delay Based Sampling Techniques.

lators, EDN 34 (8) (1989) 171.
[5] D.J. Agans, Debugging, the 9 Indispensable Rules for Finding Even the Most Elusive Software and Hardware Problems, AMACOM, 2002. ISBN:0-8144-7457-8.
[6] G.A. Moore, Crossing the Chasm, Marketing and Selling High-Tech Products to Mainstream Customer, revised ed., HarperCollins, New York, 1999.
[7] Keysight Technologies, Inc., Probing Solutions for Logic Analyzers, http://literature.cdn.keysight.com/litweb/pdf/5968-4632E.pdf, August, 2017.
[8] Designer's Guide for Electronic Packaging Utilizing High-Speed Techniques, IPC-2251, November, www.ipc.org, 2003.
[9] A.R. Djordjevic, R.M. Biljic, V.D. Likar-Smiljanic, T.K. Sarkar, Wideband frequency-domain characterization of FR-4 and time-domain causality, IEEE Trans. Electromagn. Compat. 43 (4) (2001) 662.
[10] TT Electronics, Digital Data Terminations A Comparison of Resistive Terminations for High Speed Digital Data, Application Note LIT-AN-HSDIGITAL, Issue 2, www.ttelectronics.com.
[11] Texas Instruments, A Comparison of Differential Termination Techniques, AN-903, SNLA034B-August 1993, Revised April, 2013.
[12] E.B. Joffe, K.-S. Lock, Grounds for Grounding: A Circuit-to-System Handbook, John Wiley and Sons, Hoboken, NJ, 2010. ISBN: 978-0471-66008-8.

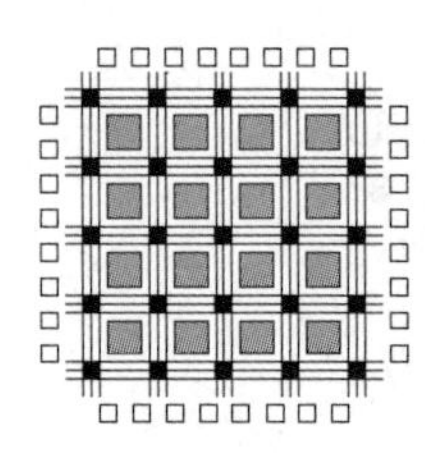

第5章 嵌入式设计与调试工具概览

5.1 概述

本章是我一直期待着要撰写的章节，因为我已经为此付出了多年的艰辛努力。嵌入式系统的独特之处正是在于其需要专门的开发和调试工具，这是因为一个包含未经测试的硬件和软件的系统中的可能的变量的数目过大，所以我们需要用这些工具将问题限制在更易于管理的范围之内。

此类工具的关键之处是可视化。为了修复缺陷，我们需要在缺陷的原生之地对其进行观察。在静态和无菌的环境中，只要我们进行测试并遵循严格的开发过程，就能做很多事情，但是难免会遇到意料之外的事件。当然，我们越偏离有序的过程，越倾向于混乱，产生缺陷的机会也就越大：代码中的缺陷、硬件中的缺陷以及两者交互中的缺陷。

有时我们会被赋予找出并修复缺陷的任务，有时只是被要求提高他人工作成果的性能。这让我想起了动画片 Dilbert，在这部动画片中，工程师们在新项目开始时聚坐在会议桌周围，（我在这里套用动画片中的人物对话）Alice 说道："我打算利用败坏之前从事此类项目的工程师的名声这种传统方式，着手开始实施这个项目。"

调试一个系统，并将其中的所有问题归罪于在你之前从事项目的工程师非常容易。

在我离开 HP 之后，我在一家现已倒闭的嵌入式工具公司担任过一段时间的研发经理。当时我们有一个包含专用集成电路的仿真产品，但是它的文档乏善可陈，并且满是错误，以致实际上毫无用处。我们需要对 ASIC 进行改进，但是最初的设计工程师离职已久，我提出请他回来做顾问，帮我们搞清楚这个工具是如何工作的，但他丝毫不感兴趣，所以我们要么搁置项目，要么重新开始。最终这个项目搁浅了。

我说到哪了？对，工具，让我们回到工具上去。

对嵌入式设计师而言，无论他设计的是硬件、固件还是应用软件，他手中的工具的全部关注点都集中在提供系统内部运行的可视化。但是可视化所需要的又不仅仅是看到事件错误，它还意味着能观察到导致事件陷入失效模式的事件序列，并且还要能看到事件错误出现后发生的事情，以及它对系统的其他部分造成的破坏程度。

如何才能达到上述所要求的可视化水平正是本章的主题。

5.2 调试器

调试器是在非常严格的条件下观察软件执行情况的经典工具，它也是软件开发人员的主要工具，对很多软件开发人员而言，它甚至是所需要的唯一工具。

调试器的价格不一，既有免费的，比如 GNU 的调试器 GDB，也有数千美元的工业级工具链，这类工具链包含集成开发环境（IDE）、调试器、编译器、链接器、加载器以及其他工具。

从事实时操作系统的公司提供了一种任务感知调试器，它使得实时操作系统能够在调试单个任务时，继续执行多任务处理和中断服务。与传统调试器相比，它的主要的优势是将操作系统视为一个大型应用程序，当进入调试器时，一切都将挂起。

因为我们都知道调试器是什么，而且我们可能在第一门计算机科学课程中（课程编号 101）都调试过代码，所以我就不在基础知识上细讲了，我们要谈的是调试器以及它与嵌入式系统之间的关系。

在这里我们需要定义两个术语：

- 主机：开发人员直接交互的计算机。
- 目标计算机：被调试系统上的微处理器或微控制器，通常也称为目标系统。

如果你是用 C 或者 C++ 之类的高级语言编写代码的，那么在主机上对代码进行严格的测试、验证和调试貌似合乎逻辑，这样做也很容易也很方便，而且因为不必处理乱七八糟的硬件。

对于大多数情况而言，这是正确的，但是下列情况除外：

- 存在性能问题。
- 存在代码规模问题。
- 代码必须连接硬件。

当嵌入式代码在主机上进行调试时（取决于与硬件交互所需的等级），开发人员可以调试软件，就像应用程序是为在主机上运行而设计的一样。这种情况相当常见，唯一的区别发生在高级语言编写的源代码是为目标处理器的指令集架构（Instruction Set Architecture，ISA）重新编译的，而非主机的 ISA（最典型的是 x86）时。

如果需要和硬件交互，那么你需要一个目标系统来运行调试器，或者提供一个脚手架来和调试器进行交互。凭借调试或测试脚手架，你就可以编写函数调用来代替直接的硬件调用。这些函数调用可以向调用函数返回值，以仿真硬件在存在时的操作。下面给出一个例子，我认为这是一个纯净的解决方案，并且相对容易实现。

Melkonian[1] 探讨了一种在代码中使用宏调用的方法，因为宏比函数调用的开销要小。如下所示，他介绍了用相应的宏调用替换所有直接读写硬件的技术。在这个例子中，他假设所有的 I/O 设备都是内存映射的。

```
Data read:  byte data = *(byte *)addr;
Data write:  *(byte *)addr = data;
```

上面的两条 C 指令使用指针直接访问 I/O 设备，在本例中，I/O 设备的内存位置用“addr”表示。

上面两个操作可用如下所示的代码替换：

```
byte data = read_hw_byte(addr); and write_hw_byte(data,
addr);
```

但作者更进一步，在这些宏中他嵌入了条件编译，即代码要么是针对主机环境编译的，这种情况下宏被定义为一个函数调用；要么是针对目标环境编译的，这种情况下宏被定义为一个指针操作，这一点可以从作者给出的如下所示的例子中看出来：

```
*****************************************************************
*******
// Header file
#ifdef SIM
 // Simulator
 extern BYTE read_hw_byte(volatile BYTE *addr);
 extern void write_hw_byte(BYTE data, volatile BYTE *addr);
#else
 // Real target
 #define read_hw_byte(x)    (*(volatile BYTE *)x)
 #define write_hw_byte(d, x)    ((*(volatile BYTE *)x) =
 (d))
#endif
*****************************************************************
*******
// Simulator implementation
BYTE read_hw_byte(volatile BYTE *addr)
{
}
  intercept_read(addr);
  return *addr;
void write_hw_byte(BYTE data, volatile BYTE *addr)
{
}
  *addr = data;
  intercept_write(addr);
}
```

作者指出，在硬件访问代码行周围没有条件编译语句，这使得代码更容易维护。凭借这种技巧，所有的硬件访问都会具有相同的宏包装器，并且只有编译时预处理器标志 SIM 用来表示代码是针对主机编译的还是为目标系统编译的。

当然，你仍然需要创建代码来模拟调用时的硬件。一开始你或许只是让它返回简单的“平均值”，这样花费的时间最少，并且能够让你继续开发代码。这是在缺少硬件的情况下进行软件开发的最常见的方式。

很多软件开发人员都会使用“评估板”，评估板通常就是一台单板机（Single-Board Computer，SBC），具有开发人员感兴趣的处理器、通信端口、RAM 以及某种形式的非易失性存储器，如闪存或 SD 卡。随着诸如 Arduino 和德州仪器公司的 TIVA 等开源项目，以及包含硬核嵌入式微处理器（例如 ARM）的 FPGA 开发板的出现，这些 SBC 已经成为最新的主流。例如，Terasic 公司 DE 1-SoC 开发版带有 Altera（现在是 Intel）FPGA 以及嵌入式

ARM Cortex 800MHz 双核处理器。

拥有一块开发或评估板对你有好处，原因如下所示：

- 实际的嵌入式代码可以得到测试和调试，能够消除主机环境和嵌入式环境之间微妙的架构问题带来的问题，其中字节顺序就是最主要的例子。
- 在实际处理器上运行可以对代码性能进行基准测试。
- 尽管需要一些软件从并不存在的硬件生成中断，但是并不需要模拟中断环境。
- 可以使用逻辑分析仪之类的实时调试工具，来实时观察代码的行为。

但是，只有开发板而非真实的硬件仍旧意味着必须通过某种方式来模拟硬件 / 软件之间的交互。很多处理器都可被设置用于捕获对并不存在的内存位置的调用。其理念在于如果你的代码陷入混乱，那么你可以限制这种情况下代码造成的损坏。很多处理器都有软件启动的中断，这些中断会自动访问特定的地址向量，地址向量指向中断服务程序，而中断程序由你编写用于处理错误情形。所以，如果你碰到除零错误或者非法指令（操作码错误）、特权扰乱等错误，处理器会将这些错误形成一个向量传递给错误处理程序。

Smith[2] 阐明了如何简单地通过使用非法内存访问的错误陷阱作为模拟硬件的入口点来将此用做一种硬件模拟方法。这种方法的优点在于不用修改硬件调用的底层软件，而且可以用一种更特定于硬件的方式编写模拟代码，因此可以让模拟更精确地表现硬件 / 软件交互。

如果你曾经在自己的设计中用过 ARM 处理器，并且该处理器与你能在 FPGA 中找到的 ARM 处理器（例如 DE 1-SoC 评估板上的 Intel FPGA 中的 ARM Cortex）共享指令集架构，那么你还有其他选择。如果你能访问描述需要与之通信的硬件外围设备的 Verilog 或 VHDL 代码，那么就可以在嵌入式处理器硬件中构建一个精确的硬件仿真模型。当然，这种方法只在使用带有 ARM 内核的 FPGA 时有效，但如果你使用的是不同的处理器架构（例如英特尔的 x86 系列），那么你虽然仍旧可以使用这项技术，但可能要花更多的钱。

5.3　软硬件协同验证

假设你是一名软件或固件工程师，正在编写嵌入式代码来控制一块布满应用程序专用集成电路（ASIC）的电路板。你可能熟悉 PC 主板上的芯片，这些芯片将 AMD 或者 Intel 处理器与计算机的其他部件相连，其中的接口芯片就是 ASIC。

假设你身处某个国家，而硬件团队却在几个时区之外的另一个国家。你所做工作的依据就是提供给你的接口规范。当然，你可以在遇见问题时发邮件或者打电话，但是此时硬件团队说不定已经下班回家了，所以你得等到第二天才能得到答案。而硬件工程师给你的答案往往并不清晰明了。所以过程还在继续，时间依旧流逝。

常见的情形是软件和硬件以并行方式进行开发，直到揭露真相的可怕时刻到来——硬件 / 软件集成，那时硬件和软件中的所有缺陷也实现了会师。

如果软件可以在开发过程中不断地与硬件进行测试，那么不是很好吗？换句话说就是进行验证。这是该技术在 20 世纪 90 年代末实现时的价值主张。Andrews[3] 撰写了一篇非常优秀的文章，对这项技术的历史进行了回顾，这篇文章令人很感兴趣。

西门子的子公司 Mentor Graphics 和初创公司 Eagle Design Automation 在几个月内相继开发出了类似的产品。Mentor 公司的产品 Seamless[1]到目前仍然可用，而 Eagle 公司的产品 Eaglei 却在该公司经历两次收购后消亡了。我也参与了这个过程，因为我当时任职的应用微系统公司与 Eagle 公司合作开发了一种软硬件混合解决方案，而我在其中的工作正是让这两种产品协同工作。

在我讨论我们的解决方案之前（我觉得这个方案很酷），我将首先介绍一下 Eaglei 和 Seamless 初期产品的工作原理。尽管 Seamless 已经自初始阶段历经了多次演进，但是其最初的模型是一项非常聪明的创新，接下来我将对其进行介绍。

大多数微处理器都具有指令集模拟器（Instruction Set Simulators，ISS），模拟器的目标是获取已编译、组装和链接，用于创建可执行文件的高级语言代码，并将其作为基于主机的程序的输入，基于主机的程序将执行代码，就像它在实际的处理器上运行一样。但是它所做的工作比仅仅运行代码要多：它还可以提供时钟周期精确的指令执行时间，以及对内存和内部寄存器的可视化。实际上，除了在汇编语言层级上工作之外，指令集模拟器完全就像一个调试器。

后来的改进是将周期精确的指令集模拟器与高级调试器连接，并且至少解决了在使用高级语言时能够预测软件性能的一些问题。跟紧我，快到了，我现在处于教授模式。

假设你获取了指令集模拟器的输出，并将模拟器中对内存的低级读写操作输入到另一个称为“总线功能模型”的程序中，该程序会真实地改变地址、数据以及处理器的状态引脚，就好像代码在实际的微处理器上运行一样。

现在让我们考虑处于开发状态的 ASIC。假设我们正在用硬件描述语言（Hardware Description Language, HDL）Verilog 设计 ASIC。Verilog 几乎和另一种硬件描述语言 VHDL 一样简单，但是针对此处的讨论我们还是用 Verilog。Verilog 程序看上去很像带有少许不同习惯用法的 C 语言程序。当你编译 C 语言程序时，编译的结果是一个可执行的代码映像。而在编译 Verilog 时，编译的结果相当于为芯片代工厂生产 ASIC 提供了一份蓝图。

因为制造 ASIC 是一项昂贵耗时的工作[2]，所以 Verilog 环境带有硬件模拟器，硬件模拟器会执行 Verilog 代码，并为你提供 ASIC 上所有 I/O 引脚的精确周期输出，而不管这些引脚是否应该执行周期输出操作。

然而，为了测试模拟，硬件工程师需要在每个时钟周期上针对所有输入引脚活动创建输入文件，这些文件被称为向量，每个时钟周期都有一个 n 维向量，由在通用总线周期的特定时钟周期部分的所有地址、数据和状态线的状态组成。

创建这些向量表非常耗时，而且一般情况下，一个新的 ASIC 有 50% 的时间都会出现设计错误。

回到总线功能模型上来。我保证，这里是一切的开端。总线功能模型从指令集模拟器中提取出读写内存操作，并将这些读操作和写操作转换成输入和输出向量，作为 Verilog 模

[1] https://www.mentor.com/products/fv/seamless/。

[2] 但是 FPGA 已经缓解了这个问题，实际上 FPGA 最初就是针对创建 ASIC 原型而设计的。

拟器的输入和输出。在读操作上，总线功能模型将向量转换为来自 ASIC 的数据，它看起来就像从真实硬件返回的真实数据。简而言之，这就是协同验证。

这样做的优势非常明显，一旦存在足够多的面向 ASIC 的 Verilog 代码接收内存写入，并返回内存读取内容，那么即使 Verilog 代码的其他部分没有按实际情况执行，软件工程师也能持续（无缝）结合开发中的硬件，对开发中的软件进行测试。

进入应用微系统公司后，Mike Buckmaster 和我发明了虚拟软件处理器 - 目标应用程序探针（VSP/TAP[4]）。VSP/TAP 允许 Verilog 模拟环境与真实硬件或评估板上的真实处理器进行交互。

VSP/TAP 位于处理器和其他硬件之间，并监视地址、数据和状态总线。当它检测到对正在开发的 ASIC 的地址进行的读写操作时，就捕获总线信息，并激活处理器上的等待状态输入，使其在适当的时候空闲。当处理器标记时间时，就好像在与一个确实非常慢的内存通信，VSP/TAP 向总线功能模型发送总线操作信息，在那里它被转换为向量，就像之前与指令集模拟器所做的一样。

VSP/TAP 从未真正流行起来，尽管我认为它是一个非常简洁的调试工具，但是由于它的成本和复杂性，以及像其他处理器特定的调试工具一样，要求每个微处理器必须有一个专门为其定制的 VSP/TAP，因此它很难销售给潜在的客户。

VSP/TAP 的另一个问题是，大多数高可靠性系统都有监视计时器来监控系统的健康状况，并在检测到软件出错时重置处理器。

如果看门狗定时器的超时周期是 10ms，而 Verilog 模拟需要 10s 才能返回一个值，那么看门狗定时器早就重置了处理器很多次。

从上面这个（很长）的讨论中可以明显看出，许多优秀的技术可以进行硬件模拟，使得调试器可以继续作为嵌入式设计过程中有价值的工具。让我们来看看调试器的优缺点。

我们已经讨论了仅限于主机环境中的调试，因此现在让我们考虑一下在拥有某种目标系统时所进行的调试。它可能是一个评估板、真正的硬件或者介于两者之间的东西。在这种情况下，调试器分为两部分。调试器的一部分驻留在主机上，与用户通信；另一部分驻留在目标系统中，执行发送给它的命令，并将结果返回给主机。我们把驻留在目标系统上的部分称为调试内核。

调试内核包含一个代码块，这个代码块要么是在生成代码映像时链接到用户代码上，要么单独加载，但是在加载时，它能接管重要的中断子程序（ISR）向量，或者最终驻留在处理器的 ROM 或者闪存当中。

除了调试内核之外，目标系统还需要一个与主机之间的通信通道，它可能是任何常见的串行链路，如以太网、USB 或者老式备用品 RS-232。

由于现在调试器控制了中断，因此任何来自主机的命令都能立刻让程序停止执行，并将控制权返回给调试内核。调试内核要求目标系统的硬件相当稳定，或者至少处理器和内存系统应该如此，因为如果硬件不稳定，调试内核就将毫无用处。此外，根据调试器的实现方式，失控的软件可能将其毁掉，并且与在标准的主机环境中运行不同，调试器需要对硬件有足够的了解才能与主机通信。

调试内核实现了调试器的运行控制部分，包括：

- 检查 / 修改内存或寄存器。
- 单步执行。
- 设置断点。
- 运行到断点。
- 加载代码。

当一个程序在调试器下运行时，比如单步执行，由于它不是实时运行的，因此调试内核会成为实时系统的严重困扰。此外，由于来自目标系统硬件的中断通常是被禁用的，因此当调试器接管时，整个程序会停止运行。然而，通过仔细地分配中断优先级，调试器能够和实时目标系统的中断共存，但这取决于处理器具有灵活可配置的中断系统。

商用的 RTOS 调试器可以是面向特定任务的。一个任务可以是调试器控制下的单步执行，同时其他任务也可以很好地运行。

调试内核的另一个一般性限制是：如果代码在 ROM 内存外执行，就不能设置断点。目前，如果 ROM 是 FLASH 内存，那么这个问题可以得以缓解，因为 FLASH 内存可以被多次写入。但如果 ROM 不能被目标系统重新编程，那么就不能设置断点。

想知道调试内核是如何设置断点的吗？当我授课的时候，尤其是课程安排在晚上 8 点左右或者超过晚饭时间的时候，课堂的元气值通常是最低的。我相信这是生理上的现象，而非自己授课能力的问题，但谁知道呢？为了唤醒学生们，我会停止上课，并向他们提出一些技术面试中可能会碰到的典型问题，这种办法每次都奏效。

当我在讲授汇编语言时，在讲到 NOP（空操作）指令时，我经常提这样一个问题："为什么要引入一个什么都不做的指令？"在经历了几次令人难堪的沉默和大眼瞪小眼之后，我通常能就此开展一个合理的讨论。

原因之一是能让调试器工作起来，下面给出这么说的理由。当你让编译器编译代码用于调试时，它会在每个函数后面都加上 NOP 指令。除了增加代码映像的大小以及执行 NOP 所需的额外的时钟周期之外，这样做对函数没有任何损害。当你让调试器设置断点时，调试内核就会启动，并将断点处现有的机器语言指令保存到 NOP 区域当中，然后用将处理器带入调试内核的软件中断（陷阱向量）替换该指令。

与其他中断一样，寄存器的状态会被保存，但是现在调试器可以四处出击，到处进行检查了。假如你打算用一条指令让程序向前执行一步，那么调试内核就会替换原指令，并将其陷阱向量移动到下一个指令的位置。

在主机端，调试器可以与用户会话，并显示所有相关信息，它还会维护包含下列内容的数据库：

- 对源文件的了解信息。
- 对目标文件的了解信息。
- 符号表。
- 交叉引用文件。

这些信息都是高级调试器与低级调试内核进行交互所必需的。

让我们思考一下调试监控器（调试器）的一些优缺点，首先，其优点有：

- 成本低，最多不超过 1000 美元。
- 同一个调试器可以在远程内核或主机上使用。
- 提供了软件设计师所需的绝大多数服务。
- 只需要简单的串行链接。
- 可以与用户针对中断服务程序或者域服务编写的代码进行链接。
- 是硬件稳定时进行代码开发的好选择。
- 可以很容易地融入设计团队环境当中。
- 能够与“虚拟”串口一起使用。

最后一条需要进一步解释一下。曾经有位老程序员说过：“乔装打扮成串口不止有一种方法。[⊖]”对调试器而言，虚拟串口看上去和串口差不多，但是其实现却与真正的硬件串口完全不同。

有一种办法是用 ROM 仿真器实现虚拟串口，稍后我们就会讨论 ROM 仿真器，但经典的漫画版本是一个硬件设备，该设备包含 RAM 内存和一根数据线，允许它插入 ROM 内存芯片通常驻留的目标系统。从 ROM 仿真器到主机计算机存在一个通信链路，它使得 ROM 代码可以快速、容易地加载到被仿真的“ROM”当中。

ROM 仿真器实现了虚拟串口，一块内存（比如 128 字节）被分配给虚拟串口，正好与 ASCII 字符集相对应。任何时候只要处理器从所分配内存的某个位置读取数据，ROM 仿真器就会将读取操作解析为向主机的传输数据。在命令接收端，则经常需要从 ROM 仿真器向处理器的中断引脚连接一条“飞线”。这种做法并不那么优雅，但是能在没有通信信道的目标系统上发挥作用。

注意，虚拟串行端口的实现与磁芯内存差不多，但它只是实现虚拟串行端口的一种特定方法的简单示例。

现在该谈谈调试器的不足了：

- 依赖于目标系统中具备稳定的内存子系统，所以在最初的硬件 / 软件集成阶段或者接通硬件的情况下不适用。
- 并不“实时”，系统的性能会因调试器的存在而有所不同，即使没有用上调试器也是如此。
- 由于无法单步执行或者在 ROM 中插入断点，所以存在耗尽基于 ROM 的内存的难点。
- 需要目标系统具备附加服务，比如通信信道。而对很多成本敏感型目标系统而言，这属于难以承受的成本。
- 如果代码运行情况不良，那么调试器可能并不能始终控制系统。

5.4　ROM 仿真器

在准备开始讨论 ROM 仿真器时我犹豫了一下，因为考虑到 FLASH 闪存技术的进步，

⊖ 实际上这是我杜撰的，不好意思。

我不确定它是否还是一个与调试有关系的工具。在那些我们曾经使用EPROM和出厂编好程序的ROM的场合，现在我们已经有能力读写非易失性闪存，而这几乎就和向RAM写入数据一样简单。

说句题外话，我正在一台具有1TB存储容量的固态磁盘（Solid-State Disk，SSD）的台式计算机上撰写本书，现在SSD的成本是相同容量的机械硬盘的两倍。当SSD最开始可用时，其成本溢价差不多是机械硬盘的10倍。我认为在不久的将来，我们就能看到SSD的成本等于机械硬盘的成本。

我很开心地看到ROM仿真器已经找到了一些有趣的利基市场，所以对其进行讨论是公道的，即使只是在历史背景下讨论也好。ROM仿真似乎和老式游戏爱好者息息相关，老式游戏都是基于ROM的，而如今，为了保持游戏的活力，爱好者们使用ROM仿真器来取代很难找到的游戏ROM。如果我们暂时忽略版权问题，就可以看到将一个仿真设备插入到标准ROM插槽中，并能够再次玩上老式游戏的价值。

我还发现ROM仿真在测试与诊断领域中也非常流行，这些领域关注于测试和验证，而非新产品的开发，但是我肯定它们之间仍然有很多重叠之处。此外，大量工业控制、军事以及航空电子应用采用的都是久经考验而被证明可靠的技术，这些技术必须得到25年以上的支持，所以对使用基于ROM的内存来保存可操作固件的系统而言，ROM仿真是一种天然的工具。下面引用一段Navatek Engineering公司有关ROM仿真的论述[5]：

> ROM仿真是一种功能强大、用途广泛的微处理器测试方法。自从1985年被引入以来，ROM仿真已经成为微处理器测试与诊断应用的首选技术。用内存仿真模块替换被测单元（Unit Under Test, UUT）上的引导ROM，可对电路板进行测试。每个模块能处理8位数据总线，因此可以使用1到4个模块控制8至32位处理器（即使是像Intel Pentium这样最先进的CPU，通常也仅使用8位引导路径）。仿真器通过复位处理器来控制UUT，并且在测试程序（监控程序）的控制下，可以执行电路板上的所有函数，与UUT的同步是自动的，不需要其他硬件或连接。

与其他针对单个微处理器的工具相比，ROM仿真器具有几个重要的优点。这是因为ROM往往具有非常标准的I/O引脚说明，即使ROM容量增加，更多的I/O引脚被添加来处理额外的地址行，这些说明也往往保持不变。

图5.1展示了这一点，随着ROM容量的增加，I/O引脚的相对位置或多或少地保持在相同的位置。直到出现了16条数据线的EPROM 271024，引脚才有明显的改变。从ROM仿真器厂商的角度来看，这让事情变得非常简单，因为只需要开发几个不同的布局配置，就可以支持来自不同厂商的各种设备。

ROM仿真器除了针对将指令代码加载到嵌入式系统提供了简单的方法外，还提供了其他一些可能的好处。这些好处列举如下：

- 面向缺少调试器通信接口的目标系统的虚拟串口。
- 能在ROM中实现调试器断点。
- 对那些必须证实其产品满足“任务关键型”可信度的应用程序而言，ROM仿真器凭借适当的跟踪内存，记录所有指令的内存地址，这些内存地址会在测试期间被访问，从而提供证据证明所有指令都得到了执行，并且所有内存地址也都被执行过了（没有死代码区域）。

- 利用附加的跟踪内存，程序执行可以被跟踪，就好像 ROM 仿真器中有一个逻辑分析仪。
- 由于 ROM 仿真器中具有足够的内存，因此整个内存区域可以立即交换出去，从而可以简单地打开和关闭调试，或者使系统测试代码与指令代码一致。

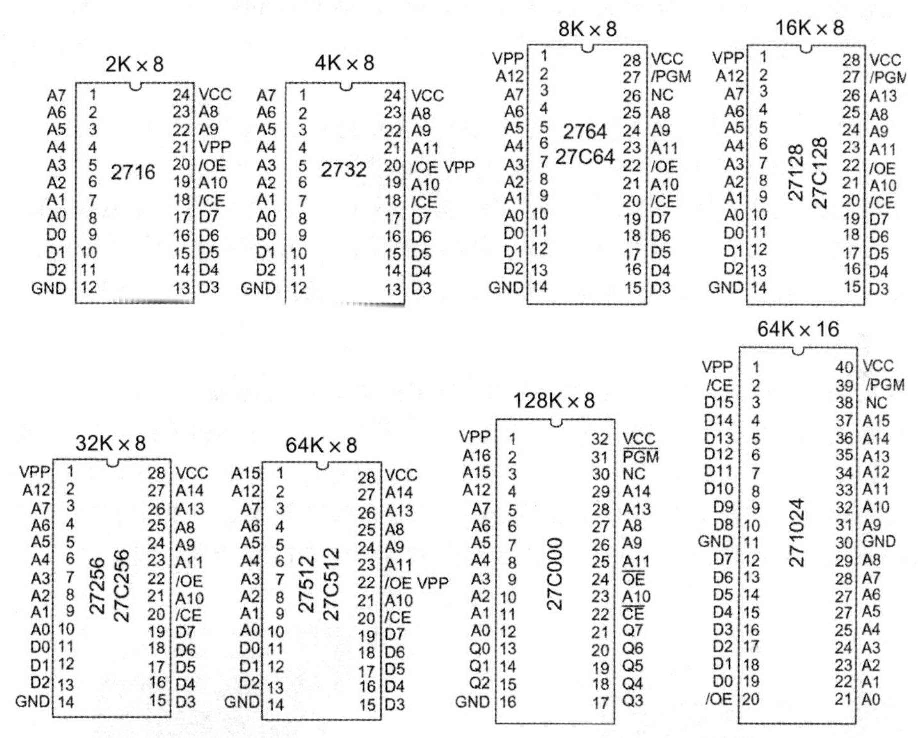

图 5.1　各种容量的 EPROM 的布局配置。除了如 VPP 和 /PGM 这样的编程引脚不可用，预编程部件具有相同的配置

换言之，对设计和测试嵌入式系统而言，ROM 仿真器是一个非常灵活的工具。当然，ROM 仿真器也有其自身的致命弱点：

- 程序代码需要存储在 ROM 中，启动时要么在 ROM 外执行，要么移动到 RAM 中。
- ROM 应该可被插入，尽管这在实验室原型中可能不是什么问题。
- ROM 应当是标准型号。
- ROM 需要被放置在 PCB 上的一个可访问的位置上。

考虑到这些限制，一个带有内部内存的微控制器并非 ROM 仿真器的上佳之选，除非在开发期间可以绕过内部内存，并使用外部内存代替。

从架构上看，基本的 ROM 仿真器相当简单粗暴。RAM 是双接口的，因此本地控制处理器或目标系统都可以访问它。RAM 应该有足够低的访问时间，以便任何多路复用器或缓冲电路引入的延迟不会成为问题。

根据必须考虑到的可能的 I/O 数量，可能需要额外的逻辑。本地控制处理器管理系统，并与主机通信。本地处理器应该能够读取标准的目标文件格式，比如 S-Records 或 Intel 十六进制格式。本地处理器的处理能力取决于 ROM 仿真器的特征集，但除此之外，这就只是一个简单的设计问题。

图 5.2 是 Navatek NT5000 ROM 仿真测试系统，这种特殊的 ROM 仿真器被设计用于插入工业标准的 PXI 测试系统底座，比如 National Instruments 公司[㊀]或其他厂商生产的底座。这种插卡还带有逻辑探针，用于诸如循环冗余校验（CRC）或签名分析之类的节点诊断。

其他一些 ROM 仿真器用 USB 或者以太网与主机连接。与用于软件开发的 ROM 仿真器不同，NT5000 用于诊断基于微处理器的电路板的测试。

除了老式游戏爱好者以及测试验证厂商之外，还有一些小型公司出售 ROM 仿真器，其中值得一提的是 EmuTec 公司的 PROMJet，如图 5.3 所示[㊁]。值得注意的是，PROMJet 除了支持 DIP 标准和其他标准的 27XXX 系列引脚布局之外，还支持许多 ROM 引脚布局。根据其官网 [6]：

> 直连数据线可用于 DIP、PLCC、TSOP、PSOP 以及 BGA 插槽，针对其他插槽配置还可定制数据线……PROMJet SPI/LPC 选项允许其支持日益流行的 SPI（1 位串行外围设备接口）或者 LPC/FWH（4 位低引脚计数 / 固件集线器）闪存。只需要用一个接线适配器将 SPI 闪存的 8 引脚 SOIC 布局与 PROMJet 的 50 引脚接头匹配起来。对 LPC/FWH 设备而言，PROMJet 既支持 40 引脚的 TSOP 布局，也支持 32 引脚的 PLCC 布局。

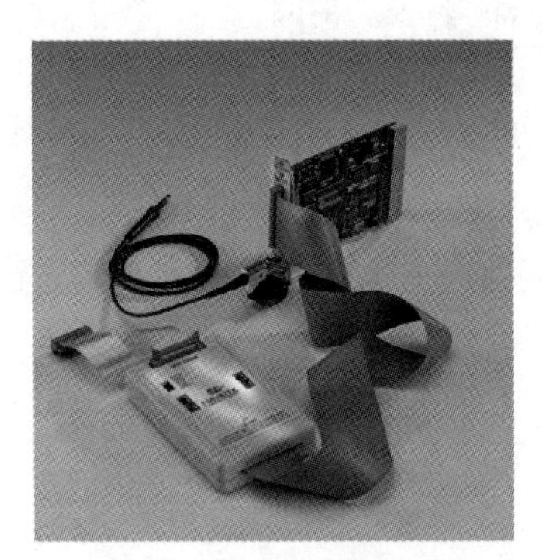

图 5.2 ROM 仿真测试系统（来自 Navatek Engineering 公司）

图 5.3 PROMJet ROM 仿真器（来自 EmuTec）

㊀ www.ni.com。
㊁ http://www.emutec.com/。

因为 FLASH 闪存可以在线重编程，所以你可能会产生这样的疑问：为什么 FLASH 闪存也需要 ROM 仿真器？根据 EmuTec 网站[7]：

> 它是嵌入式系统的开发工具，可以使得在固件开发周期中不必对闪存进行编程。它取代了正在开发的系统闪存，允许用户直接将程序代码加载到仿真内存中进行检查、修改、查看和修复。

为了连接各式各样的闪存（或者 ROM）引脚布局，PROMjet 系统包含了超过 50 种不同的闪存适配器。它还能将中断信号输出到目标系统，并为示波器或逻辑分析仪进行信号触发。

我与 EmuTec 或 Navatek Engineering 公司都没有任何金钱上的往来，只是认为当系统包括位于微处理器或微控制器之外的非易失性存储器时，对嵌入式设计和调试而言，ROM 仿真器是一款用途广泛的工具。

5.5　逻辑分析仪

当我在规划和研究本书的时，曾和以前的同事们就逻辑分析的未来进行了一些非正式的讨论。其中一些人把片上系统更高的集成度、模拟工具的品质以及高速串行总线更为流行作为依据，认为逻辑分析仪正在走下坡路。

反对者则认为，只要数字系统还需要设计，示波器和逻辑分析仪等硬件工具就必须存在。我认为自己属于后一个阵营，但我认为每一方的观点都有可取之处。数字系统还在继续发展，支持其设计、测试和验证过程必不可少的工具也必然与系统一起发展。

因此我们可以大胆假设逻辑分析仪仍然能够存活下去，并且可堪使用——至少在本书还有用处的时间段内是这样的，我们可以看看逻辑分析仪的工作原理，以及究竟能用它干些什么。

根据定时时钟与所需测量的关系，逻辑分析仪能够进行两种基本类型的测量。

定时测量：定时测量是两种测量中比较容易理解的一种，这是因为它在理念上与数字示波器最为接近。捕获跟踪的方式与逻辑分析仪的内部时钟几乎完全相同。当示波器或逻辑分析仪被触发时，内部时钟决定了信号被捕获并存储在内存当中的频率。就像示波器的信号带宽可以从 10MHz 变化到 1000MHz（这要看你的经济实力了），逻辑分析仪也遵循同样的频率范围限度。

但是示波器很少具有 4 个以上的输入通道，而逻辑分析仪却可以很轻松地具有数百个同时输入。另一方面，逻辑分析仪是一个 1 位数字化仪，而示波器可以很容易地拥有 12 位或更多位的分辨率。因此，逻辑分析仪和示波器在一种情况下权衡信号保真度或分辨率，而在另一种情况下则权衡多个输入通道。

例如，如果与被测试系统中的时钟相比，只要逻辑分析仪的时钟速度足够快，那么它就能显示和测量各种信号之间的时间关系，并能设置和保存测量值。举个简单的例子，如果你的逻辑分析仪的捕获速率是 2.5GHz（比如 Keysight 16861A 34 通道便携式逻辑分析仪），2.5GHz 时钟信号的周期是 400ps，所以如果你试图确定时钟上升沿和内存的芯片使能输入下降沿之间的时间差为 Δt，那么 16861A 所能提供的 Δt 的分辨率为 ±400ps。

状态测量：这是示波器与逻辑分析仪分道扬镳之处。在状态测量中，决定数据何时被捕获的时钟在目标系统当中，而非在逻辑分析仪中。因此，在系统时钟的每个时钟边沿捕获系统的“状态”。

状态测量将数据显示为一张表，很像是电子表格，其中表示时钟周期或相对时间的数字定义了每一行，而每一列则定义了要测量的信号。

为了展示这一点，我将用到两张来自我带的微处理器处理班（B EE 425）的截图。为了介绍逻辑分析仪，我设计了一块使用老掉牙的 Z80 处理器的简单电路板。在你翻白眼之前，请让我解释一下这样做的理由。Z80 有一个非常实用的特性，它可以让逻辑分析教学变得非常有效。你在总线上看到的一切都是正在进行的处理，当分支发生时，没有缓存和预取队列来迷惑学生。它的效率很低，却是一个很好的教学工具。

图 5.4 是 Z80 的时序图，你可以在数以千计的网站上找到这张图。在图中我们看到了时钟和地址之间的关系，以及存储器读周期和写周期下的数据总线与状态总线。

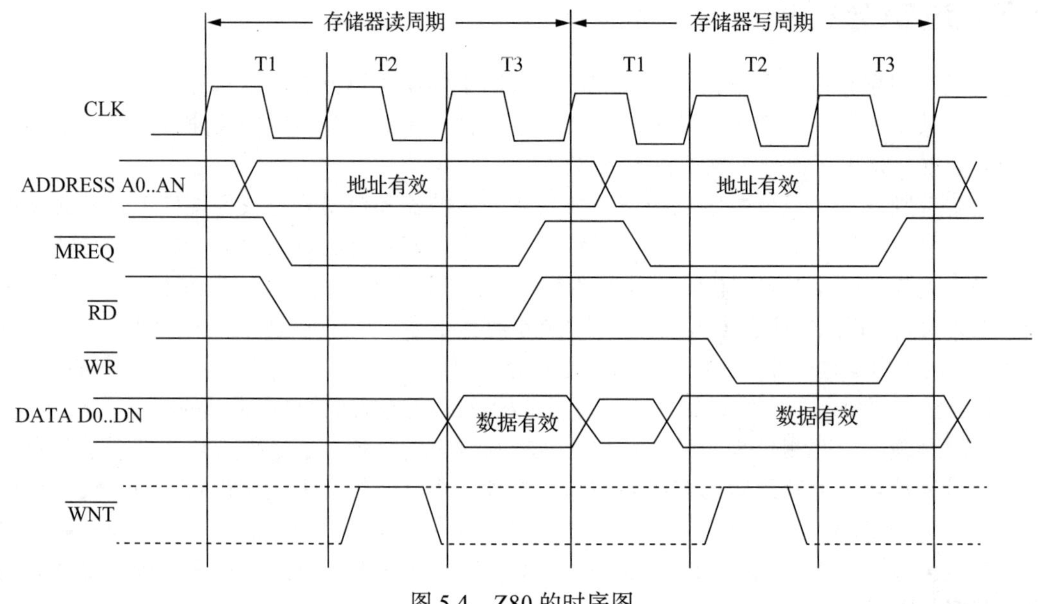

图 5.4　Z80 的时序图

对这些测量而言，时钟位于逻辑分析仪内部，展现在屏幕上的就是计时测量的样子。现在考虑图 5.5。

图 5.5 是 8051 单片机的状态图，它显示了每个地址、数据和状态信号的状态。此时时钟是逻辑分析仪的输入之一，数据只会在时钟的上升沿或下降沿被捕获，这取决于逻辑分析仪是如何设置的。灰色行表示触发器的位置，深灰色和浅灰色行是可以在显示器中设置的游标。

沿着左边第一列向下，你可以看到时钟脉冲之间经过的时间。在这个例子中，逻辑分析仪使用数据压缩来增加保存在内存中的状态数，所以时钟周期有时看起来是 120ns，而有时候则是 60ns。这恰好是我们在微处理器教学实验室中使用的 LogicPort 逻辑分析仪进行跟踪显示的结果。

Relative to Reference	XTAL1	RD	WR	PSEN	ALE	AD[7..0]	A[15..8]	Latched A[7..0]	RST	INT0	INT1
T+0ns	1	1	0	1	0	00h	02h	D1h	0	1	1
+60ns	0	1	0	1	0	00h	02h	D1h	0	1	1
+180ns	1	1	0	1	0	00h	02h	D1h	0	1	1
+260ns	0	1	0	1	0	00h	02h	D1h	0	1	1
+380ns	1	1	0	1	0	00h	02h	D1h	0	1	1
+460ns	0	1	0	1	0	00h	02h	D1h	0	1	1
+580ns	1	1	0	1	0	00h	02h	D1h	0	1	1
+660ns	0	1	0	1	0	00h	02h	D1h	0	1	1
+780ns	1	1	0	1	0	00h	02h	D1h	0	1	1
+860ns	0	1	0	1	0	00h	02h	D1h	0	1	1
+980ns	1	1	0	1	0	00h	02h	D1h	0	1	1
+1,060ns	0	1	0	1	0	00h	02h	D1h	0	1	1
+1,180ns	1	1	0	1	0	00h	02h	D1h	0	1	1
+1,210ns	1	1	1	1	0	00h	02h	D1h	0	1	1
+1,260ns	0	1	1	1	0	00h	02h	D1h	0	1	1
+1,380ns	1	1	1	1	0	00h	02h	D1h	0	1	1
+1,400ns	1	1	1	1	1	CDh	02h	D1h	0	1	1
+1,410ns	1	1	1	1	1	CDh	02h	C1h	0	1	1
+1,420ns	1	1	1	1	1	CDh	02h	CDh	0	1	1
+1,460ns	0	1	1	1	1	CDh	02h	CDh	0	1	1
+1,580ns	1	1	1	1	1	CDh	02h	CDh	0	1	1
+1,660ns	0	1	1	1	1	CDh	02h	CDh	0	1	1
+1,780ns	1	1	1	1	1	CDh	02h	CDh	0	1	1
+1,790ns	1	1	1	1	0	CDh	02h	CDh	0	1	1
+1,860ns	0	1	1	1	0	CDh	02h	CDh	0	1	1
+1,980ns	1	1	1	1	0	CDh	02h	CDh	0	1	1
+2,000ns	1	1	1	0	0	CDh	02h	CDh	0	1	1
+2,010ns	1	1	1	0	0	C0h	02h	CDh	0	1	1
+2,020ns	1	1	1	0	0	D2h	02h	CDh	0	1	1
+2,060ns	0	1	1	0	0	D2h	02h	CDh	0	1	1
+2,180ns	1	1	1	0	0	D2h	02h	CDh	0	1	1
+2,260ns	0	1	1	0	0	D2h	02h	CDh	0	1	1
+2,380ns	1	1	1	0	0	D2h	02h	CDh	0	1	1

图 5.5　8051 单片机的状态图（来自 Intronix）

逻辑分析仪和示波器的第二点，可能也是最重要的一点区别在于触发能力。逻辑分析仪和数字示波器都使用循环跟踪缓冲区或跟踪存储器的概念。在模拟示波器的时代，触发信号使电子束穿过屏幕，显示随时间变化的电压。如果示波器能够捕获波形，或波形存储，那么它是通过模拟技术完成的，我们在这里没必要就此展开讨论。但是这让我回想起了在惠普的斯普林斯分公司为 HP1727A 示波器的存储阴极射线管进行电子光学设计的时光。

数字示波器完全改变了这一切。随着高速模数转换器的出现，一种不同的架构成为可能。凭借数字式存储，示波器或逻辑分析仪能够连续运行。跟踪内存系统是一个循环缓冲区，因此当仪器运行时，它会不断地填充循环缓冲区并覆盖以前的信息。触发器现在提供了一个不同的功能，它会在停止覆盖之前的数据时（而非开始获取数据时）发出信号。

这样做的影响非常深远，因为使用循环缓冲区你可以看到触发信号之前发生了什么，也就是之前时间内的情况[⊖]。它还允许你查看产生触发信号的原因，如图 5.6 所示。

假设图 5.6 中的跟踪缓冲区的位宽是 256，状态深度是 16M（2^{24}）。假设为跟踪缓冲区的中部设置了触发点。当满足触发条件时，无论缓冲区指针在缓冲区中何处，系统都会停止在内存地址 ADDR（触发点）—— 0x800000 处覆盖数据。假设触发点恰好发生在缓冲区指针位于内存地址 0x800000 的时候，这意味着当跟踪存储系统到达地址 0x000000 时，它将停止覆盖缓冲区中

⊖ 我清楚地记得曾读到过一篇科幻小故事，讲的是一位工程师发明了一种晶体管，它能在控制电压到达栅极前开启数皮秒，它被称为预期晶体管。

已经存在的数据。在我熟悉的大多数逻辑分析仪中，从触发点开始（触发发生后直到缓冲区被填满所有的状态）到缓冲区最后（触发点之前发生的所有状态），触发点都是不断变化的。

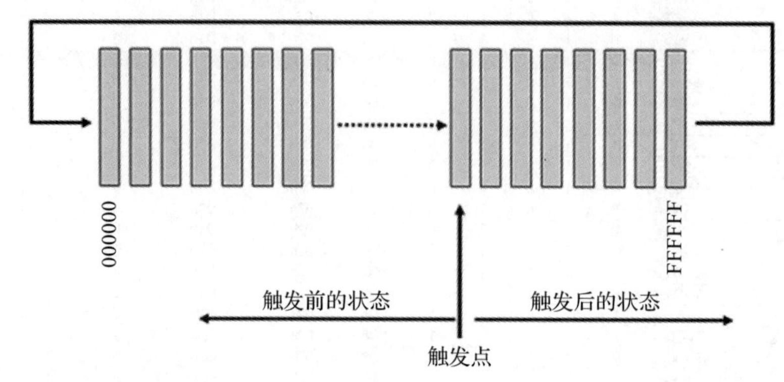

图 5.6　逻辑分析仪循环跟踪缓冲区的架构。触发点定义了逻辑分析仪停止覆盖缓冲区中之前数据时的内存地址

显然，示波器给仪器带来了很大的灵活性，特别是混合信号示波器，它将传统示波器的输入与 16 个数字通道相结合，就像逻辑分析仪一样。当前 Keysight 示波器可以和逻辑分析仪连接起来进行协同测量。

然而，即使有了深度内存，要为逻辑分析仪设置一个简单的触发条件，通常也会用到 1600 万个无用状态来填充缓冲区内存，并且还无法捕获令人真正感兴趣的事件。软件循环就是一个很好的例子，如果你将触发器设置在循环入口点的地址上，那么在循环中可能要经过成千上万次循环，循环中令人真正感兴趣的事件才会发生，而这样海量的循环会迅速让无用信息填满跟踪缓冲区。这就是为什么逻辑分析仪拥有非常复杂的触发规范功能，以帮助筛选出正确的事件序列，使其能够引发令人感兴趣的触发条件。

图 5.7 展示的是我们在微处理器教学实验室中使用的 LogicPort 逻辑分析仪的触发点设置菜单。根据现行的逻辑分析仪的标准，它显得相当初级，但却足以说明一些一般概念。待会儿我再给你展示一个更为复杂的系统实例。请注意，对于触发条件有两种定义，分别用 Level A 和 Level B 表示，Level A 和 Level B 可以单独使用，也可以顺序使用，还可以按照逻辑组合方式使用，如下所示：

- 满足 Level A。
- 满足 Level B。
- Level A 和 Level B 满足其一。
- Level A 和 Level B 按任意顺序满足。
- 先满足 Level A，再满足 Level B。

在本例中，只要探测到边沿（边沿 A），就能满足条件 Level A，这里的边沿 A 是在计时窗口中定义的。分析仪触发器被设置为当输入处理器的 ~RESET 变为高电平并且处理器产生 RESET 时进行触发。如果你查看地址、数据以及状态信号的可能组合（它们可能用于设置模式，或者用于检测时间间隔或计数值），就会发现触发器条件的一些有用之处。

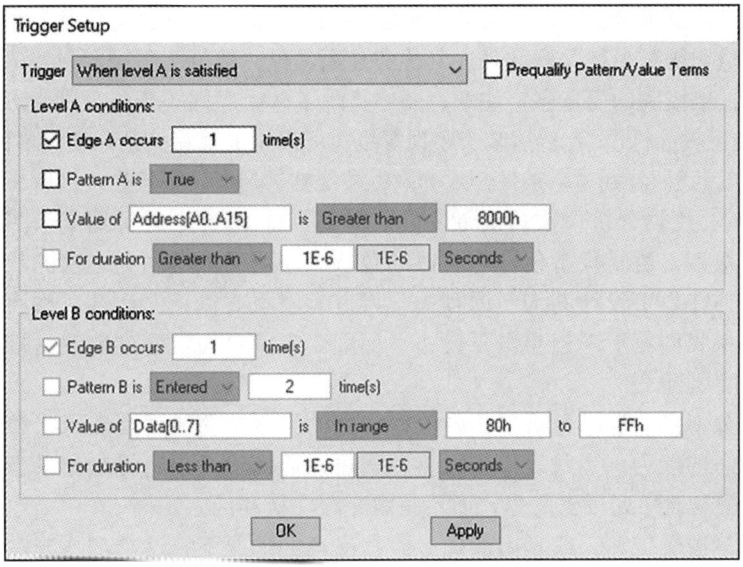

图 5.7　LogicPort 逻辑分析仪触发点设置窗口截图

请考虑最后两点，我们现在看到的是一个事件序列。我们可以将其看作一个简单的状态机，或者 Level A 用于限定 Level B 的发生。逻辑分析仪的功能越丰富，触发系统内的功能也就越强，使其可以隔离深度潜伏在软件行为中的某个事件，这个事件只有在出现特定的事件序列时才会显现出来。

图 5.8 展示了一个更为复杂的触发器序列。

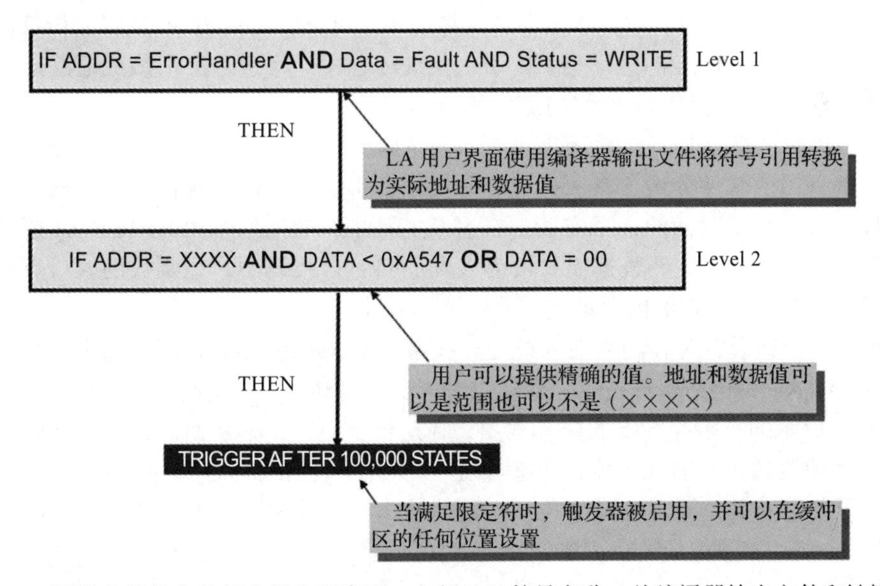

图 5.8　逻辑分析仪中的复杂触发器序列，包括地址符号名称、从编译器输出文件和链接器映射中提取的让人感兴趣的变量

在这里，支持逻辑分析仪的主机软件能够使用编译器输出文件与链接器信息，通过地址和数据值将变量和函数名称关联起来。其优势显而易见，软件工程师可以输入与正在开发的代码具有相同抽象级别的变量名。注意，图中显示了两个序列等级，分别为 Level 1 和 Level 2。我所熟知的逻辑分析仪[⊖]有多达 8 个序列等级，可以用来跟踪一系列软件事件以隔离故障。

在图 5.8 中，我们看到逻辑条件必须为真，才能推进到下一个状态。最后，在满足 Level 1 和 Level 2 之后，逻辑分析仪在再次触发之前需要等待 10 万个时钟周期。图中没有显示的是，在任何等级上，逻辑状态条件都可以导致状态序列硬件返回到之前的状态，并再次尝试推进。如果你在数字设计的入门课程中学习过有限状态机，那么这对你而言应该是很自然的事情。如果我们停下来想想电子设备，那么令人印象相当深刻的就是排序硬件正在以系统时钟的速度运行。

在功能更为丰富的逻辑分析仪中，值得一提的另一个功能就是在每次触发条件发生时只记录少量状态的能力。当触发序列发生时，可以通知触发限定符只记录少数状态，然后重新开始等待触发器序列再次发生，而不是填充跟踪缓冲区。

在全局变量遭受破坏，或者由故障导致栈溢出的情况下，这个功能非常有用。通过将逻辑分析仪设置为只查找对变量的写入，跟踪可以准确地显示哪些函数或 RTOS 任务正在访问该变量。对于栈溢出，可以将逻辑分析仪设置为只记录未对齐的函数的退出点上的堆栈压入操作和栈弹出操作。

与能根据高级符号地址和符号数据的形式输入复杂的触发器规范一样，跟踪也可以进行后处理，以便实时软件执行流可以用高级语言源代码的形式显示。

图 5.9 说明了如何使用后处理来提高 LA 输出的抽象级别，以显示汇编语言（上层跟踪）或 C 指令（下层跟踪）的代码执行流程。

在我的微处理器课上，对自学项目感兴趣的学生可以将 LogicPort 逻辑分析仪的跟踪缓冲区上传到 Excel 电子表格中，然后编写一个 Java 程序，将跟踪反汇编成汇编语言的助记符。不幸的是，后处理超出了他们的能力范围。

最后，逻辑分析仪具备每次满足触发器规范时只保存一个或多个状态的能力，这使得它成为非常有用的软件分析工具。这很容易实现，事实上，这是我在给计算机科学专业的学生讲授嵌入式系统时做的一个实验。在这个实验中，学生们使用 HP16600A 逻辑分析仪来记录某些数据模式，这些数据模式被引入到他们的 C 代码中，在函数的入口点和出口点处，将即时数据写入特定的内存地址。

逻辑分析仪被设置为在函数的入口处查找模式 0x55555555，在函数的出口处查找模式 0xAAAAAAAA。每当逻辑分析仪保存状态时，都会自动为其打上时戳。

图 5.10 展示的是跟踪输出的屏幕截图，在这个实验中，学生们的任务是比较打开和关闭缓存时处理器的执行时间。实际的理念是为了演示数据结构是如何影响处理器性能的。我们开展了一场竞赛，看看究竟哪位学生能构造出一个算法，来展示开启和关闭缓存两种情况下性能的最大差异。最佳压力测试算法实现了超过 10 倍的性能差异。

⊖ 我们在微处理器教学实验中有 12 台 HP16600A 型逻辑分析仪，尽管已经停产了，但它们仍然运行良好，并且由于其灵活性，它们已经被用于讲授高级微处理器设计课程。

```
Label:   Address    Data                 Opcode or Status                  time count
Base:      hex      hex                      mnemonic                        absolute
after     004FFA     2700     2700  supr data rd word                      -----------
+001      004FFC     0000     0000  supr data rd word                      + 520     nS
+002      004FFE     2000     2000  supr data rd word                      +   1.0   uS
+003      002000     2479  MOVEA.L 0001000,A2                              +   1.5   uS
+004      002002     0000     0000  supr prog                              +   2.0   uS
+005      002004     1000     1000  supr prog                              +   2.5   uS
+006      002006     2679  MOVEA.L 0001004,A3                              +   3.0   uS
+007      001000     0000     0000  supr data rd word                      +   3.5   uS
+008      001002     3000     3000  supr data rd word                      +   4.00  uS
+009      002008     0000     0000  supr prog                              +   4.52  uS
+010      00200A     1004     1004  supr prog                              +   5.00  uS
+011      00200C     14BC  MOVE.B  #000,[A2]                               +   5.52  uS
```

a)

```
Label:       Address          Data        Opcode or Status w/ Source Lines       time
Base:        symbols          hex               mnemonic w/symbols                rel
+009   sysstack:+003FC2        0738     0738  supr data wr word                    520
+010   sysstack:+003FC0        0006     0006  supr data wr word                    480
+011   main:main+00000A        01AA     01AA  supr prog                            520
      ##########main.c - line   104 ##############################################
            initialize_system();
+012   main:main+00000C        4EB9   JSR     |_initialize_sys                     480
+013   main:main+00000E        0000     0000  supr prog                            520
+014   main:main+000010        114A     114A  supr prog                            480
      ##########initSystem.c - line     1 thru     38 ############################
      void refresh_menu_window();
      void
      initialize_system()
      {
+015    |_initialize_sys       4E56   LINK     A6,#00000
```

b)

图 5.9　两个经过后处理的逻辑分析仪的跟踪，上层跟踪 a 展示了简单的后处理突出显示汇编语言指令，下层跟踪 b 展示了经过完全后处理的跟踪，显示了函数名称

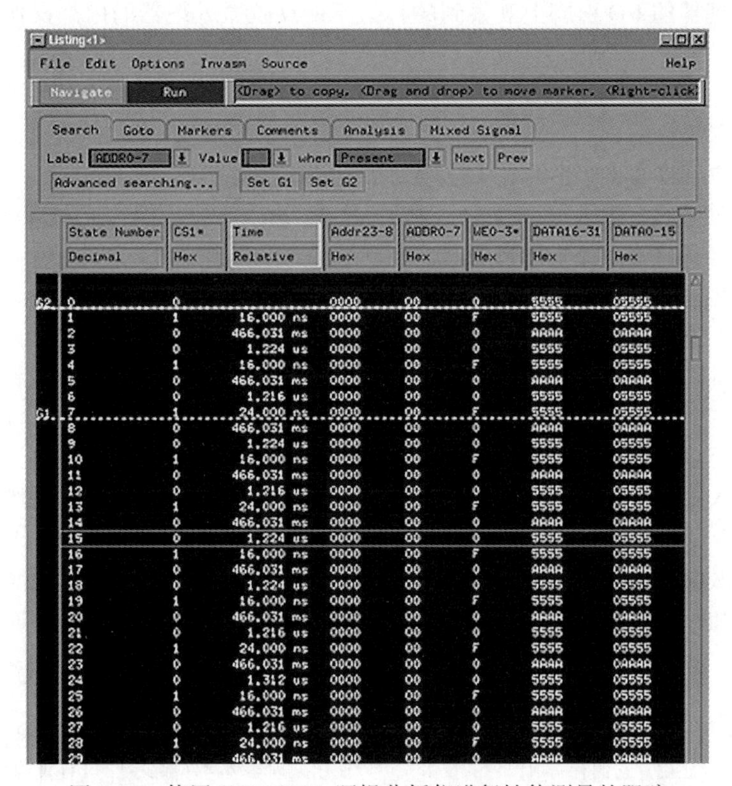

State Number Decimal	CS1* Hex	Time Relative	Addr23-8 Hex	ADDR0-7 Hex	WE0-3* Hex	DATA16-31 Hex	DATA0-15 Hex
G2 0	0		0000	00	0	5555	05555
1	1	16.000 ns	0000	00	F	5555	05555
2	0	466.031 ms	0000	00	0	AAAA	0AAAA
3	0	1.224 us	0000	00	0	5555	05555
4	1	16.000 ns	0000	00	F	5555	05555
5	0	466.031 ms	0000	00	0	AAAA	0AAAA
6	0	1.216 us	0000	00	0	5555	05555
G1 7	1	24.000 ns	0000	00	F	5555	05555
8	0	466.031 ms	0000	00	0	AAAA	0AAAA
9	0	1.224 us	0000	00	0	5555	05555
10	1	16.000 ns	0000	00	F	5555	05555
11	0	466.031 ms	0000	00	0	AAAA	0AAAA
12	0	1.216 us	0000	00	0	5555	05555
13	1	24.000 ns	0000	00	F	5555	05555
14	0	466.031 ms	0000	00	0	AAAA	0AAAA
15	0	1.224 us	0000	00	0	5555	05555
16	1	16.000 ns	0000	00	F	5555	05555
17	0	466.031 ms	0000	00	0	AAAA	0AAAA
18	0	1.224 us	0000	00	0	5555	05555
19	1	16.000 ns	0000	00	F	5555	05555
20	0	466.031 ms	0000	00	0	AAAA	0AAAA
21	0	1.216 us	0000	00	0	5555	05555
22	1	24.000 ns	0000	00	F	5555	05555
23	0	466.031 ms	0000	00	0	AAAA	0AAAA
24	0	1.312 us	0000	00	0	5555	05555
25	1	16.000 ns	0000	00	F	5555	05555
26	0	466.031 ms	0000	00	0	AAAA	0AAAA
27	0	1.216 us	0000	00	0	5555	05555
28	1	24.000 ns	0000	00	F	5555	05555
29	0	466.031 ms	0000	00	0	AAAA	0AAAA

图 5.10　使用 HP16600A 逻辑分析仪进行性能测量的跟踪

如果处理器是在 RTOS 下运行的，那么逻辑分析仪可被用于收集同时运行多个任务的函数的最小、最大和平均执行时间的有关统计数据。

让我们总结一下使用逻辑分析仪器作为调试嵌入式系统的工具的优缺点，以此结束本节有关逻辑分析仪的内容。

5.6 逻辑分析仪的优势

- 可能是微处理器系统设计师所需要的功能最全面的工具之一。
- 高性能逻辑分析仪可能比较昂贵，但是廉价的逻辑分析仪也能工作得很好。
- 在定时和状态两种模式下运行，都能为硬件设计师和软件设计师提供被测系统正在进行的处理的实时图像。
- 复杂触发机制能够让处理器专注于非常复杂的事件序列。
- 跟踪数据的后处理可以让软件工程师在适当的抽象级别上理解系统行为。

5.7 逻辑分析仪的问题

- 当在处理器的 I/O 引脚上观察到的行为不能反映微处理器的内部操作时，就会失去相关性：
  - 例如：被打开的指令缓冲区。
- 可用性限制是指一个分支指令的两个可能目标全部都包含在缓存中[⊖]。
- 操作取决于将许多微小的探头连接到系统的信号线上：
  - 现代处理器有很多细小的 I/O 引脚，这些引脚之间的间距只有 0.005in。
  - 必须使用易碎和昂贵的适配器连接到被测试的处理器。
  - 为了取得最好的效果，PC 板在制作时应该考虑到逻辑分析仪接口。

总而言之，逻辑分析仪具有观察实时运行的微处理器系统的独特能力，前提是可以解决信息可视化问题。当我们拥有现代 PC 这样的独立微处理器和内存系统时，逻辑分析仪就是王者般的存在。随着技术的发展以及嵌入式系统演进为片上系统，有一个问题值得提出：逻辑分析仪是否也会仍然随之发展。我相信这会是一个漫长的滑坡期，因为我们仍然需要调试和修复嵌入式系统的工具，这些嵌入式系统仍旧存在，替代系统也仍然在使用经典的嵌入式架构进行设计。

我们需要做的是预测对这类工具的需求，并设计将它们连接到系统的能力。这可以简单到在板上增加一个高密度连接器，而更为简单的做法是设计将这样一个连接器焊接到电路板上的能力，以防电路板需要调试。

⊖ 我在加入华盛顿大学之前担任应用微系统公司（现在倒闭了）的 X86 产品研发总监时就了解到，这种说法并不完全正确。它们有一项出色的技术，可以使用处理器缓存外部少量的 I/O 重构实时跟踪。我一直不知道它到底是怎么做到的，但它给我留下了深刻的印象。

5.8　在线仿真器

过去多年来在线仿真器（In-Circuit Emulator, ICE）一直是嵌入式微处理器系统的主要开发和调试工具。这种优势已经减弱了很长一段时间，现在很少有公司还在提供我们今天认为是在线仿真器的工具。

我对此有过很长一段时间的思考，因为我在 ICE 的设计和开发方面有过多年的深入研究。现在我还有一些 HP 64700A 系列的在线仿真器，这是我之前用报废的零件拼装起来的。有一次，我在硅谷的一家闲置电子产品商店看到了自己帮助设计的一个在线仿真器，记得当时它在搞特价，标价 25 美元，而它最初的价格是 1 万美元左右。我当时真想买下它，把它从如此卑微的命运中拯救出来。

图 5.11 展示的是作者（我）在年轻的时候为 HP64700A 系列 ICE 设备的广告宣传册拍摄的宣传照片。这是我位于科罗拉多斯普林斯的逻辑系统部门研发实验室，也就是后来的惠普（现为 Keysight 公司）的小隔间。

图 5.11　作者正在使用 HP64700A 在线仿真器调试示波器控制卡

我的桌上放着一台惠普 Vectra PC，它有两个 5.25in 软盘驱动器，ICE 设备放在架子上，一根数据线插在 MC68000 处理器通常所在的接口上。

PC 和 ICE 通过 RS-232 进行通信，这样做效果不错，因为所有命令都是基于文本的，所以无须 GUI 就能在一个简单的终端窗口中使用 ICE。

ICE 是三种调试工具的聚合、集成以及扩展：逻辑分析仪、调试器和 ROM 仿真器。当然，实际上还不止这三种，例如 ROM 仿真只是内部内存系统所能完成的一小部分功能。理论上，ICE 设备可以被设计用于几乎任何微处理器或微控制器。Larry Ritter 和我很久以前写过一篇文章[8]，我们基本上认为仿真器集成可被分离成松散耦合而非紧密集成的系统。这种松散耦合的系统正是逻辑分析仪、调试器和 ROM 仿真器。时至今日这仍然是一个有效的论点，对于片上调试更是如此，因为微处理器可以使用在线微处理器来仿真，而不需要像传统的仿真器一样有一个单独的实际微处理器。

问题在于ICE究竟要有多少透明度才能满足你的需求？透明度通常指的是，当ICE设备附加到系统上时，系统的行为与实际系统性能的关系有多接近。透明度始终是仿真设计师的圣杯，下面给出一个实例。

针对Z80处理器而使用HP64753A仿真器的用户抱怨说，系统在安装了Z80后能够正常工作，但在安装了仿真器后就不那么稳定了。经过若干次沟通反馈，我终于发现他们的PCB没有使用接地层，而是在板上使用接地和供电线。

Z80仿真器使用一些相当沉重的缓冲器来驱动连接到电路板的数据线，我怀疑他们看到了由于板上的不良接地而导致的地面反弹。我建议他们在仿真器插头和板上的插座之间建立一个330Ω电阻的插座扩展适配器。这将限制当前的脉冲（我希望）。结果成功了，解决了又一个客户的问题。

ICE的消亡是由我们今天认为理所当然的技术进步导致的。我将在后面的章节中讨论片上调试电路，它就是导致ICE消亡的罪魁祸首。IC技术的进步，特别是硬件描述语言的发展，如VHDL和Verilog，意味着芯片设计者不必为设计中的每一个逻辑门而费尽心力。如今，晶体管是免费的。现在几乎每一个微处理器都有一个内部调试内核。在芯片生产中，这些未使用的逻辑门的额外开销无关紧要。调试内核一占据主导地位，芯片制造商就发现内部调试功能可能和芯片性能一样成为一个卖点。

ICE有一个卖点：即使存储系统不稳定，你也可以完全控制处理器。事实上，可以把ICE看作一台非常昂贵的单板机，因为处理器、内存和调试器已经位于其中，与主机的通信连接也已经可用。对于片上调试内核，这不再是一个问题，因为内核将在没有运行内存的情况下与主机通信。更引人注目的是，许多微控制器都有片上内存，而不需要外部存储器。

那为什么我要喋喋不休地谈论一项已经过时的技术呢？我开始问自己这个问题，但我意识到，通过解释经典的ICE能够做什么以及它是如何做的，我可以更好地告诉读者，他们的调试解决方案如何与这些设备相匹配。

使用ICE的理想情况是，要么有一个能够以某种方式插入的处理器，或者至少有某种方式关闭板的处理器。几种被焊接到板上的老式处理器上有一个禁用输入引脚，可能导致它进入休眠状态，并进行高阻抗（Hi-Z）输出。在这种状态下，另一个处理器基本上可以通过某种布线，甚至是采用标准高密度数据线的并行接头在休眠的处理器上搭载。

HP仿真器需要一个安装夹具粘在芯片封装上，以便电缆连接器可以压下I/O引脚。当你看到一个0.5mm引脚间距和100个或更多I/O引脚的IC时，这是相当令人印象深刻的[⊖]。

假设处理器可以被禁用或移除，电路板必须按照这样设计：接口可被插入，并且朝向正确，只有这样才能让数据线在不受干扰的情况下插入接口。因为许多嵌入式系统由卡笼中的多个PC卡组成，访问控制卡的唯一方式就是它能放在一个扩展器上，并从机箱中移出。有时这是可能的，有时则不然。

好了，我们有了一个可作为替代品的处理器，并且它安装好了，所以我们现在可以用到它了。现在怎么办呢？理想情况下，内存系统位于处理器外部，或者至少有一些内存位

⊖ 这些数据线是如此的脆弱和昂贵，以致我们的一位不愿透露姓名的客户，把备用数据线放在一个上锁的柜子里，只有经理有钥匙。如果工程师弄坏了一条数据线，那么他们必须去找经理换一条新的。

于处理器外部。内存处于外部的程度决定了仿真器的逻辑分析仪部分的可用度。即使使用片上缓存，后处理软件绘制实际代码执行流程的表现之好也令人惊异。即使只有片上缓存，我们也能了解源代码和目标代码看上去像什么样子。

更好的是，如果可以容忍一些开销，那么可以在代码中的关键部位放置标记，以生成到外部内存的非缓存写入，使得逻辑分析仪能够捕获它们。标记可以视为低侵入 printf()，它通常由一条汇编语言的写指令组成，该指令指向一个可以被逻辑分析仪监视的外部内存地址。有时这是可能的，有时则不然。当然，如果你能承受性能上的损失（又出现了令人讨厌的透明度问题），你可以禁用缓存，在不用缓存的情况下运行。如果你能做到，那么就能拥有一个可以仿真的系统。

仿真器能够工作的关键在于上下文切换。我们知道，就操作系统而言，通用仿真器的工作方式基本上是一样的。与逻辑分析仪器功能和仿真内存的关联是通过使用非可屏蔽中断（Non Maskable Interrupt，NMI）实现的，NMI 在目标系统和仿真器之间共享，两者都可以产生非屏蔽中断。NMI 会导致处理器停止运行，并获取一个中断向量输入到 NMI 中断服务程序中，这就是上下文切换发生之处。图 5.12 对基本的上下文切换机制做了一个非常简单的描述。

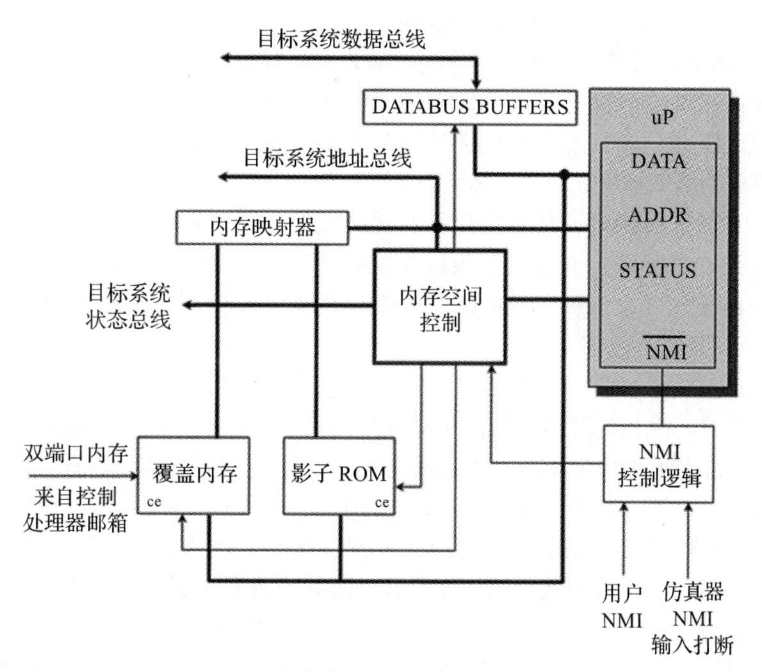

图 5.12 在线仿真器中主要功能模块的图示

左箭头表示从处理器到目标系统的 I/O 引脚。之后这就“成为”目标系统中的微处理器。仿真器中有两个内存区。影子 ROM 区中包含调试器，并且会在处理器看到仿真器生成的 NMI 时进行切换。覆盖内存可以逐块替换目标系统内存，分块通常可以细分到 1KB。可以在仿真器中为仿真内存分配一个备用内存块，其余内存块可以分配给目标系统。

假设你为即将耗尽目标系统中ROM的应用程序代码分配了1MB，你把这个地址空间分配给覆盖内存，并为其赋予ROM的属性。通过将其分配为一个ROM，程序向此地址空间进行的任何写入操作尝试都会生成一个自动中断到后台调试器中。覆盖内存通常是一种非常快的RAM，一般也是仿真器中较为昂贵的组成部分。它必须非常快，因为在分析新地址以确定它是应该转到目标系统还是仿真内存时需要进行切换。覆盖内存区的其他属性可能是“受保护的”、读/写、只写、只读以及ROM。覆盖内存也可以有额外的位分配给每个字节，以便可以实现软件验证。

验证最重要的功能之一是确保所有软件都得到运行。每次访问内存位置时都可以设置一个额外的位。运行程序后，可以测量设为1的位的百分比。

让我们跟踪一下运行控制电路的运行情况。处理器会探测到一个NMI，假设该中断是由仿真硬件产生的，那么中断服务程序会将处理器送入其调试器，调试器位于仿真内存而非处理器内存当中。因此，调试器不会用到处理器的任何地址空间，这就是所谓的“后台”调试器。另一个优点是目标系统无须与主机建立通信连接，这是因为仿真器接管了此项功能。一旦进入仿真器的调试器，操作就与只使用软件的调试器相同。你可以单步执行或者设置断点，也可以窥探内存与寄存器，或者执行其他操作。还有一个优点是你能够在ROM中设置断点，而这一点是软件调试器无法做到的。之所以能够这样，是因为仿真内存非常灵活，而覆盖RAM可以像ROM一样分配，但是它无法被仿真器修改用于实现断点。

逻辑分析仪或者用户也可以产生NMI执行中断，无论是哪种方式，仿真器都会接管处理器的控制权。因此，调试器/运行控制、实时跟踪和覆盖内存（ROM仿真）的集成都是围绕系统的断点功能而展开，这样做非常灵活。

当处理器有调试内核时，仿真器仍然有用武之地。凭借调试内核，可以实现所有的运行控制和某些级别的跟踪，这取决于调试内核的特性集。例如，Nexus 5001论坛定义了一个可扩展调试内核标准，该标准的范围从一个仅用于简单处理器的运行控制系统一直覆盖到额外的实时跟踪能力。

因为有了调试内核，所以仿真器的架构有所改变。不再需要用另一个仿真处理器来代替目标系统处理器，因为处理器行为的可见性是由调试内核定义的。所需要的只是目标系统上的一个接口，将主机连接到调试内核以及某些接口设备。这些接口设备同时具有USB或者以太网接口和调试协议，价格通常不会超过100美元，然而这种配置却是价值1万美元的仿真器很有吸引力的替代品。而且调试内核往往具有一致性，至少在公司的产品线中是这样的，这意味着在一家公司的系列产品中，与任意微处理器或者微控制器进行连接只需要一台廉价的接口设备。而另一方面，仿真器对每种微处理器或者微控制器而言确实是非常专用的。面向MC68331的仿真器通常不能工作于MC68332。这意味着每种微处理器都需要一个不同的仿真器，这对仿真器厂商而言或许是个好消息，但是对用户而言就不是什么好事了。

最大的缺点可能在于依赖第三方供应商及时地为每种有需要的微处理器提供仿真器。这导致了处理器厂商和仿真器厂商之间爱恨交加的关系[1]。芯片厂商希望在第一块芯片提供

[1] 我是从个人经验出发才有此番言论的，因为我曾经既为仿真器制造商（HP）工作过，也为处理器制造商（AMD）工作过。

给客户进行评估时就能够有相应仿真器可用。而仿真器厂商则想等上一段时间，看看这种芯片是否能在市场上取得成功，然后才愿意投入资源来开发相应的仿真器。

另一个冲突点是如何定义成功。对芯片厂商而言，成功要用销量衡量，一个客户买上十亿片芯片才是理想情况。而对仿真器厂商而言，销量无关紧要，其关键价值指标是该芯片设计的获奖数量，每一次设计获奖都意味着一个潜在的客户。当然，这与英特尔和摩托罗拉之类控制着嵌入式市场的一流芯片厂商没什么关系，它们发布的任何微处理器或微控制器都会成为主流，而对应的仿真支持也得到了保证，但其他的制造商却得不到这么好的支持。由于我曾在 AMD 工作过，我当时的工作就是与支持我们公司芯片（主要是 Am29000 系列和 Am186 系列。它们都是英特尔 186 系列的衍生产品）的第三方工具供应商进行协调，我经常拜访客户和工具制造商，以协调 AMD 微处理器和微控制器的发布，并从我们的第三方供应商那里获得支持工具。

在第 8 章中我们将看到片上调试支持的技术及其发展，现在本章内容结束。

5.9　拓展读物

1. https://www.youtube.com/watch?v=Q3Rm95Mk03c.
   Good explanation of how debuggers work.

很好地解释了调试器的工作原理。

5.10　参考文献

[1] M. Melkonian, Software-Only Hardware Simulation, vol. 164, Circuit Cellar, Inc., 2004, pp. 58–67. No. 3, March.
[2] M. Smith, Developing a Virtual Hardware Device, vol. 64, Circuit Cellar INK, November, 1995, pp. 36–45.
[3] J. Andrews, HW/SW co-verification basics: parts 1–4, in: HW/SW Co-Verification Basics, May 23, 2011. https://www.embedded.com/design/debug-and-optimization/4216254/1/HW-SW-co-verification-basics–Part-1—Determining-what—how-to-verify, parts 2–4 follows.
[4] M.R. Buckmaster, A.S. Berger, System and Method for Testing an Embedded Microprocessor System Containing Physical and/or Simulated Hardware, US Patent #6,298,320, October 2, 2001.
[5] http://navatek.com/wordpress/nt5000-rom-emulation/.
[6] http://www.emutec.com/.
[7] http://www.emutec.com/flash_memory_usb_emulator_hardware_promjet.php.
[8] A. Berger, L. Ritter, Distributed emulation: a design team strategy for high-performance tools and MPUs, Electron. News (1995) 30. May 22.

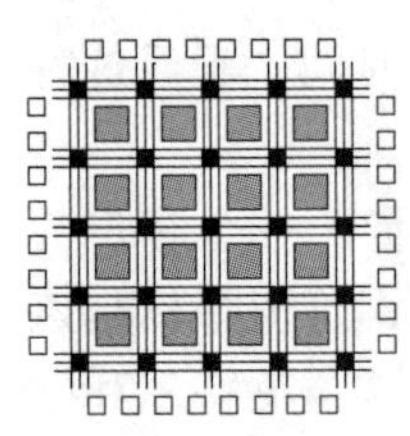

第 6 章 硬件 / 软件集成阶段

6.1 概述

硬件 / 软件（HW/SW）集成阶段是项目中未测试过的软件和未测试过的硬件第一次结合在一起的阶段。通电后要么硬件着火，什么也没发生；要么发生奇迹，出现了生命的迹象。当然，在这个噩梦般的场景中有不同的层次，但是关键的特征，也是嵌入式系统开发人员面临的一个主要问题是，与大多数其他产品设计类别相比，你面临更多的未知变数。

请在没有我描述的末日场景的情况下考虑这个问题。一个为 PC 或智能手机编写应用程序的软件开发人员，拥有一个具备已知 API 的标准平台。在这种情况下，绝大多数缺陷是由当时编写的应用程序代码中的错误造成的。现在考虑相同的场景，硬件平台不是标准的，并且没有经过彻底的测试和开发。这是我们在开发新的嵌入式系统时所面临的问题，解决这个问题是嵌入式工具供应商生存下去的关键。

6.2 硬件 / 软件集成图

嵌入式系统生命周期的经典模型如图 6.1 所示。我敢肯定，如果从每个工具商的幻灯片中提取出这张图，那么我们可以制作出一本大开本画册。基本上它们都在讲述同一个内容：

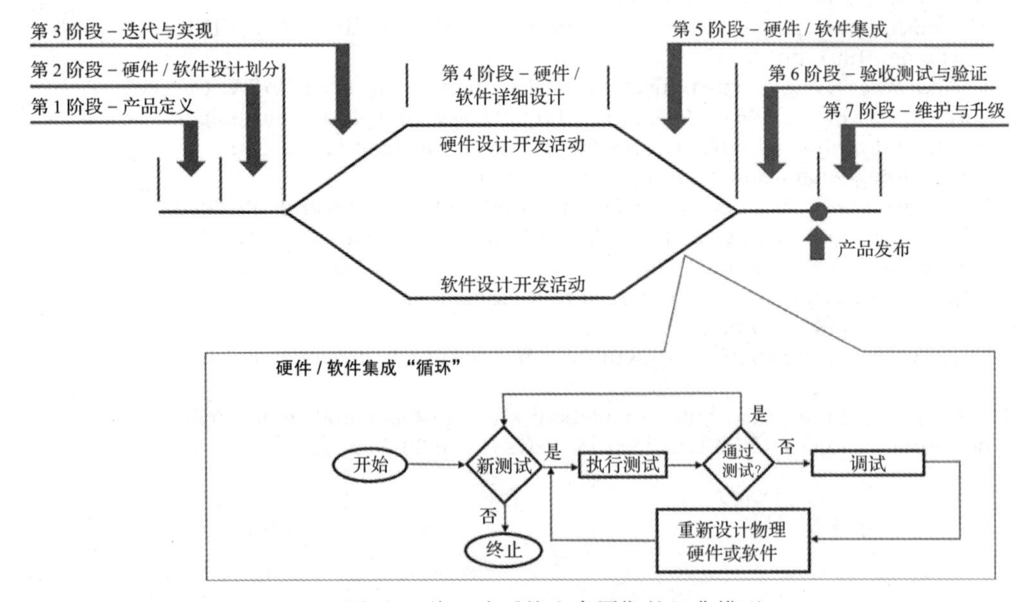

图 6.1 嵌入式系统生命周期的经典模型

第 1 阶段：产品定义。此处是产品创意的来源，或许来源于市场部门、销售部门、研发部门[1]、客户，也可有可能来自竞争对手。不管这个创意的来源如何，它在这一阶段都将得到充实，并衍生出一组规范。许多公司还会列出“必须”和“希望”的清单。“必须”清单表示成功所必备的功能，“希望”清单则是时间或资源压力允许的情况下能加上的功能。

这还是提出“内部规格”和“外部规格”概念的阶段。外部规格是客户能够看到的规格，这类规格可能需要你通过各种形式的市场研究（如焦点小组或客户访问）向客户求证[2]。

内部规格是产品如何设计的路线图。它包含这样一些细节：处理器、内存、时钟速度、硬件和软件工具、用户使用环境（办公室、家庭、户外、军用、医院、工业等）、制造成本目标、开发日程以及设计团队开始项目工作时所需要的任何其他东西。

和接下来的大多数其他阶段一样，第 1 阶段是迭代的，存在或应该存在一种流动性，允许项目的各种利益相关者提供输入。利益相关者是任何可能受到产品影响的群体，因为他们必须基于产品开展工作。例如，我曾经在一个项目中工作，在一个定期计划的评审中，生产情况和 QA 都告诉我们由于产量短缺，以及高于其他产品的正常元部件故障，某个芯片厂商已无法生存。由于我一直未曾打算采用这家厂商的元部件，因此这不是问题，但这个问题很有可能发生。大多数情况下，任何备受尊崇的厂商提供的元部件都是可以接受的，而且通常不会受到质疑，除非该厂商垄断了该元部件的供应。一个单独采购的元部件通常会受到特别关注，因为很明显，如果没有这个元部件，产品必须重新设计或报废，在现场的产品可能无法修复。

许多为工业或军事用途而设计的产品的使用寿命为 25 年或更长。打算在这些应用中使用的产品需要有延长寿命支持的特殊规定。当我在一家半导体制造商工作时，了解到一个情况，一家航空航天公司决定将我们的产品用于航空电子应用。为了拿到为该公司提供处理器的合同，我们必须在该元部件销售之前进行多次生产，然后把这些处理器放在一个安全的地方，以防将来任何时候我们停止生产该元部件。

那么第 1 阶段的调试有哪些内容呢？此阶段的调试又有什么意义呢？你会在某样东西的产品定义中发现有什么错误吗？我主张对嵌入式系统的调试有一个更通用的定义，把产品开发生命周期中任何阶段出现的任何缺陷都包含进来。这个定义应该包括过程失误、错误的假设、糟糕的营销数据和判断错误，因为我们是人，产品定义不是一门精确的科学。

现在我们来考虑嵌入式微处理器系统在产品定义阶段可能存在的一些缺陷，我只介绍一些自己知道的或亲身经历的一些缺陷。

6.3 非标准硬盘驱动器接口的案例

HP 在 1987 年引入了 Vectra Portable CS 便携式计算机，它包含一个软盘驱动器以及一

[1] 在惠普工作时我们称其为“邻座综合征”，如果你能让坐在你旁边的工程师相信你有个好主意，那么或许在某个地方就会出现一种产品。

[2] 严格来讲，你不会利用客户访问来检查功能集，但如果你以前曾与该客户会面，并讨论了他们面临的问题和需要的解决方案，那么将你的产品想法带回给他们进行验证和评论可能是一个好主意。参见参考文献 [1]。

个 3.5in、容量为 20MB 的硬盘驱动器。HP 公司对于便携式的期望很高，但却在市场上遭遇失败。下面给出一段 *HP Computer Museum*[2] 杂志对上述情况的描述：

Vectra Portable CS 是 Vectra CS 的移动版，Portable CS 有一块大液晶屏，还有一个 CGA 显卡搭配外部显示器使用。Portable 有两种大容量存储配置：双 3.5in（1.44 MB）软盘驱动器 P/N D1001A，或软盘驱动器与 20MB 硬盘驱动器 P/ND1009A。Portable CS 的失败归咎于其过大的尺寸（要比 Portable Plus 型号大得多）、相对较高的价格以及非标准的存储介质（3.5in 磁盘）。

Portable Vectra CS 是在 1987 年 9 月 1 日引入市场的，但在 1989 年 5 月 1 日就停产了。

HP 对将硬盘驱动器作为 OEM 产品出售给其他电脑制造商寄予厚望，因为它是第一家 3.5in 硬盘驱动器的供应商。它没有采用 1986 年由 Compaq 和 Western Digital 开发的工业标准集成驱动电子（IDE）接口，而是设计了一种使用 40 针接头的接口，但在其他方面完全不同。结果就是这种驱动器一直未被其他制造商所接受，而 HP 很快也停止了生产。教训是什么呢？标准至关重要。

6.4 向量显示器的最后关头

HP 的科罗拉多斯普林斯分公司为 HP 的其他分公司生产示波器和 OEM 显示器。这些显示器都是向量显示器，之所以这样叫它，是因为它们在屏幕上通过从一点到另一点的直线或向量绘制图像，显示文本时也是如此。

我们确信，尽管显示器很昂贵，但由于所谓的“锯齿”现象，它们永远不会被电视或电脑显示屏上的光栅显示器所取代，光栅显示器有锯齿，而向量显示器则没有。锯齿是在屏幕上一条不完全水平或垂直的直线上明显出现的轻微阶梯效应。即便更小更便宜的光栅显示器变得越来越流行，我们的显示器生产小组还是仍然继续推出向量显示器产品，尽管这种显示器的市场已经枯竭殆尽了。教训是什么呢？所有的迹象都表明，当旧技术即将消亡时，不要继续死抱着旧技术不放。

6.5 性能差劲的仿真器卡笼

我还记得导致产品失败的另一个糟糕决策，它涉及 HP 64000 系列产品。最初的 HP 64000 是一台独立的工作站。由于当时我们的大多数客户都转向了 UNIX 工作站，而 HP 刚刚收购了一家制造商（Apollo），我认为有必要开发一种能与 UNIX 工作站进行交互的产品。该产品是一个卡笼盒，带有控制卡和电源，可以使用现有的 HP 64000 专用卡。我们决定使用 8 位 MC6809 微处理器，而不是功能更强劲的 16/32 位处理器 MC68000 来控制卡笼盒。做出这一决定的原因是，卡笼盒中有 MC68000 处理器，或许能让用户在卡笼自身上运行 UNIX。由于这个决定，卡笼盒的性能非常差，在数据传输和响应方面存在长时间的延迟。

6.6 功能蠕变和大客户

这是一个典型的营销故事：销售或营销工程师在拜访了一个大客户后，坚持认为必须向正在开发的产品中添加新功能，因为该客户需要它。这通常会导致“功能蠕变”，这是因为研发团队对他们真正想要创造的产品并不确定，所以他们决定通过添加大量不必要的功能来弥补，这只会增加开发进度的成本和时间。

我在 HP 担任过 5 年的项目经理，当时我在项目管理委员会工作，这是一个由 HP 公司工程部赞助的组织。我们每年开几次会，试图提出一些倡议，在 HP 遍布全球的各个分公司传播最佳实践㊀。项目管理委员会的成员之一㊁对几个成功和失败的项目进行了研究，该研究强调了对产品成功而言至关重要的 10 个领域。

图 6.2 和图 6.3 展示了该研究的结果。这两张图片经过了处理，是从我的一个课程的讲座“The Business of Technology”中截取的，这个讲座我搞了好多年。

+= 项目团队完成的任务 -=项目团队未完成的任务	项目A	项目B	项目C	项目D	项目E	项目F
对用户需求的理解	-	+	-	-	-	+
战略结盟和规章的一致性	+	-	-	+	-	+
竞争分析	-	-	+	+	-	+
产品定位	-	-	+	-	+	+
技术风险评估	+	-	+	-	+	-
优先决策标准列表	+	+	+	-	-	-
标准执行	-	-	+	+	+	+
产品渠道问题	-	-	+	+	+	+
由高层管理人员批准的项目	+	+	-	+	+	+
总体组织支持	+	+	-	+	+	+

图 6.2 由于扩展设计初始项目活动中的缺陷而导致在市场上失败的六个项目的图表[3]

数据说明了一切，其中的关键因素是矩阵第一行的数据：“对用户需求的理解”。

所有成功的项目都表明他们已经很好地理解了客户需要什么，而对失败的项目而言，六个项目团队中只有两个尝试进行这项工作。

我们断言就是因为这些缺陷直接导致项目 A 到 F 在市场上遭遇失败，这和我们指出电路设计缺陷或编码错误，并由此判定出缺陷的因果关系不同，原因是我们试图将抱怨评价为一种缺陷，而这充其量是值得怀疑的。然而，如果在产品定义阶段由于有问题的决策引入了某个设计缺陷，而这个缺陷又被带入开发过程当中，那么继续开发过程仍旧是一个缺陷。不幸的是，只有用更好的产品替换有问题的产品，才能修复缺陷。

㊀ 这是在 Agilent 被剥离、HP 被拆分成 HP 企业和 HP 公司之前的事情。

㊁ Edith Wilson 是 HP 公司的一名经理，她最初在 HP 从事这项研究，后来以此研究结果为基础，在斯坦福大学获得了硕士学位。

+=项目团队完成的任务 -=项目团队未完成的任务	项目G	项目H	项目J	项目K	项目L	项目M
对用户需求的理解	+	+	+	+	+	+
战略结盟和规章的一致性	+	-	+	+	+	+
竞争分析	+	+	+	+	+	+
产品定位	+	+	+	+	+	+
技术风险评估	+	+	+	+	+	+
优先决策标准列表	+	+	+	+	+	+
标准执行	+	+	+	+	+	+
产品渠道问题	+	+	+	+	+	+
由高层管理人员批准的项目	+	+	+	+	+	+
总体组织支持	+	+	+	+	+	+

图 6.3 在市场上成功的六个项目的图表。请注意扩展设计项目团队是如何完成几乎所有图 6.2 中的项目团队所没有完成的活动的 [3]

第 2 阶段：硬件 / 软件设计划分。划分是决定在硬件中做什么，在软件中做什么的过程。这并不总是一个容易的决策。为了向我的学生们介绍这个理念，我常常举这样一个例子。“你们当中有多少人是游戏玩家？”我问道。25 个人的班级里大概有 1 或 2 名学生会举手。我又问他们在游戏机的显卡上花了多少钱，答案通常都在 500 美元左右。

然后我问：“为什么花这么多钱？”因为他们为了玩游戏需要这样的图像性能。我又接着问道：“你们就不能用 50 美元的显卡玩游戏吗？”回答是不能，因为这样一来游戏就太慢了，根本没什么可玩性。我的最后一个问题是差别在哪？这两种显卡都能玩游戏，但一种显卡和另一种比起来，速度慢得让人无法接受。不同之处在于，速度较快的显卡用专用硬件来加速游戏算法，而速度较慢的显卡必须使用软件。简而言之，这就是划分的意义所在。

一旦规定好了产品特性，划分就会占据主导地位，并且可以说是设计过程中最重要的部分，因为如何划分嵌入式系统将决定接下来所有的硬件和软件如何开发。

当然，在做出任何划分决策时都必须进行权衡。以下是我们在微处理器系统设计课上的讨论内容。

硬件解决方案的优点：

- 速度可以得到 10 倍、100 倍甚至更高的提升。
- 对处理器的复杂性要求更少，因此整个系统更加简单。
- 减少了软件设计所需的时间。
- 除非硬件缺陷是灾难性的，否则在软件中采用变通方案或许是可行的。

硬件解决方案的缺点：

- 原料清单上要加上硬件费用。
- 增加了电路的复杂性（电源、电路板间距、射频干扰）。

- 潜在的大型不可回收工程（NonRecoverable Engineering, NRE）花费（大约超过 10 万美元）。
- 开发周期可能会很长（3 个月）。
- 出错的余地很少或压根没有。
- IP 使用费。
- 硬件设计工具可能会很贵（每台 5 万 ~10 万美元）。

软件解决方案的优点：

- 对材料费用、电源要求和电路复杂性没什么额外影响。
- 缺陷能够轻松得到处理，即使在现场也是如此。
- 软件设计工具相对而言比较便宜。
- 对销售量不敏感。

软件解决方案的缺点：

- 与硬件相比，性能一般非常差。
- 额外的算法需求要求必须具备更强的处理能力：
  - 更大、更快的处理器。
  - 更多内存。
  - 更大的电源。
- RTOS 或许是必不可少的（使用费）。
- 软件开发进度中有更多不确定性。
- 在可用时间内，性能目标可能无法实现。
- 更为庞大的软件开发团队增加了开发成本。

当然，现代 FPGA 具有嵌入式内核，通常是 1 个或多个 ARM 处理器内核。在某种程度上，这代表了硬件和软件都能达到最佳效果的划分环境。只要有了正确的软件开发工具，完全有可能只从一个开发环境入手，并在此环境中进行完全划分开始设计我们的嵌入式系统。

如果我们以更广义的方式来考虑算法，那么就可以看到你可以在天平一端只考虑软件，而在另一端只考虑硬件。沿着天平有一个滑块，它使我们能够不断地在两种可能性之间改变设计的划分。

这种做法之所以有可能，是因为定制硬件通常意味着 FPGA 或者定制 ASIC，这些设备是用诸如 Verilog 或者 VHDL 这样的硬件描述语言设计的。假设我们使用软件来设计硬件，对于从单一设计方法转变到同时结合软件和硬件设计来讲，这并不是一个很大的飞跃。

第 3 阶段：迭代与实现。Nane 等人[4] 曾经对 FPGA 开发所使用的高级综合工具（High-Level Synthesis tool，HLS）进行了调查和评估。高级综合工具能够让设计师用 C 或 C++ 编写算法代码，而编译器的输出则是 Verilog 或者 VHDL。图 6.4 对有关 Nane 的调查报告中的数据表进行了部分内容的复现。这些工具在划分方面的考虑是为了使设计者能够编写关键算法，而不需要考虑如何实现算法。接下来的一步是使用 HSL 工具编译算法，并生成必要的信息来做出关于划分设计的明智决策。

编译器	所有者	许可	输入	输出	年份	领域	TestBench	FP	FixP
eXCite	Y Explorations	商业的	C	VHDL/ Verilog	2001	全部	是	否	是
CoDeveloper	Impulse Accelerated	商业的	Impulse-C	VHDL Verilog	2003	镜像流	是	是	否
Catapult-C	Calypto Design Systems	商业的	C/C++ SystemC	VHDL/ Verilog SystemC	2004	全部	是	否	是
Cynthesizer	FORTE	商业的	SystemC	Verilog	2004	全部	是	是	是
Bluespec	BlueSpec Inc.	商业的	BSV	System Verilog	2007	全部	否	否	否
CHC	Altium	商业的	C subset	VHDL/ Verilog	2008	全部	否	是	是
CtoS	Cadence	商业的	SystemC TLM/C++	Verilog SystemC	2008	全部	仅循环准确	否	是
DK Design Stuite	Mentor Graphics	商业的	Handel-C	VHDL Verilog	2009	流	否	否	是
GAUT	U. Bretagne	学术的	C/C++	VHDL	2010	DSP	是	否	是
MaxCompiler	Maxeler	商业的	MaxJ	RTL	2010	数据流	否	是	否
ROCCC	Jacquard Comp.	商业的	C subset	VHDL	2010	流	否	是	否
Synphony C	Synopsys	商业的	C/C++	VHDL/ Verilog SystemC	2010	全部	是	否	是
Cyber-WorkBench	NEC	商业的	BDL	VHDL Verilog	2011	全部	循环/正式的	是	是
LegUp	U. Toronto	学术的	C	Verilog	2011	全部	是	是	否
Bambu	PoliMi	学术的	C	Verilog	2012	全部	是	是	否
DWARV	TU. Delft	学术的	C subset	VHDL	2012	全部	是	是	是
VivadoHLS	Xilinx	商业的	C/C++ SystemC	VHDL/ Verilog SystemC	2013	全部	是	是	是

图 6.4　当前可用的 HLS 工具［来自 R. Nane, V.-M. Sima, C. Pilato, J. Choi, B. Fort, A. Canis, Y.T. Chen, H.Hsiao, S. Brown, F. Ferrandi, J. Anderson, K. Bertels, A survey and evaluation of FPGA high-level synthesis tools, IEEE Trans. Comput. Aided Des. Integr. Circuits Syst. 35(10) (2016) 1591］

没有其他原因，我只是熟悉 Synopsis CAD 工具集而已，因此我对其中的 Synphony C HLS 工具进行了一番研究。在一份白皮书中（Eddington[5]），Synopsis 对 Synphony C 编译器如何支持更高层次的抽象，以及模糊硬件和软件之间的界限进行了讨论。讨论的内容包括：

- 允许从单个 C/C++ 顺序算法出发进行探索。

- 为设计抽象和实现方向提供平衡，以构建高效的硬件。
- 易于划分可编程和不可编程硬件。

Synphony C 编译器的另一个特性包含了一个叫作架构分析器的工具。该工具允许用户导入未修改的 C/C++ 代码，然后尝试可能的优化，并查看可能出现的权衡之道。

然而，这些工具并不适合所有人，它们既复杂又昂贵。要掌握它们的用法，需要投入大量的时间和资源。但是，如果你能够花时间购买、学习和使用它们，那么就可以避免在划分过程中可能引入的缺陷。

如果硬件是 ASIC，那么这一点就至关重要，因为 ASIC 设计和制造的前期成本很高，同时制造专用集成电路所花费的时间也很长。对于基于 FPGA 的设计而言，情况有所不同，因为它可以在任何时间点重新编程。相对于 ASIC，FPGA 在几个方面存在很明显的缺点。Singh 在一篇互联网文章 [6] 中讨论了这些差别，可以总结如下：

- FPGA 是可重构的，而 ASIC 是恒定不变的，不能更改。
- FPGA 设计的入门门槛非常低，而从事 ASIC 却需要付出相当高的成本和努力。
- ASIC 的主要优点是大批量生产中的成本，此时 NRE 和制造成本能够分期清偿。
- 可以对 ASIC 进行微调以降低总功率需求，而这在 FPGA 上通常是不可能的。
- ASIC 比 FPGA 有更高的工作频率，因为 FPGA 的内部路由路径会限制工作频率。
- FPGA 在芯片上只能有有限数量的模拟电路，而 ASIC 可以有完整的模拟电路。
- 对可能需要现场升级的产品而言，FPGA 是更好的选择。
- FPGA 是原型设计和验证设计概念的理想平台。
- FPGA 设计师不需要关注 ASIC 设计中固有的全部设计问题，所以设计师只需要关注正确的功能即可。

还有令人感兴趣的一点是：在当今的黑客和网络安全环境中，FPGA 代表了一种安全风险保障。如果恶意实体（如流氓政府）可以访问一个国家电信基础设施的关键部分（如数据交换机），那么更改 FPGA 代码可能比在软件中进行相同的黑客攻击更难被发现。

我们现在来考虑网络安全背景下的调试。当嵌入式设备被黑客攻击时，我们的产品就会出现软件或硬件缺陷。这一缺陷可以被认为是设备易受黑客攻击的弱点，也可以是黑客攻击本身。我们用于发现和修复缺陷的很多技术都是相同的，不管你是在试图寻找设备上的弱点，还是在正常运行中表现为缺陷的漏洞。因此，虽然在已发布的产品中使用 FPGA 带来了许多好处，但有一类基础设施关键类型的设备可能会以非常难以检测的方式受到影响，不是绝无可能发现，但是发现起来非常困难。

当硬件和软件团队开始各自的设计之旅时，由于市场营销、硬件团队和软件团队争相强调自己的正确性，我们可以假定需求之间的边界仍然是相当不稳定的。客户可能需要什么，或者声称需要什么，往往会和价格点、竞争、所需的技术以及所有其他因素一争高下，处于不断的审查和辩论之中。在某个时间点，这些问题必须得到解决，特性和边界也必须固定并达成一致。

我们都熟知术语“功能蠕变”，甚至在 Dilbert 漫画中出现的一个食人魔一般的角色名字就叫功能蠕变，它唯一的作用就是告诉工程师们，在他们认为已经完成的时候添加更多的功能。

功能蠕变在任何时候都可能发生：

- 产品定义脆弱。
- 一个营销工程师刚拜访了一个大客户。
- 竞争对手刚刚推出了一款新产品，取代了你们提出的新产品。

最糟糕的做法是，惊慌失措，决定戴上绷带，添加更多功能，然后不调整项目计划安排。我记得 HP 公司针对这种现象的一次项目管理会议上某位研发项目经理的表现[1]。这位经理所建议的“最佳实践”是：在每次状态更新碰头会一开始，他会询问嵌入式工程师以及其他利益相关者在功能方面是否有变化。只要发生了一点变化，这位经理就宣布暂时搁置项目，直到问题得到解决，并生成一个新的进度表。在下一次会议上，将评估所申请的更改带来的影响，并决定是否添加功能并推迟时间表。

通过这种做法，这位经理可以迫使所有利益相关者都进行现实检查。如果某个功能值得冒险，或者如果不修改规格，产品就会失去竞争力，那么就会制定一个新的进度表，将新功能添加到进度表和设计中。当然，这也有打破硬件和软件划分的僵局的作用，所以涟漪效应应当是相当显著的。关键在于初始划分完成后的功能调整会对项目进度造成更严重的干扰，所有利益相关者都需要承担可能影响开发进度的决策所带来的后果。

同样，在项目的这个阶段，我们需要从更广泛的角度出发来看待调试。这里的调试可能涉及在感兴趣的处理器上进行性能测试，可以通过使用芯片制造商的评估板和一些代表性代码来实现，这些代码将模拟处理器上的实际加载。

嵌入微处理器基准联盟（Embedded Microprocessor Benchmark Consortium，EEMBC）[2]，是一个由特定应用领域的成员公司组成的组织，这些公司包括汽车、办公设备、航空电子、芯片制造商和工具供应商。

据该组织的官网宣称：

> EEMBC 基准套件是由我们的成员工作组开发的，这些成员共同致力于开发定义明确的标准，以衡量嵌入式处理器实现的性能和能效，这些实现包括物联网边缘节点和下一代高级驾驶辅助系统。
>
> 一旦在协作过程中被开发出来，基准套件就会被成员用于获取自己设备的性能度量，也被得到使用许可的用户用来比较特定应用程序的各种处理器选择的性能。最近开发的 EEMBC 基准套件也被整个社区的用户作为一种分析工具使用，它显示了一个平台对各种设计参数的敏感性。

当编译器厂商意识到其可以通过针对当时最常用的 MIPS 基准优化编译器来提高销量时，对反映特定用户群体通常所需的实际算法的基准的需求就不可或缺了。MIPS 基准实际上源自 Dhrystone 基准，并被老式的 Digital Equipment CorporationVAX 11/780 的小型计算机所引用。11/780 可以每秒运行 100 万条指令，也即 1MIPS，它可以在 1s 内循环执行 1757

---

[1] 我当时是 HP 项目管理委员会的成员，正是我们团队组织了此次会议。

[2] fhttps://www.eembc.org/about/。

次 Dhrystone 基准测试。Dhrystone 基准是一个简单的 C 程序，编译成大约 2000 行汇编代码，独立于任何 O/S 服务。如果你的微处理器可以在 1s 内执行 1757 次 Dhrystone 循环，那它就是 1MIPS 机器。

当编译器厂商开始调整编译器，来优化 MIPS 基准测试时，MIPS 的缩写就变成了：没有意义的销售人员业绩指标（Meaningless Indicator of Performance for Salesmen）。

EEMBC 联盟是由 EDN 杂志的技术编辑 Marcus Levy 推动的，他把用户和供应商聚集在一起，组成了核心小组。EEMBC 的第一个字母 E 最初表示 EDN，但 EDN 已经从该组织的名称中删除，之所以保留第一个"E"，是因为该组织早已名播四海。

EEMBC 基准提供了一组一致的算法，可用于相对性能度量。孤立来看，处理器基准测试可能不是很有用，因为它取决于所使用的编译器、优化级别、缓存利用率，以及评估板是否准确地反映了实际产品的处理器和内存系统。这些评估板被称为"热板"，因为它们被设计为使用最快的时钟和最低的延迟内存运行。

其他可能否定测试结果的因素包括 RTOS 问题，如优先级和处理器任务利用率。然而，至少系统架构师和设计师可以使用关系更紧密的代码套件，来预测特定应用程序的处理器性能。

为了演示硬件和软件性能之间相互作用的影响，以及为什么 EEMBC 基准如此有价值，我向自己班上的学生展示了图 6.5[7]。

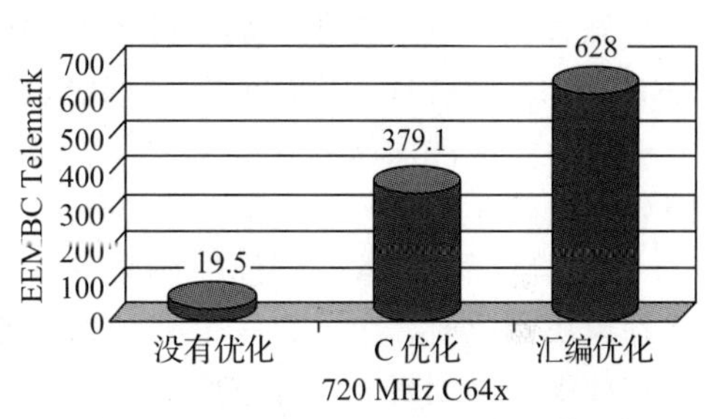

图 6.5　TMS320C64x DSP 处理器运行 EEMBC Telemark 测试基准时的相对性能（来自 EEMBC）

图中的三列表示 EEMBC 为运行 EEMBC Telemark 基准情况所打的分数。该基准测试是组成 TeleBench 基准套件的一组基准之一，基准套件允许用户[8]：

> 近似评估调制解调器和相关固定电信应用程序中处理器的性能[⊖]。

最左边的一列显示了 TMS320C64x DSP 处理器在编译时没有启用任何优化的基准测试得分，最终分值为 19.5。当应用了各种优化策略，特别是那些可以利用处理器架构的优化策略时，基准测试分数有了显著提高。具体来说，TMS320C64x 有 2 组相同的 4 功能单元和 2 组相同的 32 位通用寄存器。

由于编译器能够积极地利用这些架构特性，第 2 列基准测试分数一下涨到了 379.1，提高了超过 19 倍。在第 3 列中，在汇编语言层级对代码进行了手动优化，这使得基准测试分数几乎又提高了 1.7 倍。从开箱即用到用汇编语言手工优化的总改进是 32 倍。

当系统加载开始强调处理器处理它的能力时，就要把这些性能数据放在上下文中加以考虑，这是一个只有在验证测试期间才会变得明显的潜在缺陷。所呈现的场景可能是看到截止日期失效，工程师们开始调试代码。然而，算法本身并没有错，毛病出在了如何编译代码的决策。

⊖ https://www.eembc.org/benchmark/telecom_sl.php。

原因可能很简单，比如在测试期间需要关闭优化，并且缺陷无法修改生成文件来重新打开优化。这种情况以前也发生过。

这里重要的是，这些性能问题需要尽早解决。事实上，所有编译器问题都应该是定义项目开发环境的内部规范文档的一部分。

第 4 阶段：硬件 / 软件详细设计。这是每个人都最熟悉的阶段，因为硬件和软件缺陷主要就是在这个阶段进入项目当中。但是，我希望至少已经让你认识到，由于在处理器选择或设计划分方面糟糕的决策，缺陷可能会在过程中更早地被引入。虽然与在 PCB 上缺少跟踪显然不一样，但与关键元部件厂商的糟糕选择有关的项目决策可能对进度造成的影响和试图追踪难以捉摸的硬件故障相同。

我喜欢的另一个缺陷是硬件缺陷解决方案，这通常在流程的后期，当硬件和软件第一次结合在一起时发生。如果硬件是 FPGA，那么这通常不是问题。如果它是一个定制的 ASIC，那么它就是一个大问题，这就是“在软件中修复它”解决方案被引入解决之道的地方。

现在，硬件加速的优势消失了，维护预期性能水平的负担更多落在了软件团队身上，因为不能正常工作的硬件算法部分必须在软件中进行修复 / 替换 / 增强 / 等工作。

理想情况下，软件和硬件在开发过程中使用前文介绍的技术进行增量集成。例如，当软件模块完成时，应该有一个测试脚手架来执行模块。在必须直接操作硬件的最底层的驱动软件中，早期集成十分重要。你希望尽早捕捉到缺陷，而不需要在风险更大、时间更紧的情况下找到并修复缺陷。

增量集成的相同过程对硬件团队也是至关重要的。同样也是在理想情况下，底层软件驱动能被用于运行硬件，无论是真实的硬件，还是通过协同验证或联合模拟等模拟技术打造出的模拟硬件。在这里，驱动程序用于运行硬件，而 ASIC 中仍然是 HDL 代码。

在此阶段跟踪缺陷要简单得多，因为可能成为问题根本原因的变量的数量更少，也更容易管理。此外，遵循良好的设计流程（如运行仿真和通过正式设计评审的验证设计）是非常有价值的，并将在生产之前过滤掉许多潜在的缺陷。

短时脉冲干扰是会让我们做噩梦的缺陷。短时脉冲干扰一般比较少见，如果我们能在这个阶段发现它就非常幸运。像 RTOS 中的优先级反转或者栈溢出这样的软件小故障可能直到系统完全加载并在实际条件下运行时才会出现，而在单元测试时不会发生。以我个人的观点来看，硬件中的短时脉冲干扰才是一个更大的挑战，因为它发生的概率更高。

我第一次接触硬件短时脉冲干扰是在读研究生的时候。当时我们用到了一个高压脉冲电路，它利用一个水银浸湿继电器来产生 0～5kV 脉冲，上升时间为 1ns。和脉冲发生器同处一室的是控制实验的小型计算机（我希望它不会让我太失望）。一大捆数据线从微型计算机架中引出，环绕着实验室，通向各种传感器和探测器。一切都很正常，直到我们启动了脉冲发生器，而此时小计算机正在记录一些远程传感器数据，接着程序崩溃了。

因为研究生有无限的时间来撰写他们的论文，而且看不到终点，于是我开始试图弄清楚到底发生了什么。这里我省去最终如何找到问题根源的细节，直接切入主题。问题的根源是当脉冲幅值超过 2kV 时脉冲发生器所发出的辐射能量，不同数据线上的屏蔽层都接收到这个能量，并将足够的能量传回到小型计算机电源中，此时我们可以看到几伏特的地面反弹。

我正是在这里学习到了光电隔离。我重新制作了数据采集硬件来隔离从数字 I/O 到计算机的数据记录和信号调理，之后小型机的接地端被隔离在设备架上。于是问题得以解决。

正是检测短时脉冲干扰才让示波器和逻辑分析仪厂商得以维持业务㊀。像 Tektronix 和 Keysight 这样的厂商为学生和工程师提供了丰富的应用和教学数据。在研究短时脉冲干扰时，我偶然发现了一个有趣的 Keysight 视频，讨论了如何用示波器中内置的快速傅里叶变换（Fast Fourier Transform，FFT）功能来检测潜在的故障源。我认为这是相当聪明的，所以看了这段视频，了解了在现代高速数字系统当中，组件间的串扰是一个越来越普遍的问题。视频展示了带有高频噪声的时钟信号，我通常会认为这是地面反弹，但当启用 FFT 时，它显示高频噪声的频率为 19MHz，而原因就是电路中的串扰。串扰会降低噪声阈值，使得不常见的故障更有可能发生。我的方法在时域解决这个问题，试图制作一个单一捕捉短时脉冲干扰检测跟踪示波器。

当短时脉冲干扰发生在 FPGA 中时，检测它就更具挑战性。一种方法是在 FPGA 中同时加入短时脉冲干扰检测电路以及实现中的硬件算法 [9]。这篇文章指出，仿真起到的作用只能到此为止，因为在 FPGA 的特定路由中是否会发生短时脉冲干扰也可能取决于 FPGA 实现。此外，如果短时脉冲干扰出现，那么 Verilog 中的断言也是对其进行检测的常用方法。

在美国的一项有关逻辑分析仪的专利中，描述了一种数字式短时脉冲干扰检测电路 [10]，看起来很容易在 HDL 中实现，并且可以在时钟周期内检测出正的或负的短时脉冲干扰。因此，在测试 FPGA 电路时，只需很少的额外资源就可以将这个短时脉冲干扰检测电路添加到 FPGA 中，并在数据发生短时脉冲干扰时提供已注册的输出信号。这种类型的检测电路可以很容易地添加到设计中，一旦设计验证完毕，就可以拆掉。

我只想说，当你怀疑在电路中存在短时脉冲干扰，不管是因为你观察到它（这种情况很少），还是看到它对电路产生了影响（最有可能是这种情况），最好的方法是开始做大量的笔记进行记录，并转向互联网求助。学生和有经验的工程师都可以从互联网浩瀚的资源中受益。几个小时的直接研究可以带来大量的信息和洞见，获取可能导致短时脉冲干扰的原因以及查找到它的技术。

嵌入式系统开发生命周期的这一部分得出的结论是，硬件、软件、测试软件、启动软件的集成，以及当最终的硬件和软件组合在一起时所需要的任何其他东西，不应该集中式一次性发生。它应该尽可能地是一个循序渐进的过程，并在过程中做笔记，这样当出现问题时（我们知道会出现问题），可以追溯自己对问题的理解。虽然工程师们不愿意记录文档，我也坦率地承认这一点，但保留书面记录最终会节省时间。

也许在当前的项目中需要花费更多的时间，但是如果你养成了习惯，并将持续的文档化作过程的一部分，那么墨菲定律保证你将来会需要它。

第 5 阶段：硬件 / 软件集成。硬件 / 软件集成是传统的调试阶段。这里也是像我这样的工具厂商专注于提供产品和调试解决方案的地方。在经典模型（即售出了大量的在线仿真器和逻辑分析仪的模型）中，未经测试的软件遇到未经测试的硬件，最好的团队或许获胜。经典模型还描述了硬件团队是如何把嵌入式系统“翻墙”扔给软件团队的，一旦他们听到

㊀ 开个玩笑而已。

电路板掉到地上，就会转移到下一个项目，并且不再对软件团队发挥作用。图像是强大的，它能讲述一个很好的故事，在优秀的销售工程师的幻灯片中这一点更为突出。

我认为在这方面我们比 20 年前做得更好，但我没有任何真实的数据支持自己的观点。我认为我们已经学到了很多关于有效开发过程的知识，并且正如我已经指出的那样，现在有一些工具能够在嵌入式生命周期中更早地进行硬件 / 软件集成，并且以一种更为渐进的方式进行集成。我们来深入了解一下硬件 / 软件集成的问题，看看调试是如何融入其中的。在本次讨论中，我们假设唯一感兴趣的软件是 RTOS 供应商或开发团队在使用 RTOS 时必须创建的低级驱动程序和板支持包（BSP）。当未经测试的硬件遇到未经测试的软件时，关键的挑战是减少变量的数量。因此，调试策略应该基于尽可能多地消除这些关键变量，使得系统集成的其余部分变得更容易处理。

步骤 1：处理器与内存的接口。无论内存系统是内部的、外部的还是混合式的，处理器内核和内存之间的接口必须是稳定的，或者尽你所能让它稳定。必须正确配置内存解码，标识出内存区域、等待状态、测量和记录的时间间隔等。如果内存是静态 RAM，那么这个过程相对简单。而对于动态 RAM，挑战性则要更大一些。

从传统上来讲，这正是在线仿真器（ICE）展现真正力量的时候，因为即使目标系统内存接口不能正常工作，ICE 仍然可以正常工作。原因是 ICE 处理器可能会耗尽本地内存，因此测试程序可以在 ICE 上运行，并对目标板上的内存执行读写测试。这样，你可以编写一个紧凑循环，对不同的内存位置进行读写操作，并使用示波器观察信号保真度和时间裕度。

也许你无法想象硬件团队会在这样一个未经测试的状态下把电路板交给软件团队，所以我在这里可能过于夸张了。无论如何，内存接口是首先需要执行的测试之一。

步骤 2：对硬件寄存器编程。无论是在处理器微控制器上还是在定制设备上正确初始化硬件寄存器，都是项没完没了的工作。有一家不愿透露名称的芯片公司把片上寄存器集的功能提高到 2 倍或 3 倍。从硬件手册中破译如何正确初始化寄存器的工作会让工程师抓狂，对于一种新的芯片来说尤其如此，它的一个变量就是用户手册的字数。

首批解决这一问题的是 Aisys 公司。当我负责支持 AMD 嵌入式处理器的第三方开发工具时，曾经与该公司打过交道。据我所知，Aisys 已经不再从事商业活动，但其主要产品 Driveway 曾是可以根据图形和表格驱动的输入规范自动为当时流行的微控制器创建驱动代码的软件工具。

Driveway 非常贵（每套 2 万多美元），但是它的价格定位使它节省了产品开发周期的时间，将编写和调试驱动软件所需的时间从几个月减少到几天或几周。

今天有类似的（免费的）产品可用，比如 Renesas Electronics 出品的外围驱动程序生成器，它可以用于生成驱动程序代码。在这里引用 Renesas 的话[11]：

> 外围驱动程序生成器是一种工具，它通过免除开发人员手工编写代码，来帮助他们创建微型计算机的各种内置的外设 I/O 驱动程序，以及初始化这些驱动程序的例程（函数）。
>
> 所有必要的源代码都由外围驱动程序生成器根据用户设置准备，因此可以大大减少开发时间和开发成本。

其他芯片公司也有类似的产品。NXP 提供了 SPIGen，它是一个免费的 SPI 总线代码生成器，可以满足各种不同的 SPI 协议规范。

这些工具免除了针对各种嵌入式微控制器创建初始化和驱动程序代码中很多令人头疼的工作。另一个不应低估的因素是互联网上各种可以获取的代码示例的绝对数量。我认为我的学生从我的微处理器课程中学到的最重要的东西是如何在网上找到代码和应用示例。他们无法相信我实际上是鼓励他们使用在网上找到的代码的，只要他们说出来源，并对得到的帮助表示了感谢。

在软硬件集成过程中，获取正确的驱动程序代码是一个比较有挑战性的过程。只要在配置寄存器中有一位设置错了，那么整个系统就无法工作，这会让你怀疑是否有硬件或软件故障需要处理。实际上你没错，它既是硬件故障也是软件故障。比如，NXP ColdFire MFC5206e 具有 108 个外设寄存器，控制了所有的 I/O 和内存总线功能 [12]。寄存器子字段中的一个比特的输入错误就很容易导致内存处理器接口失效。幸运的是，该微控制器有大量的片上调试支持（见第 7 章），使设计师能够在没有有效的存储系统的情况下调试处理器。使用片上调试资源，可以被读取和修改内存映射的外设控制寄存器。

由于可以通过调试资源对 CPU 进行片上控制，因此这样一个过程就显得比较简单：加载必要的启动和测试代码，以检查外部存储器接口、测量信号保真度和总线时序，验证硬件是否准备好，开始运行剩下的驱动软件，紧接着运行应用软件。如果准备使用 RTOS，那么此时就应该安装板级支持包（BSP）。当不使用 RTOS 时，BSP 驱动程序可能会使用或替换底层驱动程序。

硬件 / 软件集成阶段成功的关键是按照深思熟虑的步骤进行，并在这个过程中保持记录。从除了电路板在通电时不会着火这一事实之外什么都不会发生这样最基本的假设（尽管这可能是一个错误的假设）开始，从最基础的测试出发逐步过渡到复杂性更高的测试，在此过程中始终保持记录，并制作一份写明下一步工作的测试清单。请记住，你的任务是将可能导致缺陷的变量的数量减少到可管控的数量，这是嵌入式系统硬件和软件初始化的关键挑战。

同样，在理想的情况下，硬件团队已经对硬件进行了测试，他们确信系统已经为应用软件做好了准备。如果还残存硬件缺陷，那么这些缺陷属于没有测试到的或者团队之间没有沟通导致的临界情况，这将使设备驱动程序出现错误。此外，由于硬件是在室温环境中测试的，所以此时不会出现边际时间问题。直到系统受到高温、湿度和机械压力时，硬件的其他弱点才会显现出来。此外，直到下一阶段系统验证测试运行时，射频（RF）测试才会发现不符合要求的射频发射和可能由串扰产生的随机错误。你很幸运。

第 6 阶段：验收测试和验证。开诚布公地讲，我痛恨开发周期的这个阶段，迫不及待地希望它结束。环境测试当属其中最糟糕的事情，我称之为“花式上篮”。产品被放在振动台上，然后开始振动，直到产生共振，频闪灯与振动台的频率同步，这样你就可以看到元部件产生的扭曲。我讨厌这个过程，因为就像看着我的孩子被折磨。

然后就是反复进行温度和湿度测试，对高压电路进行破坏㊀，我们可以听到底盘的电弧

㊀ 别忘了，示波器有阴极射线管屏幕上有 20kV 的电压。

声，听起来像是有人在抽鞭子。这些是 HP 的内部测试，代表了我们对设计健壮性的验证。

我曾经问过 HP 的合规工程师，为什么他们要把温度调到 100℃，因为没有任何实验室仪器会达到这么高的温度，得到的回答是因为这是凤凰城夏季中一辆深蓝色轿车后备厢内部的基准温度。HP 仪器不需要在这个温度下运行，只需要放在现场销售工程师的汽车上经受高温即可。我们进行测试是件好事，因为 ICE 的塑料前栅格在高温下会下垂，因此我们不得不使用不同的塑料加工原料。低温循环也是如此，只不过此时变成了阿拉斯加的冬天。

其他一系列测试对于符合诸如 FCC 和 UL 等标准机构以及欧洲和亚洲的合规机构的要求来说是必要的。例如，在德国由 TUV Rheinland 负责电磁合规测试。德国的情况很有趣，因为大型工厂都建在小城镇里，而住宅恰好与建筑毗邻。射频干扰可以轻易地覆盖广播电视和收音机。带旋转天线的 TUV 汽车行驶在城市当中，并在行驶过程中测量射频辐射，如果它们检测到射频振幅超过了法律限制，工厂可能会被停业整顿。

虽然这一节真的不适合讨论射频问题，但它可能和其他任何一节一样精彩，即使这本书表面上是关于调试的，我还是想把这一节包含进来，介绍我多年来学到的一些最佳的射频设计实践。这并不是一篇关于射频设计技术的完整文章，只是一些容易接受和感知的想法。而且，我已经准备了几张关于它的幻灯片，因为我在微处理器设计课上教过这些，所以很容易就能将有关内容包含进来。

之前我谈到了时间边际，但并没有过多谈论时钟速度，其实两者都是有关联的，因为它们都与射频问题有关。在嵌入式设计中，一般性的原则是尽可能慢地运行时钟，同时仍然可以完成手头的任务。在 PC 中，时钟速度是一种营销手段，越快越好。有人知道超频吗？

时钟越慢，功耗就越少，这要归功于现代微型器件中使用的 CMOS 技术。而且，慢速元部件比快速元部件更便宜。射频存在两种相关效应。时钟速度越高，谐波波形中的能量就越大。对于一个好的方波时钟来说，能量很容易输出到五次谐波。

上升沿和下降沿在除时钟外的其他逻辑上也对 RF 有影响。如果你使用的是中速设备，并且出现了时间问题。其中一个元部件在最坏情况下的传播时延违反了另一个元部件的最小设置时间要求，那么用更快的元部件替换有问题的元部件可能很有吸引力。较快的元部件通常有较短的上升和下降时间，较快的上升时间意味着更多次谐波。

EDN 杂志 [13] 上的一篇文章介绍了这个简单的经验法则，它将方波的上升时间与信号的有效带宽联系起来。

带宽（单位：GHz）= 0.35 上升时间（单位：ns）

这篇文章还说：

带宽是信号中非常重要的最高阶正弦波频率分量。因为“重要”这个词含义不清，除非添加了详细的限定词，否则带宽的概念只是近似的。

带宽是信号的一种品质因素，它能让我们产生信号中可能存在最高阶正弦波频率分量的粗略感觉。这有助于指导我们确定测量仪器所需的带宽，或传输所需的互联带宽。

从射频的角度来看，带宽告诉我们必须对射频频率加以处理和管理。

因此，要知道你是在冒险，或者至少是在用墨菲定律。下面列出有关优秀射频设计实践的一些通用规则，这些规则没有优先排序：

- 使用扩频时钟振荡器将射频能量分散到一个频率范围内[14]。
- 避免电流环。
- 在 PC 板的内层屏蔽时钟线，或使用并排的防护布线。
- 避免较长的时钟线。
- 避免电路板上的总线长度过长。
- 避免使用具有快速逻辑边沿的逻辑：如果传播延迟是可接受的，ALS 系列比 FCT 系列更可取。
- 在数据线上使用射频抑制（铁氧体）铁芯。
- 局部屏蔽，而不是屏蔽整个底盘。
- 以可接受的最慢时钟速度运行。
- 在特性阻抗范围内结束较长的布线。

接下来再说几句。一般来说，在源头屏蔽信号比事情发生后再回过头去想办法屏蔽整个底盘更划算。在需要添加端接之前，布线究竟该多长呢？我们在前文中对这个问题进行过一些讨论，但是你可能会对“长布线”的长度感到惊讶。对于上升时间为 500ps 的信号而言，最长的未进行端接的布线长度大约是 1.67in[15]。因此，无端走线会降低噪声抗扰度，并产生需要抑制的串扰和射频能量。

大多数时候我们忽略了数字系统中的终止信号，因为相对模拟系统，我们有更大的噪声裕度。然而，依靠数字系统的固有优势来克服糟糕的电子设计实践只能是自找麻烦。

当我们在流程的这一阶段发现硬件缺陷时会进行哪些处理？ PCB 的问题相对比较容易处理，修复缺陷并制作新的电路板即可。有时如果修复的问题足够小，只需对电路板进行一些返工。制造人员确实不喜欢这种解决方案，但在时间紧迫时，这或许是唯一的解决方案。对于 PC 板的返工，不同的公司有不同的政策，我的一位前东家有所谓“五条绿线”的规定。当至少有五块 PC 板需要返工时，就需要制作一块新的 PC 板。当然，我们说的是小数量，每月不到 100 套。我认为这条规则在主流电子产品厂商中不会太受欢迎。

如果硬件缺陷存在于 FPGA 中，那么修复硬件缺陷的难度通常也不会超过修复软件缺陷的难度。但如果缺陷存在于 ASIC 中，那么要进行的处理就要多得多。这个时候整个设计都会瓦解，因为此时的第一个想法是：“好的，只是在软件中进行修复而已，变通一下吧。”但我们使用硬件的原因是加速算法和降低对处理器的要求。

这又把我们带回了设计划分决策阶段。如果我们的系统设计策略是依赖定制硬件来完成繁重的工作，而依靠微处理器来完成通信和内部事务管理，那么在不严重损害整体系统性能的情况下，在软件中修复 ASIC 中的缺陷估计是不可能的。相反，如果我们的设计策略是尽最大可能发挥软件性能，在某种程度上用汇编语言手动进行编译器输出，那么我们就不太可能需要处理硬件缺陷，因为硬件并不是这个策略模型的关键部分。

这也是我们对产品进行压力测试的阶段，如果产品将投入任务关键型应用，则一直要进行测试，直到它能完全遵从认证机构（FAA、FDA）要求的等级。例如，最著名的需求文档之一是 DO-178C *Software Considerations in Airborne Systems and Equipment Certification*[16]。

应用微系统公司曾经研发出一种软件分析工具 CodeTest，该工具内置了测试套件和报表生成工具，用于证明软件是否满足认证机构的要求，比如满足 DO-178B㊀所提的要求。

我在应用微系统公司工作的 4 年内，有一段时间曾负责 CodeTEST 产品线。之后我离开了应用微系统公司进入华盛顿大学，从此投身学术界，就在我离开几个月后，该公司就倒闭解散了。CodeTEST 被卖给了软件工具公司 Metrowerks。Metrowerks 后来被摩托罗拉收购，摩托罗拉随后将芯片业务剥离给了 Freescale，后来 Freescale 不知何故又变成了 NXP。CodeTEST 产品线在 2003 年 4 月份左右的一片兵荒马乱中遗失了。

CodeTEST 是硬件和软件分析工具的组合。软件工具用于对软件进行预处理以进行分析，然后使用硬件工具实时收集分析数据，还带有少量的代码入侵检测。然后，软件工具再次接管工作，对数据进行后处理，将数据转换成适当的格式，进行分析或验证。

预处理涉及在代码的不同位置放置“标记”，例如函数入口点和出口点或程序分支放置标记。这些标记表示向特定内存位置或内存区域进行简单的“数据写入”，而这些内存位置或内存区域会被分配给 CodeTEST 硬件工具。数据的值和内存地址提供了有关标签位置的必要信息。所有这些标记都被打上了时戳，数据在 CodeTEST 硬件中进行缓存，然后在可能的时候以突发分组的形式发送给主机。

如果你有似曾相识的感觉，别担心，我已经在本书中对这项技术进行过两次讨论了。我曾提到它是一种使用逻辑分析仪的性能测量技术，也是 HP 仿真器的辅助工具。CodeTEST 之所以不同，是因为它试图提供了一个完整的解决方案，而不是像其他产品那样提供部分解决方案。预处理对软件开发人员来说是透明的，因为魔法发生在“makefile”中，所有编译和链接都被调用来构建软件映像。这里调用 CodeTEST 预处理器，在编译之前向源代码添加适当的标记。

说到合规测试，CodeTEST 的最大优点是它具备这样的能力，即能表明验证性软件测试能够很好地满足代码认证的要求。代码覆盖是最难满足的需求之一，因为在任何具有合理复杂性的程序中都有很多可能的代码路径。事实上，各种各样的统计结果已经表明，一个程序中的不同路径的数量超过了宇宙中已知的恒星数量。这个发人深思的事实让设计测试软件成为一个真正的挑战，测试软件用于向 FAA 提供证明，让它看到代码中没有未被测试到的隐藏死角，但往往不合时宜地弹出报错信息㊁。

HP 67000 系列在其仿真内存中有一个额外的位，用于测量代码覆盖。每当该内存位置被访问（命中）时，该位就被设置。被设置的位的数量可以通过计算得到，并且我们可以很容易地看出测试代码对产品的测试情况究竟如何。实际上，我们自己也使用了这种方法来测试我们的仿真器，当我们第一次开始测试时，得到的覆盖率非常低。

我记得（请不要引用我在这里给出的数据）我们要求的覆盖率是 85%，而初始测试得到的覆盖率只有 40%。

㊀ DO-178B 之后被 DO-178C 所替代。

㊁ 我听到过一个嵌入式系统的传言，但找不到关于 F-16 的引用，这是第一架全电传战斗机，它在飞越赤道时突然翻转过来。

除了使用自动化工具之外，我们还依赖于各种形式的黑盒测试和灰盒测试。众所周知，“滥用测试”是每个工程师都会干的事情，并且都写在计划安排表里了。我们通常会被标榜为来测试别人的产品，而不是我们自己的，因为我们知道缺陷在哪里。其中的理念很简单：当代码失效，这样产品就会停止运行或者执行某些错误操作。当一个缺陷通过滥用测试时，就会被分类到不同的等级中。其中最高的等级是“致命”和“严重”，当这类错误出现时，测试就会停止，并且缺陷报告也会被发送给设计师以便进行修复，这将重新计时并再次开始测试。为了能够发布产品，必须在若干小时内没有严重或致命的缺陷。（为了讨论方便，我们将这个时间定为 10h。）

滥用测试通过击键记录得到了增强，这样工程师就不必手动重新开始测试。键盘敲击被置回到最初的故障点，然后工程师就可以从此处着手。我最喜欢的是“在键盘前入睡”测试，我会把头放在键盘上，让键盘自动重复 5～10min，然后小睡一会儿。

第 7 阶段：产品发布、维护和升级。产品已被批准发行，市场营销和销售工作也已做好准备。所有印有公司标志的物品都已采购完毕，为接下来的会议做好了准备。现在，公司最重要的人将接管工作。“这个人是谁呢？”根据我参加的一次研讨会上的某位顾问的说法，公司里最重要的人是运输部门或装卸站的钟点工，在新产品到达客户的第一步，由他把箱子放在送货车上。

现在开始真正的缺陷测试。到目前为止，所有的事情都是在无菌可控的环境下进行的。但是，广大客户会接管这一切，他们会做出一些设计师从未想过的事情。当今由于代码保存在闪存当中，所以缺陷修复只需要下载软件就能实现，我想我们都很熟悉这个过程。我还怀疑，我们现场修复缺陷的能力减少了在工厂中找到并修复所有缺陷的需求。这会让我们变得更粗枝大叶吗？我不知道，但它确实让升级变得容易了。还记得我们想在产品定义阶段计划添加但最终被排除的那些功能吗？借助客户反馈和社交媒体，我们的市场调查只需点击一下相关链接，就能告诉我们需要在产品中修改和添加什么功能，不再需要更多的焦点小组了。当然，我所描述的是一个过于简化的场景，但现代技术确实改变了我们向客户交付“完整产品”的方式。用户手册中的拼写错误很容易纠正，并且网站也上更新了手册的 PDF 版本，与产品一起发行的纸质手册已经成为过去。

如果对本章做个总结，我认为其中的关键信息是嵌入式软件 / 硬件的集成应该是一个渐进的过程，而不是开发周期后期的重大事项。现在一些工具和流程能够让增量集成成为一个简单的过程。

在写作本章时，我是把读者当成设计工程师来看待的，而我真正的目标是那些将在一年或更短时间内进入这个领域的学生。实际的工程并不是在项目截止日期前熬上几个通宵就能完成的。也许有时候我们需要熬夜，但在任何正常的组织里，这都是例外而非常规。对寻求第一份电子工程相关工作的学生而言，能让公司雇佣你，并让你在其他求职者中脱颖而出的关键，是从进入研发实验室的第一天起，就表现出自己已经做好了准备进入这个领域，并且工作效率很高。

想象一下你被研发经理面试，并被要求谈一谈自己的高级研究课题的场景，你的回答是：

我的小组的任务是设计一个电感电容电阻自动测量仪。我们从调研市场上的现有产品开始，并对各种可用的技术进行了研究。接下来我们提出了想要的功能集合，我们认为能够在现有的时间之内实现这些功能。

我们接下的任务是将设计划分为硬件和软件，并绘制出主要的功能模块以及这些模块之间的接口。初始设计的很大一部分是选择正确的处理器和软件工具，以及搜索尽可能多的设计示例。我还拜访了当地的一家工程公司，向其展示了我们的前面板模型，并听取了反馈意见。

当对初始工作感到满意后，我们撰写了规格书、测试计划、验证计划以及初步的进度表。当我们开始硬件和软件开发时，必然会对规格进行一些修订，这些修改会影响到划分以及进度，但是在那之后我们短暂地搁置了设计。

我们的团队会与其他团队交叉进行周期性的代码审查。在发布电路板设计，进入制作阶段之前，我们还进行了一次正式的硬件设计审查。我们还编写了测试软件来模拟硬件，并根据硬件 API 来运行软件，这个过程一直持续到了我们有了真正的硬件来进行测试。

我们的电感电容电阻自动测量仪能够按照设计预期的那样工作，并且比预计工期提前三天完成了任务。PCB 需要稍稍修改一下，因为我们购买的 LCD 显示屏的数据手册有拼写错误。

哦，对了，这就是我们的作品，我们用 3D 打印技术制作了它的包装箱，如果用 3A 电池的话，这款电感电容电阻自动测量仪能够用上一年。

6.7 参考文献

[1] E.F. McQuarrie, Customer Visits: Building a Better Market Focus, third ed., M.E. Sharpe, London, 2008. ISBN: 978-0-7656-2224-2, 2008.

[2] http://www.hpmuseum.net/display_item.php?hw=219.

[3] E. Wilson, Product Definition Factors for Successful Designs (M.E. Thesis), Stanford University, December 1990.

[4] R. Nane, V.-M. Sima, C. Pilato, J. Choi, B. Fort, A. Canis, Y.T. Chen, H. Hsiao, S. Brown, F. Ferrandi, J. Anderson, K. Bertels, A survey and evaluation of FPGA high-level synthesis tools, IEEE Trans. Comput. Aided Des. Integr. Circuits Syst. 35 (10) (2016) 1591.

[5] C. Eddington, C/C++ for Complex Hardware Design, A White Paper, November, https://www.synopsys.com/cgi-bin/proto/pdfdla/docsdl/cplus_chd_wp.pdf?file=cplus_chd_wp.pdf, 2010.

[6] S. Rohit, FPGA Vs ASIC: Differences Between Them and Which One to Use? https://numato.com/blog/differences-between-fpga-and-asics/, 2018.

[7] J. Brenner, M. Levy, Code efficiency and compiler directed feedback, Dobb's J. 355 (2003) 59. Now available on the web: http://www.drdobbs.com/code-efficiency-compiler-directed-feedb/184405506.

[8] https://www.eembc.org/benchmark/telecom_sl.php.

[9] R. Velegalati, K. Shah, J.-P. Kaps, R. Velegalati, K. Shah, J.-P. Kaps, Glitch detection in hardware implementations on FPGAs using delay based sampling techniques, in: Proceedings of the 16th Euromicro conference on digital system design, DSD 2013, 2013, pp. 947–954.
[10] K.A. Taylor, Glitch Detector, US Patent #4,353,032, 1982.
[11] https://www.renesas.com/eu/en/products/software-tools/tools/code-generator/peripheral-driver-generator.html.
[12] https://www.nxp.com/docs/en/data-sheet/MCF5206EUM.pdf, Appendix A.
[13] E. Bogatin, https://www.edn.com/electronics-blogs/bogatin-s-rules-of-thumb/4424573/Rule-of-Thumb–1–The-bandwidth-of-a-signal-from-its-rise-time, 2013.
[14] http://www.maxim-ic.com/app-notes/index.mvp/id/1995.
[15] http://www.interfacebus.com/Design_Termination.html#b.
[16] L. Rierson, Developing Safety-Critical Software: A Practical Guide for Aviation Software and DO-178C Compliance, CRC Press, Boca Raton, FL, ISBN: 9781439813683, 2013, p.198.

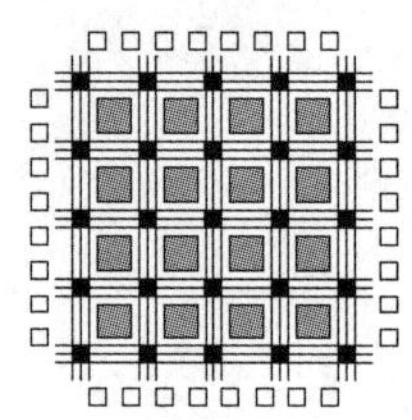

第 7 章 片上调试资源

7.1 概述

不依靠处理器内核的内置资源去调试嵌入式应用程序是难以想象的。今天，我们认为这是理所当然的。在嵌入式应用开发的早期，情况并非如此。每个晶体管都是宝贵的，封装上的每个 I/O 引脚也是如此。增加额外的晶体管来支撑开发过程，然后将其封装到处理器中提供给用户，并且让用户承担这些未使用电路的费用——这样的思想是不可思议的。时代已经改变了。

现代加工技术和硬件描述语言（如 Verilog 和 VHDL）基本上已经使额外片上调试电路的成本无足轻重了，任何现代微控制器都期望具有丰富的片上调试资源。向非常基础的微控制器添加调试内核几乎不会增加每个晶粒的成本，并且这也成为用户的需求。

值得注意的是，片上调试内核的发展是一种技术进步，这导致了作为嵌入式系统设计和调试的首要工具的在线仿真器的消亡。仿真器公司对 ICE 设备的透明控制能力感到自豪，并且通过非常复杂的外部电路接管对处理器不可屏蔽中断输入的访问，以此实现被仿真的处理器。一旦你在芯片上添加了调试内核来运行外部电路的所有功能（甚至更多），并且是免费的，那么 ICE 设备的价值很快就会消失。

尽管在其最初的形式中，片上调试资源并不比传统的软件调试器具有更多的功能，但有一个关键的优势使得片上调试内核如此有价值。简单地说，它不依赖于处理器—内存连接。调试器既不驻留于存储器中，也不依赖于固定的处理器—存储器接口。对于小存储器封装的处理器来说，这是一件好事，因为如果只有 2KB 的程序空间，那么将 1KB 用于调试内核将极大地消耗存储器容量。

这是 ICE 设备主要价值之一，因此很容易理解为什么片上调试技术如此显著地影响了仿真器的销售。

用于调试的片上资源以各种形式出现已经有一段时间了。我所知道的第一个具有用于调试的片上资源的微控制器是 Intel 的 8051 系列。在一段时期里，8051 及其衍生产品曾一度是当时最流行的微控制器。我不知道具体的占比，但我记得曾看到一些早期营销数据，8051 系列拥有超过 75% 的嵌入式微控制器市场份额。在 2008 年 9 月于电脑历史博物馆举行的口述历史小组讨论会上 [1]，开发 8051 的 7 位主要工程师接受了采访。在此情况下，我们感兴趣的是所开发的芯片的第一个版本，也就是 bond-out（专用仿真芯片技术）版本，它被设计用来支持 ICE 的开发，特别是支持英特尔为其处理器设计 ICE 单元的团队。

此时，在线仿真器为硅片制造商的主要利润来源，英特尔保护了 bond-out 芯片的技术，因此只有英特尔的仿真器[⊖]能透明地仿真 8051。因为我不确定专利知识保护期会在何时结束，所以我就不赘述太多的细节了，我想说的是，在 20 世纪 90 年代中期，AMD 和英特尔之间发生了一场大规模的、花费巨大的法律战，是有关 AMD 的英特尔微处理器第二供货商的许可的。这场法律战的关键就是 8051 和 bond-out 技术。

芯片的 bond-out 版本有额外的 I/O 引脚，向外部电路提供内部运行情况的重要信息，因为地址、数据和状态总线对外部世界是不可见的。bond-out 芯片也有助于代码开发的断点设置。如果我们假设 8051 首次广泛使用大约是在 20 世纪 80 年代，那么我们可以将第一次使用片上调试资源的时间与这个时间段联系起来。

摩托罗拉也是嵌入式市场的活跃参与者，差不多与 Intel 同期开发出了极其流行的 683XX 系列微控制器。这些芯片及其后续产品包含了摩托罗拉版本的片上调试技术，被称为后台调试模式（Background Debug Mode，BDM）[2]。

7.2 后台调试模式

片上 BDM 资源在各种各样的摩托罗拉嵌入式控制器上都能找到，从最初的 CPU16 和 CPU32 设备到 ColdFire 系列，再到后来的 PowerPC 系列。接口一直都是相似的，除了由于处理器的架构差异而产生的一些小差异。例外情况是 PowerPC，它为其 BDM 实现使用了不同的架构。

BDM 被实现为一个 16 位串行位流和一个 17 位状态 / 控制位。典型的互连标准是 10 或 26 针连接器。基本的 10 针连接器提供了我们期望在软件仿真器中看到的标准调试功能，26 针接口增加了对于接口的实时跟踪能力。

基本 BDM 命令集总结如下：

读寄存器	RAREG/ RDREG	读取选定地址或数据寄存器，并返回结果
写寄存器	WAREG/ WDREG	将特定数据写入选定的地址或数据寄存器
读存储器	READ	从特定存储器地址读取
写存储器	WRITE	写入特定存储器地址
存储器转储	DUMP	从一段存储器中读取
存储器填充	FILL	写入一段存储器
继续运行	GO	从 PC 当前值继续指令运行（在流水线清除后）

这些基本命令还可能包括一个或多个扩展字，提供与命令相关的其他数据值。进入处理器内核的数据沿着串行数据输入（DSI）引脚移位输入，输出数据在串行数据输出（DSO）

⊖ 因底板颜色而被亲切地称为“蓝盒子”。

引脚上移位输出。数据传输时钟（DSCLK）是由外部调试器提供的。

一个有趣的事实是，BDM 可以实现为一个 10 或 26 针的接口，后来被 IEEE 5001 NEXUS 标准[⊖]采用，该标准同样定义了一个可扩展的调试架构。我们将在后文中介绍该标准。

举个例子，使用 26 针接口，有 8 路附加信号能实时输出，包括处理器状态的 4 位宽信息。如果你的调试器具有日志记录能力、运行中的代码的一般知识、链接器输出映射以及一些巧妙的主机软件，那么大部分的处理器实时程序运行能被重构。

不同于 Intel 为其内部团队构建 ICE 单元而设计的专用 bond-out 部件，BDM 标准是公开的，可以被任何想制作支持摩托罗拉微控制器的硬件和软件工具的工具供应商访问。

7.3 JTAG

JTAG（Joint Test Action Group）的基本标准 IEEE 1149.1 定义了一种可测试性设计方法——DFT。它来自自动化测试行业，是被能更好地测试复杂印制电路板的需求所驱动的。在 JTAG 之前，一个巨大的计算机电路板需要专门的工程师设计一个测试夹具来测试。这些测试夹具安装在一个巨大、复杂且昂贵的测试设备上，该测试设备被称为“针床”（bed of nails）测试仪，如图 7.1 所示。

图 7.1 针床测试仪（来自 SPEA spa）

针床是一个弹簧式的镀金的尖探针的阵列。每个探针从夹具电路板下面伸出，并接触电路板上的电路节点。通过与系统的每个节点连接，每个“针”不仅能监控节点电压，还能驱动电压或者电流信号输入到节点。

显而易见，一块具有成百上千个节点的 PC 电路板至少花费数百工时来制作夹具、设置针床、对测试仪进行编程等。

JTAG 的开发使电路板测试能够通过元器件本身构建到电路板中。JTAG 的名称来自编写标准的行业小组，但是该方法的技术术语被称为“边界扫描”（boundary scan）[3]。

⊖ https://nexus5001.org。

边界扫描需要每个设备 I/O 引脚包含一个可读可写的寄存器。所有这些寄存器被连接到一个长且不间断的扫描路径中，有点像类固醇上的串行比特流。比特流中轻而易举地具有数千比特，这依赖于系统中节点的总数。如图 7.2 所示。

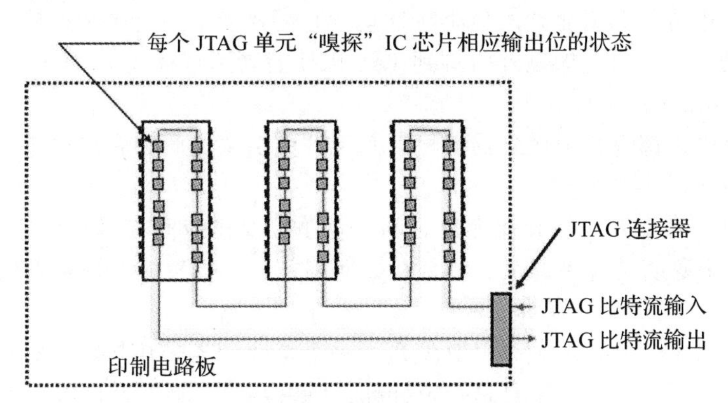

图 7.2　边界扫描环的原理示意图

图 7.2 中没有显示同步位传输必需的串行时钟输入。

IC 设计人员用不了多久就能意识到能用于电路板测试的东西也能用于微控制器调试。其想法是将所有内部寄存器和其他重要的电路模块连接到 JTAG 环中，这样既可以对寄存器进行采样，也可以对其进行修改。

通过 JTAG 环，附加的调试专用寄存器能与 CPU 通用寄存器组一样被简便地添加和访问。其结果是参照 IEEE 标准制作的片上调试功能而不是专用接口。

对于硅片制造商和最终用户而言，作为低成本调试标准的 JTAG 调试接口的引入是一次飞跃，但对于工具供应商（尤其是 ICE 制造商）来说就不是如此美好了。

在深入研究这些片上调试资源的特性之前，让我们再看看我参与了好几年的一个标准：IEEE 5001 Nexus Forum 标准㊀。

该标准是受汽车工业驱使的，并源于向半导体和开发工具供应商提出的提供处理器和开发工具的接口的需求，这样，客户（汽车行业）就不必在每次更换汽车产品的处理器时都购买和学习新工具。

下面这段话引自 Nexus Forum 发表的白皮书 [4]。

> Nexus 标准的目标看似简单：为编程人员和工程师提供一种观察系统内部运行情况的标准方法。为了实现这个目的，Nexus 定义了一种用于诊断设备与微处理器芯片通信的标准方法。Nexus 插座允许一个生产商的仿真器、调试器、逻辑分析仪和工作站去控制和调试另一个生产商的处理器。

Nexus 在一个行业标准㊁中增加了许多创新性的特征。Nexus 标准中最让我感兴趣的是以下三个独有的特性。

㊀ https://nexus5001.org/nexus-5001-forum-standard/。

㊁ 请容许我在此炫耀一番。我在该小组指导委员会工作了好几年，并参与了标准的原始定义。

1. JTAG 接口：论坛批准将工业标准的 JTAG 端口作为基本的硬件接口协议。连接器也被称为测试访问端口或 TAP。

2. 可扩展性：Nexus 标准定义 4 级特性和性能，Class 1 到 Class 4。Class 1 支持是在任何简单的调试器中可能期望看到的最小特性集。它需要最少的资源和连接器针脚。Class 4 是功能最强大的，且需要附加额外引脚到 TAP 以使能高速跟踪能力。Class 2 和 Class 3 介于这两个极端等级之间。

在每个等级中，都有必须包含的特性，其他的则由供应商和客户决定。这就引出了最后一个独有的特点。

3. 私有消息：对于客户与其他客户之间的竞争以及供应商与其他供应商之间的竞争，Nexus 标准有一个聪明的解决方案。那么，如何制定一个仍然能在该标准的采用者之间促进竞争的标准？

想象一下，如果供应商 A 为客户 B 实现了一个特性，客户 B 与客户 C 处于一种至关重要的竞争关系中。因为 Nexus 工具是一个标准，所以客户 C 也能利用客户 B 花钱获得的能力。这就是私有信息的出发点。

这种特别特性的实现方式是这样的——除非工具或 CPU 理解消息，否则它将被忽略。这样，私有消息不会搅乱工具和 CPU 之间的链接，它将被忽略，除非工具或者 CPU 理解它。因此，内置竞争性特性能被内置到兼容 Nexus 的设备中，而供应商和客户之间仍可以存在激烈的竞争。

这里举个例子。虽然我不能详细说明，但一个供应商 - 客户的私有特性使客户能够在汽车运行时调整汽车传动系统之外的振动。

以下表格总结了各等级的基本 Nexus 特性 [5]：

特　性	Class 1	Class 2	Class 3	Class 4
在调试模式下读写寄存器	×	×	×	×
在调试模式下读写存储器	×	×	×	×
从复位状态下进入调试模式	×	×	×	×
从用户模式进入调试模式	×	×	×	×
退出调试模式到用户模式	×	×	×	×
单步指令；重进入调试模式	×	×	×	×
断点暂停；进入调试模式	×	×	×	×
设置断点或观察点	×	×	×	×
设备识别	×	×	×	×
观察点匹配通知	×	×	×	×
实时监控进程所有权（所有权跟踪）		×	×	×
实时监控程序流（程序跟踪）		×	×	×
实时监控数据写入（数据跟踪）		×	×	×
实时监控数据读取			可选	可选

（续）

特　性	Class 1	Class 2	Class 3	Class 4
实时读写存储器			×	×
通过 Nexus 端口执行程序（程序置换）				×
从观察点开始跟踪				×
在观察点开始存储器置换				可选
低速 I/O 端口替换		可选	可选	可选
高速 I/O 端口共享		可选	可选	可选
传输数据采集			可选	可选

在大多数情况下，这些特性可以很容易地认为是任何嵌入式处理器调试器的一部分。有一个特性可能不是那么明显，“端口替换”。端口替换是 Class 2 及以上级别特性，要求调试器能复制多达 16 个通用 I/O 端口的行为。这一特性是对现实的妥协，Nexus 接口正耗尽那些原本当作 I/O 使用的 I/O 端口。

几年前，支持 Nexus 标准 IEEE-ISTO 5001 的行业委员会不再积极参与该标准，该标准在 2012 年发布 3.0 版本后已经被冻结。3.0 版本增加了对 Xilinx Aurora㊀高速串行协议的支持，以便支持从多片上功能模块或者多处理器的实时跟踪信息。Nexus 标准中是这样写的[5]：

Aurora 是行业标准（开放）轻量级链接协议，是理想的高速串行调试链路。Nexus 遵守 Xilinx Aurora 协议规范 V2.x。

请注意，Nexus 网站提供了该标准的链接，本应只对会员开放，但我可以下载它，而不需要录入我的 Nexus 会员证书。

在我们总结本章之前，再看几个片上调试资源的例子。

7.4　MIPS EJTAG

完整的 MIPS EJTAG 规范是一份 220 页的 PDF 文件[6]，内容覆盖 MIPS 片上调试（OCD）接口实现的基本特性和扩展特性。MIPS 的 EJTAG 实现始于 IEEE 1149.1 JTAG 标准的基础结构。

MIPS 规范中是这样介绍 OCD 的。

片上调试（OCD）为这些问题提供了解决方案，EJTAG 调试方案定义了一种高级的和可扩展的 OCD 特性集，这允许全速运行 CPU 代码时进行调试。

OCD 将 ICE 工具集成到芯片中。尽管为了仅用于开发阶段的特性 OCD 增加了一小块额外的硅片面积，但是硅片面积应尽可能小。更为重要的是，随着开发时间和整体上市时间的显著增加，硅片面积和时间之间的权衡似乎是合理的。

这里值得注意的是 EJTAG 规范瞄准这些曾经只能使用基于 ICE 工具实现的功能的方法。

EJTAG 是一种扩展的 JTAG，采用了 IEEE 1149.1 的基本 JTAG 功能，并在保持向后

㊀ https://www.xilinx.com/products/intellectual-property/aurora64b66b.html。

兼容的同时向标准添加了扩展。MIPS 实现的一个特别有趣的特性是快速调试通道（Fast Debug Channel，FDC），这与常用于硬盘的 DMA 数据通道极为相似。利用快速调试通道，用户能以 DMA 数据传输相似的方式建立数据传输。一旦传输建立，CPU 即可继续正常操作，并能通过 JTAG 端口以后台操作方式进行数据传输。

这种机制是使用先进先出（FIFO）存储器控制器来实现的。FIFO 块被内存映射到 CPU 的物理地址空间。当数据需要传输到 JTAG 端口时，CPU 将写入数据并发送到 FIFO 传输模块，然后返回到正常操作。读取数据在后台进行，直到缓冲区为空。这种机制的主要优点是，在进行调试器数据传输时，CPU 不必阻塞操作。

数据被发送给 CPU 会产生快速调试中断，这将导致 CPU 读取数据，或者 CPU 能周期性地轮询状态位来查看是否有数据需要读取。

MIPS 处理器通过规范实现程序跟踪 [6]，用户可以添加片上功能模块来实现，该功能模块作为片上系统设计的一部分。这样，由用户负责创建跟踪电路，并按照规范中的规定提供到 CPU 内部结构的接口连接。我们将在下一章讨论这个问题。

片上调试的另一个优点是能够调试包含多个 CPU 内核的复杂集成电路。由于每个 CPU 内核都有自己的内部调试模块，因此可以以一种以前不可能的方式实现对系统的可见性。我们将在下一章再讨论这个问题。

7.5　本章小结

当半导体公司决定通过切断对外部工具供应商的依赖，提供实时系统独有的复杂调试工具，从而对其工具链进行更严格的控制时，嵌入式微处理器调试的伟大革命就发生了。这一举措的主要受害者是制作在线仿真器的公司。

极具天赋的工程师们不必再绞尽脑汁构建一款集成仪器，在一个外壳里同时提供经典的调试功能、实时跟踪和覆盖内存，并以一种对最终用户透明的方式进行操作。

给半导体工厂生产的每个芯片添加片上调试功能，让解决工程问题的难度降低了一个数量级。使用标准和开放接口规范，任何探头都可以进入 CPU 的调试内核并对其进行调试。添加跟踪功能就意味着具备逻辑分析仪的功能，无论内部的（如 ICE）还是外部的（如独立的逻辑分析仪），都可以将内置的片上调试功能提升到更高的可用性级别。

这并不是说在线仿真器已经过时了。诸如 Ashling 和 Lauterbach 等公司利用了 Nexus 标准的功能，并在其工具套件中提供了先进的调试功能，包括程序跟踪。

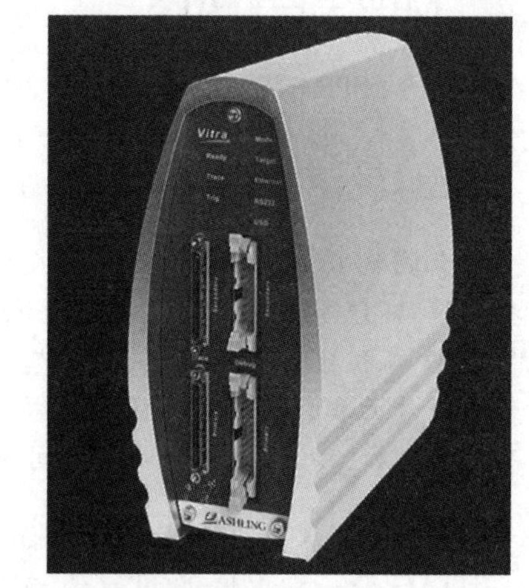

图 7.3　适用 PowerPC 系列的 Ashling Vitra 仿真器（来自 Ashling Microsystems）

如图 7.3 所示，Vitra-PPC 是一款仿真器，它充分利用 Nexus 5001 片上调试接口来提供经典 ICE 具有的经典运行控制和跟踪功能。

仿真器可以支持大量的 PowerPC 处理器，因为所有系列都包含 Nexus 调试内核，所以它们都可以连接到单独的 ICE 单元。与传统的 ICE 设备相比，这显然是一个优势，传统 ICE 设备在不经修改的情况下最多只能支持有限数量的处理器（通常是一个）。

在这些类型的仿真器中没有实现的全功能仿真器的唯一功能是覆盖内存。从理论上讲，可以在调试内核中集成捕捉存储器读写的能力，所捕捉的内存读写主要针对内部内存和片外内存，并将它们发送到仿真系统中的仿真存储器中。当然，它可能不会接近实时，但它能被实现。

这将有一个优势，它将与内部 RAM 和 ROM 工作，使用传统的 ICE 工具无法做到与片内内存一同工作。因此，如果它在技术上可以实现覆盖内存，那为什么不这么做呢？我的猜想是，市场调查已经确定这毫无必要。传统的嵌入式系统架构以 PC 板上片外 RAM 和 ROM 为特色（这不像以前那样常用），并且跟踪 ROM 可通过 ROM 仿真器来实现。

回到第 5 章，我引用了 Larry Ritter 和我在 1995 年写的一篇文章“ Distributed Emulation”。那是在我在 AMD 任职期间，当时我负责支持 AMD 处理器的开发工具，这些处理器也就是 AM29000 系列和 AM186 系列。对 AM29000 的仿真支持很弱。那篇文章旨在向 29K 的潜在用户表明，ICE 的功能可以通过其他开发工具的组合来替代实现。

29K 有一个非常聪明的调试功能，称为“可跟踪缓存”。两个相同的 29K 处理器安装在一块 PC 板上（称为逻辑分析仪预处理器模块），且它们的状态和数据总线连接在一起。使用 JTAG 端口，其中一个处理器能被设置为从模式。两个处理器与主处理器同步运行，从内存中获取，从处理器的地址总线连接到逻辑分析仪。

当主处理器从内存中获取代码时，从处理器将输出其程序计数器的当前值。基于程序计数器信息和数据总线的可见性，缓存中的活动可以通过后处理逻辑分析仪跟踪数据推测出来。

如果没有某种跟踪功能的变体，就无法找到某些类型的代码错误。我最喜欢的例子是一个不断被破坏的全局变量。在变量的地址处设置断点是解决不了问题的，因为这个错误在 10 000 次中仅发生一次。在变量写入之前的几个内存周期里，跟踪缓冲区会选择性地存储，这通常能指向导致问题的错误代码或错误的 O/S 任务。

总之，调试嵌入式微处理器、微控制器或嵌入式内核的关键问题总是在于实时代码执行期间的可见性。如前所述，如果不了解操作代码和实时发生的外部事件之间的相互作用，调试一个重负载的系统是不可能的。

一旦我们发现了缺陷的潜在源，我们就需要使用前文中讨论过的标准调查技术，比如“各个击破”等。

我的观点是，调试实际上取决于一些非常基本的实践、洞察力和经验。在基本实践方面，我将列出：

1. 理解如何使用可用的工具。

2. 认真记录你的见解、观察、测试和结果。

3. 一次改变一件事，观察现象，做一些记录，然后继续前进。

如今，我们有了另一种强大的调试能力，这是一个相对新鲜的事物，我相信每个读者都用过它，那就是互联网。当你的个人电脑在最新一次 Windows 升级后出现问题时，我们会做的第一件事情是什么？没错，我们使用最喜欢的搜索引擎来查看是否有人发现了这个问题，以及他们是如何解决这个问题的。

我参加了几个线上兴趣小组，当我被难住的时候，就这个问题我会发一个帖子。神奇的是，在世界的某个地方，有人回答了我的问题，给出了答案或见解，或者至少给我一些鼓励。

我不能在课堂上随便发表评论，除非有学生问。我实在提不出学生在网上找不到答案的家庭作业问题。我常常希望这种资源不存在。我担心，那种在绞尽脑汁解决电路问题，然后从一份计算表中得出答案的过程中忘记时间的快乐，将在一代人的时间里消失。也许，在一个我们只需要找到正确的网址的世界里，深入思考和批判性思考的能力不再必需。总之不发牢骚了。继续下一章。

7.6 参考文献

[1] Computer History Museum, Intel 8051 Microprocessor Oral History Panel, CHM Reference number: X5007.2009, http://archive.computerhistory.org/resources/text/Oral_History/Intel_8051/102658339.05.01.acc.pdf, 2009.

[2] A. Berger, M. Barr, Introduction to On-Chip Debugging, Embedded System Programmingvol. 16, (2003) No 3, https://www.embedded.com/electronics-blogs/beginner-s-corner/4024528/Introduction-to-On-Chip-Debug.

[3] Texas Instruments Semiconductor Group, IEEE Std 1149.1 (JTAG) Testability Primer, SSYA002C, http://www.ti.com/lit/an/ssya002c/ssya002c.pdf, 1997.

[4] Nexus, Nexus Standard Brings Order to Microprocessor Debugging, A White Paper From the Nexus 5001 Forum, IEEE-ISTO, http://nexus5001.org/wp-content/uploads/2015/01/nexus-wp-200408.pdf, 2004.

[5] IEEE-ISTO, The Nexus 5001 Forum™ Standard for a Global Embedded Processor Debug Interface Version 3.0, IEEE-Industry Standards and Technology Organization (IEEE-ISTO), Piscataway, NJ, 2012, p. 92.

[6] MIPS Technologies, MIPS® EJTAG Specification, Document Number: MD00047, Revision 6.10, http://www.t-es-t.hu/download/mips/md00047f.pdf, 2013.

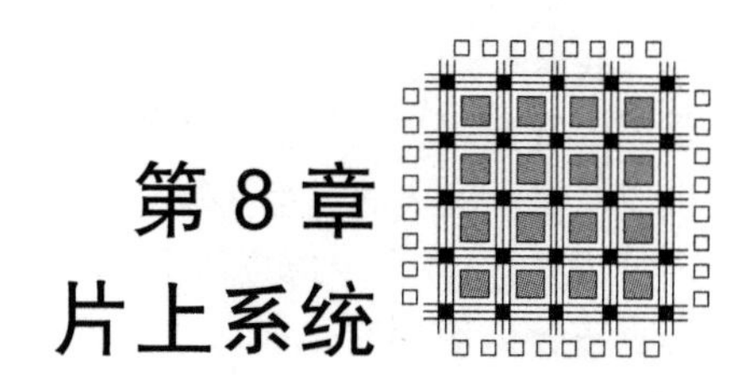

第8章 片上系统

8.1 概述

当我们提到片上系统（System on a Chip，SoC）或者硅上系统（System on Silicon，SoS）时，我们只是简单认为，当你有能力将一个或多个 CPU 内核放置到硅片上，也将 RAM、非易失性存储器、外设等放置到同一硅片上，你就已经构建了一个系统。如果那个硅片碰巧是含有嵌入式 CPU（例如 ARM、core）的现场可编程门阵列（FPGA）时，那么你将拥有一个片上可配置系统。

调试这样的系统会带来一些独特的挑战，主要是缺乏内部可见性。这意味着我们必须更多地依赖仿真工具以及片上调试内核，以解决我们无法将逻辑分析仪连接到内部总线的问题。

另一个挑战是，设计师可以将多个内核放在一个硅片上，然后想出非常聪明的方法将它们连接起来，以最大效率分担工作量。不幸的是，处理器之间的耦合越紧密，就越难将它们弄明白。

不久前，我在硅谷参加了一个一年一度的微处理器论坛。我记得一名发言人㊀讲到他的公司能设计出嵌入 64 个 32 位 RISC 处理器的 ASIC，但他们不知道如何去调试。

快进一段时间。我刚在 YouTube 上看了一个关于含有 72 个 64 位内核的 Tilera 的 TILE-Gx72 SoC 的视频[1]。抱着怀疑的态度，我去了这家公司的网站，找到了这个介绍性的宣传：

> TILE-Gx72™ 处理器是专为智能网络、多媒体和云应用而优化的，能提供卓越的计算能力，I/O 具备全部“片上系统”的功能。设备包括 72 个完全相同的处理器内核（瓦片），采用 iMesh™ 片上网络进行内部连接。每个内核由全功能 64 位处理器内核连同 L1 和 L2 缓存以及内核到网格连接的非阻塞 Terabit/sec（太位 / 秒）开关组成，在所有内核之间提供完整的缓存一致性[2]。

哇哦！我很想看看这些芯片能为我家的恒温器做些什么。

我曾是位于科罗拉多斯普林斯的 HP 逻辑系统分部的研发团队成员，开发 HP 的 64700 系列在线仿真器。这个仿真器系列背离了最初的 HP64000 的独立工作站设计，因为主机是一台个人电脑，通过 RS-232 或 RS-422 与仿真器串行连接。

㊀ 我真希望我能引用一篇参考文献，但我搜索了一下，还是找不到。你们要相信我，我真的听到演讲人这么说了。

我们增加了一个被称为 CMB（协调测量总线）的功能，为此获得了专利㊀。添加 CMB 是因为我们可以看到，随着技术的发展，调试包含多个微处理器的系统将成为嵌入式工具供应商需要解决的一个问题。

CMB 允许多个仿真器交叉触发内部跟踪分析器，还能同时启动并交叉触发断点。在我们真正尝试使用它之前，我一直认为这是一个非常棒的功能。问题并非出自技术，它工作得相当不错。我们发现，将两个以上的仿真器连接在一起后，想要了解发生了什么就变得非常困难了。我怀疑我们的客户也会遇到类似的问题。

我提及这个问题是因为在本章中我们将着眼于调试包含多个 CPU 内核的集成电路，我只是想给你们一个预先警告，要对这些工具如何处理、试图理解内核是如何相互作用的保持敏感。

8.2 现场可编程门阵列

多年来，FPGA 是寻求的解决问题的方案。我不相信现在情况仍然如此。FPGA 最初被定位于工程师设计 ASIC 的原型工具，而且我确信仍然有相当数量的 FPGA 用于这个目的。

理论上，FPGA 网络可用于模拟任何数字系统——无论多么复杂——假设你能使它们互相连接并对其编程，这并不是一项简单的工作。我离开 HP 前的最后一个项目是基于约 1700 个定制的 FPGA 电路的硬件加速仿真引擎，被称为 PLASMA㊁芯片。PLASMA 芯片的独特之处在于它是一个大型互连矩阵和一种在大型阵列中对多个芯片进行编程的方法，从而解决了构建大型阵列的两个主要问题。这个机器被称为 Teramac[3]，而且是我曾经做过的最有趣的项目之一。

Triscend 公司是使用嵌入式微控制器内核的可配置硬件的先驱。在 2004 年被 Xilinx 收购[4]，标志着被海量 FPGA 门环绕的嵌入式内核进入了市场。如今，不管是 Altera（现在归 Intel 所有）还是 Xilinx 都提供具有嵌入式内核（主要来自 ARM）的 FPGA。

Xilinx Zynq UltrScale+ EG 的主要特点是有四个 64 位 ARM 内核（运行频率高达 1.5GHz 且包含 GPU）、所有可重编程逻辑以及一套完整的开发工具。在另一方面，它提供 8 位和 32 位软核，可以添加到任何 Xilinx FPGA 中。MicroBlaze 32 位 RISC 软核就是一个很好的例子。MicroBlaze CPU 软核的框图如图 8.1 所示。

在框图中没有显示的是所包含的调试内核，它提供了第 7 章中讨论的大部分功能。对于较小型的 FPGA，Xilinx 提供了一个 8 位的 PicoBlaze 软核，这将适合大多数 Xilinx FPGA。我不想让人觉得我持有 Xilinx 的股票，它碰巧是我为本章研究的第一家 FPGA 公司。

另一家主要的 FPGA 供应商 Altera 在 2015 年被 Intel 收购。Intel Agilex 和 Stratix 系列 SoC FPGA 与我介绍过的 Xilinx 元器件相似，都有四个 64 位 ARM 内核。甚至是低端 Cyclone V SoC FPGA 都有双核 ARM Cortex-A9 处理器，在 FPGA 硬核中还有其他嵌入式外设和内存。我们使用这个特殊的 FPGA 来讲授 Terasic DE-1 开发板㊂上的入门数字电子课程，我目前正在设计微处理器课程以利用嵌入式 ARM 内核。

㊀ 美国专利号 #5 051 888。

㊁ 可编程逻辑开关矩阵（Programmable Logic and Switch Matrix）。

㊂ https://www.terasic.com.tw/cgi-bin/page/archive.pl?No=83。

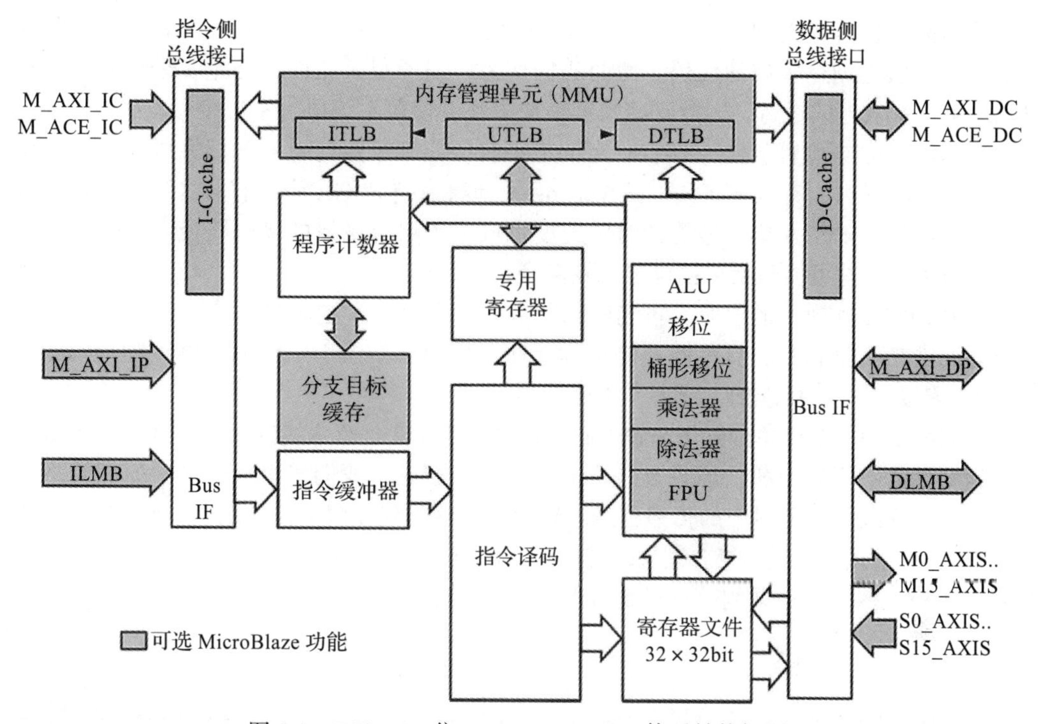

图 8.1 Xilinx 32 位 RISC MicroBlaze 体系结构框图

使用 FPGA 作为 SoC 提供了一些非常独特的可能性，可以解决调试可见性问题。许多内核，无论是软的还是硬的，都已经有了调试模块，或者可以根据需要编译到设计中。正如我们前面所讨论的，调试模块提供了与软件仿真器相似的片上功能。如果你需要跟踪，那么用一些简单的地址或数据匹配触发电路来创建跟踪模块，将数据发送到可以连接到逻辑分析仪的 I/O 引脚，并不是那么困难。

当然，软件模拟工具，如免费的 Intel Quartus Prime Lite Edition[⊖]，都附带了 Signal Tap 逻辑分析仪作为标准功能。该软件模拟提供了一个真实的硬件逻辑分析仪的功能。然而，当结合运行在内核和外围设备上的软件时，只使用软件的解决方案可能会太慢，或者完全不能提供软件开发人员所需要的逻辑分析器视图。

回到使用外部逻辑分析仪的情况，这个问题很可能会回到可以提供用于总线信号的 I/O 引脚的数量上（假设总线是可见的）。图 8.1 中的 MicroBlaze 处理器片内同时具备 I-Cache 和 D-Cache，因此这些缓存必须被禁用，以迫使内核以从外部存储器获取指令和数据传输。这可能达到了处理器内核实时运行的效果，但这比启用缓存时性能水平要低。

就过程而言，试图在 FPGA 中调试 SoC，与调试任何实时系统相当类似。你观察现象（无法工作，或者工作不良，或者看上去能运行但结果不正确），并假设可能导致问题的原因。对 SoC 的不同之处在于，你可能比一个板级系统需要更多地使用仿真。

⊖ https://www.intel.com/content/www/us/en/software/programmable/quartusprime/download.html。

我们都熟悉具有实时时序约束的软件。使用诸如 C++ 的高级语言编写算法，就意味着你确信编译器能创建正确的代码。然而我们认为，编译器天花板就意味着时间关键的函数难以尽可能有效地的运行，因此这些关键模块通常会使用汇编语言手工编写。

当期望 SoC 或硬件算法能够在一定的最小时钟频率下运行时，我们将再次信任布线软件的能力，以尽可能有效地将我们的 Verilog 设计映射到 FPGA 中。有时这还不够好，即使设计可以匹配到 FPGA 中，最终的时钟速度也取决于组合逻辑的最长路径。当关键信号在设备中传输时，这可能包括传播延迟以及路径长度延迟。

随着 FPGA 利用率的上升，可用的路径数量也会减少。这将导致由于设计中使用的逻辑块之间缺乏直接路径，有些路径将更加迂回。然而，不像手工汇编代码，在 FPGA 中手工布置关键路径是不可能的，或者是不推荐的。

我们可以用一个简单的框图来说明这个问题。图 8.2 是流水线的简化原理图，尽管它被简化为简单的有限状态机。原理是一样的。为简单起见，我们将组合逻辑中的任何路径长度延迟都折算成组合逻辑中的传播延迟。假设触发器的建立时间是 500ps，触发器的传播延迟是 1ns，流水线中最慢的组合模块的传播延迟是 4ns，那么每个阶段的总延迟是 1ns + 4ns + 0.5ns = 5.5ns。对 5.5ns 取倒数，得到最大允许的时钟频率为 182MHz。

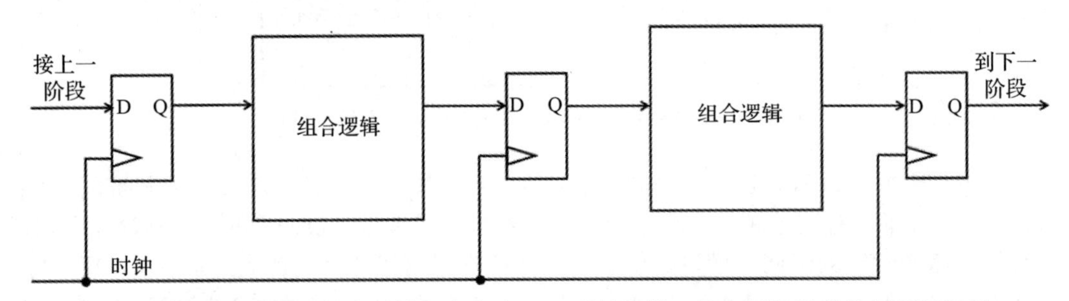

图 8.2　流水线原理图。最大时钟频率取决于 D 型触发器、组合逻辑的总传播延迟以及 D 输入触发器的建立时间

有关此讨论的优秀示例是如下 Verilog 代码模块 [5]：

```
module timing (
    input clk,
    input [7:0] a,
    input [7:0] b,
    output [31:0] c
 );

 reg [7:0] a_d, a_q, b_d, b_q;
 reg [31:0] c_d, c_q;

 assign c = c_q;

 always @(*) begin
   a_d = a;
   b_d = b;

   c_d = (a_q * a_q) * (a_q * a_q) * (b_q * b_q) * (b_q *
```

```
b_q);
  end
  always @(posedge clk) begin
    a_q <= a_d;
    b_q <= b_d;
    c_q <= c_d;
  end

 endmodule
```

当这个模块被放置到 Xilinx FPGA 中时，ISE 软件成功地进行了布线，但计算延迟为 25.2ns，超出了 20ns 的最大数据路径延迟的时间约束。据 Rajewski 所述，原因在于加粗的这一行：

```
c_d = (a_q * a_q) * (a_q * a_q) * (b_q * b_q) * (b_q * b_q);
```

该行包含了多个乘法操作，这些乘法将被实例化为一个复杂的组合逻辑网络，它太过缓慢无法满足设计要求。

我们能修复这个问题吗？也许。我们可以重新配置流水线的计算，将乘法操作分成两步。这可能会降低传播延迟，但可能在其他方面增加了复杂性。

因为 FPGA 是一种可重复编程的设备，所以我们假设底层的部分本质上是稳定的，假设我们没有违反良好的数字设计实践，不会导致亚稳定状态和不可预测的行为。与定制 IC 对比，定制 IC 需要更加严格的验证。

我的一个好朋友把这个故事与我联系在一起。他在一家著名的超级计算机公司工作。他们在其最终设计中大量地使用 FPGA。为了从系统中榨取最后一点性能，包含多个 FPGA 的 PC 板被密封起来，而且每个 FPGA 都被持续喷洒高压氟利昂保持冷却。即使具有如此复杂的设备，FPGA 仍然只能在其允许的时间规范范围内运行。计算机设计团队注意到，其中的一个 FPGA 似乎会改变配置位，然后进入混乱状态。

他们咨询了 FPGA 制造商，制造商对应用程序会导致位翻转感到十分疑惑。只有当他们看到电脑操作并观察到这个失效时，才相信的确有问题，需要重新设计这部分，使它更兼容于瞬态转换。这个故事的寓意是，即使是正式生产的元件也会在正确的条件下产生故障。

我还未浓墨重彩地介绍 FPGA 的有趣方面是，其概念是使用围绕嵌入式内核（多核）的硬件环境的重新可编程性来构建各种基于硬件的调试工具。这些工具可以被看作向软件工程师开启或抛出代码的硬件设备。当然，一旦你使用 Verilog 开发了一款齐备的硬件调试器，然后你就丢弃它，这是不太可能的。一旦你拥有它并且它能正常工作，那么就有了任何时候都可用的实时调试器。例如，逻辑分析仪中真正的内在复杂性体现在触发电路。我所熟悉的 HP 逻辑分析仪具有相当灵活（和复杂）的触发电路。如果你用该设备跟踪难以捕捉的缺陷，那么这种缺陷是不可能使用单地址上的简单断点来跟踪的。这可通过序列来实现，很像是有限状态机电路。

HP 逻辑分析仪具有 7 级序列。在每一级中，你可以对任意数量的、所使用的位进行逻辑组合。你还能够计算周期。当结果为 TRUE 时，序列发生器将触发分析仪来记录数据或者转移到序列中的下一个状态。FALSE 结果能使状态保持不变或者返回上一状态并重新开始。

但是，假设你所需要的就是在某个地址、数据或者状态值上进行触发。这比较容易实现，只需在 Verilog 中构建一个简单的断点比较器，可以在位值的任何组合上触发。触发信号可被用于产生处理器中断或者触发循环跟踪缓冲器。循环缓冲器比线性缓冲器复杂一些，但它的优点是能够捕捉到触发点之前的事件以及触发后的事件，或者两者之间的任何事件。图 8.3 展示了循环缓冲器是如何工作的。

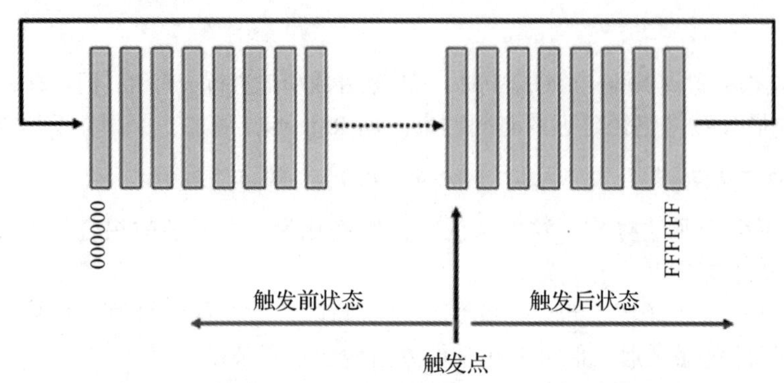

图 8.3　逻辑分析仪使用的循环跟踪缓冲器结构原理示意图

在图 8.3 中，缓冲器具有 2^{24}，或者大概 16M 状态。每个存储单元都能包含你的逻辑分析仪的全部位。我最熟悉的 LA 能记录多达 192 位的宽度，尽管内存深度远小于 16M。

在示例中，我们有 24 位二进制计数器来产生存储地址。地址比较器确定我们需要触发点在内存的何处触发。这样，触发地址可能处于 000000H 到 FFFFFFH 的范围之中。

在通常操作下，跟踪缓冲器持续运行，一旦记录了 16M 状态，它将开始覆盖先前写入的数据。另一个 24 位向下计数的计数器也是电路的一部分，但是它在产生触发信号前并不开始运行。此时，它将开始从 16M 到 0 向下计数，当计数到 0 时，它会关闭内存缓冲器的写信号，能有效阻止数据被覆盖。想要读取缓冲器，可重置内存地址计数器再读取数据。

你需要 16M 状态和 192 比特位宽吗？也许。但更有可能的是，你只需要这个位宽的一部分和一个简单的缓冲器去捕捉数据。

逻辑分析仪能通过调试或者验证软件被构建为嵌入式内核的外设。一旦你用逻辑分析仪实现，一些简单的附加功能（可能是 64 位格雷码计数器）就能被加到电路中。那么你就将逻辑分析仪转变成了实时性能分析仪。

这就变得更好了。如果在你的设计中有空余的 CPU 内核，可将该 CPU 变成你的逻辑分析仪的控制器。请保持它与主要的 CPU 完全隔离。这里是我之前提到过的 Altera（现在是 Intel）Cyclone V FPGA 的例子。以下文字摘录于 FPGA 系列元器件说明 [6]：

Cyclone V SoC FPGA HPS 包含双核 ARM Cortex-A9 MPCore* 处理器、丰富的外设以及在 FPGA 中共享使用的多端口存储控制器，给您带来可编程逻辑的灵活性，并且节省知识产权（IP）硬件的成本，这是因为：

- 高达 925MHz 最大频率的单核或双核处理器。

- 优化的嵌入式外设，能降低在可编程逻辑上实现这些功能的资源需求，把更多 FPGA 资源留给特定应用程序定制逻辑，并能降低功耗。
- 优化的多端口存储控制器，能被处理器和 FPGA 逻辑共享使用，支持集成错误校验码（ECC）的 DDR2、DDR3 以及 LPDDR2 设备，支持高可靠性和安全性的应用程序。

如果想真正观察到发生了什么，你可以将逻辑分析仪从状态分析仪（与 CPU 时钟同步进行状态采集）转化为时序分析仪（被单独的时钟驱动，运行速度最好高于 CPU 时钟）。此处的关键思路是，基于 FPGA 架构的 SoC 内部可视性是可能实现的。

我经常与同事们讨论有关坚持进行相对于仿真的真实测量的问题。这通常聚焦于在我在微处理器课程上讲授如何使用逻辑分析仪。有人会指着 FPGA 仿真工具的数据手册，向我展示仿真中运行的内置逻辑分析仪。因此，为什么要自找麻烦去测量真实电路呢，只要运行仿真就行啊。

我不得不承认他们的一个观点。仿真越来越好，尤其是 FPGA 设计工具，并且我们使用的还是可以免费下载的！多么划算啊。但是……作为一种调试方法，逻辑分析仪在硬件工程师所需的工具箱中是如此地基础，以至于我不能想象把它归为可在旧货商店里找到的一堆过时的电子产品[⊖]。

Lauterbach GMBH 提供了专为调试嵌入式内核而设计的、非常昂贵的开发和调试工具中的一种。它的 TRACE32 调试工具系列支持大量硬嵌入式内核和软嵌入式内核的跟踪和调试。跟踪缓冲器可配置成片内，或者通过并行端口访问主计算机上的跟踪缓冲器，这样可以几近疯狂地提供 1T 数据帧的超大跟踪缓冲器。图 8.4 是 Lauterbach 系统的原理框图。

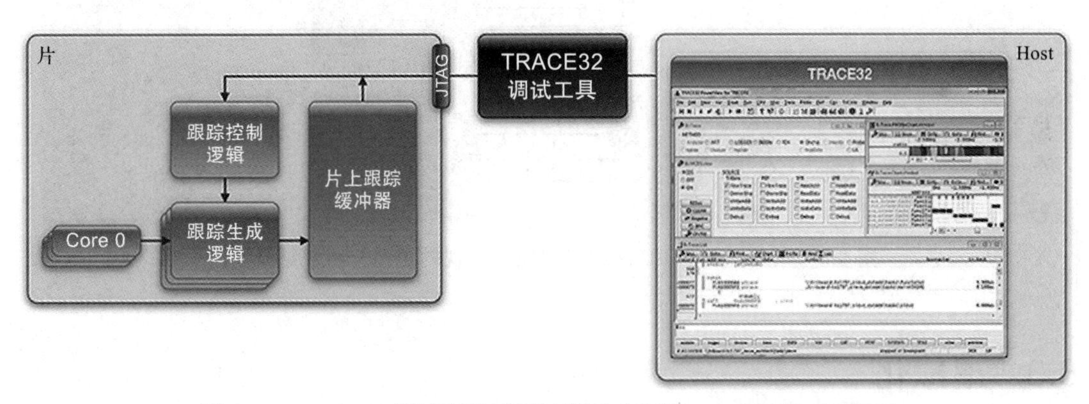

图 8.4　TRACE32 调试配置原理示意图（来自 Lauterbach，GMBH）

如你所见，多个内核可连接到片内跟踪产生逻辑（我已经介绍过），再到跟踪缓冲器。然后该信息能通过 JTAG 端口下载到 TRACE32 用户界面上，并以分析板级嵌入式系统同样的方法分析它。FPGA 的灵活性能在关键调试阶段增加逻辑分析模块，如果其他附加功能需

⊖ 有一次，我在硅谷的一家旧货商店里，偶然发现了我曾经用过的一台惠普示波器。它被看成是报废的零件，仅标价 20 美元。我很不高兴，于是调头走了。

要资源时也可被移除。Intel、Lattice 和 Xilinx 提供可配置模块，并被集成到 FPGA 系列中。Intel 提供 Signal Tap 逻辑分析仪；Lattice 提供 Reveal 分析模块；而 Xilinx 提供 ChipScope 分析模块。

因为你可能预计到要付费使用商用 LA 模块，我很好奇是否能推荐公共领域的逻辑分析仪。我在博客 [7] 上找到了 homebrew，作者还提到了其他一些工作。然而预先警告一下。比起购买授权以使用商业模块，使用开源软件可能需要花费更多的时间。

Gisselquist[8] 介绍了使用 Verilog 构建于 16 位在线逻辑分析仪的完整的指令集。他通过子模块逐步进行，然后提供了示例应用程序。

另一个优秀示例是 Mohammed Dohadwala 毕业项目，他是康奈尔大学[㊀]电子工程学院高级微控制器设计专业 ECE 5760 的学生。该系统是在 Terasic DE-1 FPGA 板[㊁]上实现的，该板是基于 Intel（Altera）Cyclone V FPGA 的，包含双 Cortex A9 ARM 硬核。完整报告可在线查看（见参考文献 [9]）。关于这个设置我最喜欢的是它使用了 32 位宽、512 单元深的 FIFO（内存），而不是标准跟踪缓冲器。这使得逻辑分析仪能运行在 100MHz，同时还依然能将数据流传送到外部数据记录仪。设计的关键要素是被称为 Xillybus[㊂]的 IP 模块，它提供了 PCIe I/O 协议下的 DMA 功能。该总线被设计用于 Xilinx Zynq-7000 EPP 和 Intel Cyclone V SoC。

该逻辑分析仪设计为被板载 ARM 内核所控制，并运行于 Linux。因此，它的主要用途是调试系统中的其他功能模块，而不是 CPU 内核。图 8.5 是该系统的结构图。

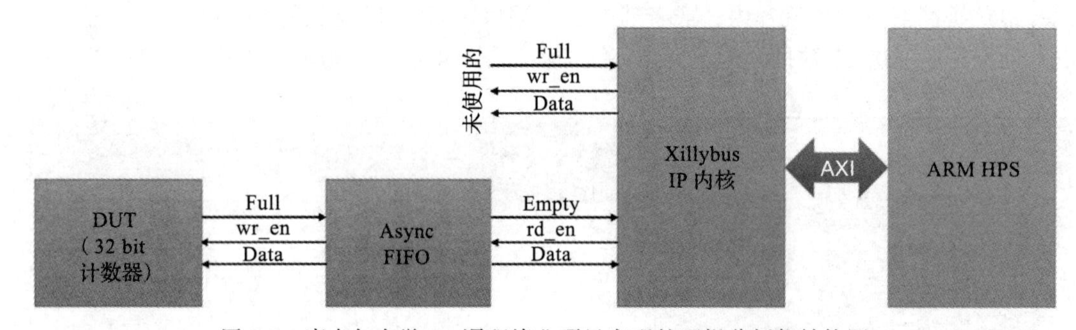

图 8.5 康奈尔大学 EE 课程毕业项目实现的逻辑分析仪结构图

8.3 虚拟化

如今，我们拥有的 PC 与 10 年前工作站性能相同，这在以前只能靠幻想。有了这样的计算能力、数 GB 的 RAM 以及高速固态硬盘，对一个系统进行完整建模是可能的，无论这个系统是 SoC 还是采用独立原件的板级系统。

㊀ 我的母校。

㊁ 这是我们在 EE 程序中使用的相同 FPGA 板。

㊂ www.xillybus.com。

本质上，虚拟化并非新技术。指令集模拟器已经出现很长时间了。Apple 的 iMac 计算机能在虚拟 PC 下运行 Windows 软件。这项技术取得重大进展的关键是处于处理器及其支持硬件之下的虚拟机管理程序层的想法。硬件包含存储器，因此在多核环境或者多处理器环境下，每个内核或者虚拟处理器能独立运行。例如，如果你希望在每个内核上运行不同的操作系统，这也是很方便的。另一个优点是，它提供安全级别，可以阻止黑客获得一个虚拟机的访问权限而后跳转到其他虚拟机上运行高安全性应用程序。

在技术白皮书中，Heiser[10] 介绍了 OKL4 内核㊀虚拟机管理程序如何保护手机中的通信堆栈免受病毒感染的应用程序的破坏。他接着指出，如果内核共享公共内存条，即使有多个内核也是很有危险的。

虚拟机管理程序的另一个名称是虚拟机监控程序（VMM）。根据 Popek[11] 与 Heiser 的说法，VMM 必须具有三种关键特征：

1. VMM 向软件提供与源机器基本相同的环境。

2. 在最坏的情况下，运行于该环境的应用程序仅轻微地降低速度。

3. VMM 能完全控制系统资源。

条件 1 保证设计运行于原始硬件（真实机器）上的软件也能（不做修改地）运行于虚拟机。条件 2 很重要，因为如果虚拟化无法达到实时运行，它不能承受如此严重的性能损失，以至于时间关键型代码难以正确运行。条件 3 必须保证 VMM 没有后门，应用程序完全独立于其他程序。

在运行于 ARM 内核的 OKL4 内核中，ARM 内核里的存储器管理单元（MMU）被用于提供基于硬件的隔离机制。作者将由虚拟机管理程序定义的系统级虚拟机 VMM 区别对待，以便与进程级 VM（例如 JAVA 虚拟机）区分开来。

在嵌入式系统中，虚拟机管理程序能让多个操作系统同时并存。为什么这是一个优点呢？例如，手机包含具有实时资源和应用程序的设备，这些应用程序是在你的 PC 上编译的。这样，RTOS 可用于时间敏感型应用程序，而诸如 Linux 的传统 O/S 可用于控制这些时间敏感型应用程序。

到目前为止，我们已经讨论了针对系统运行使用的策略方面的虚拟化，而不是针对开发。然而，不用大费周章就能看出它也能用作强大的设计环境。Wind River Systems㊁提供了 Simics，这是一个能进行完全系统仿真的虚拟设计环境。Wind River 的产品概述文档的开头写道 [12]：

> 系统开发人员使用 Simics 能模拟几乎任何系统，从单芯片到任意尺寸和复杂度的完整系统和网络。目标系统的 Simics 仿真可不经修改地运行目标软件 [与硬件同样的引导加载程序、BIOS、固件、操作系统、板级支持包（BSP）、中间件和应用程序]，这意味着用户使用纯软件工具就能收获良多。

㊀ OKL4 内核现在是 General Dynamics Mission Systems 公司提供的商用产品。参见 https://gdmissionsystems.com/en/products/secure-mobile/hypervisor。

㊁ www.windriver.com。

图 8.6 是 Simics 系统的原理框图。

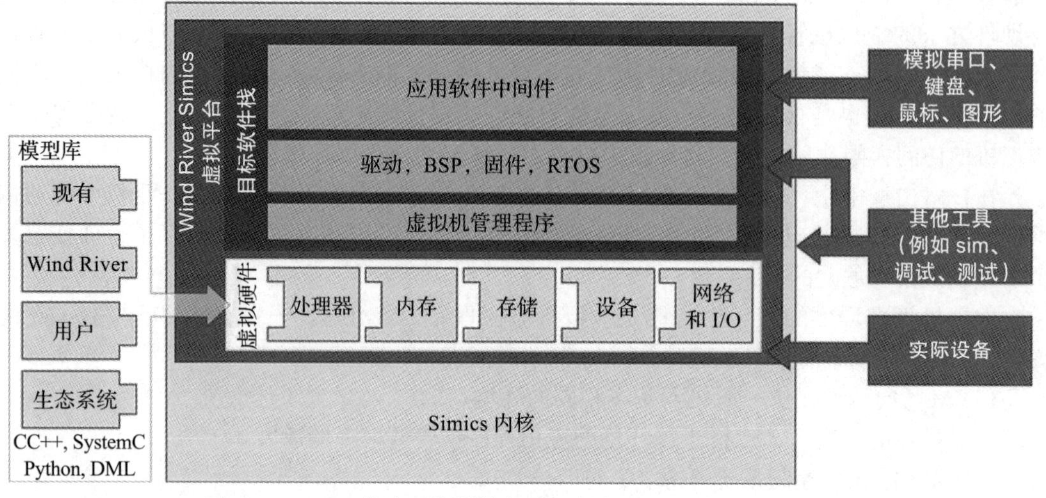

图 8.6　Simics 仿真环境结构框图（来自 Wind River Systems）

Simics 环境能进行完整系统仿真，这能使软件团队不间断地开发和调试代码，而不用等待 HW/SW 集成开始阶段硬件就位。通过产品概述文档，在产品开发生命周期的集成和测试阶段，Simics 的价值可总结如下：

- 在开发过程的早期就开始测试和自动化。提前在虚拟硬件上进行不间断的硬件和软件集成，当实际硬件就位后再扩展。
- 构建比硬件更多级别的中间配置，以方便不断进行集成。
- 使用 Simics 错误注入来测试容错率。覆盖硬件无法实现的极端案例。
- 使用 Simics 脚本进行自动化和并行化测试，并扩展目标配置的覆盖范围。
- 通过使用仿真实验室以及硬件实验室，节约开发者时间、降低运行测试的等待时间、缩短反馈回路。
- 通过将计算机硬件的 Simics 模型与实际的外部模型或者系统环境集成，进行整个系统测试和集成。
- 通过将 Simics 嵌入现有的软件构建和测试流程，进行自动化回归测试和不间断的集成。

这本书的内容中，我尤为感兴趣的是有关调试的结论：

复杂而有关联的系统难以调试和管理。而传统开发工具能帮你跟踪与单电路板或软件进程相关的缺陷，但查找多电路板或者处理器内核的系统中的缺陷是一件令人生畏的任务。例如，如果你使用传统调试器停止一个进程或者线程时，系统的其他部分仍在运行，那么获取目标系统状态的全局而又连贯的视图是不可能的。

Simics 能访问、可见和控制着系统中所有电路板和处理器内核。单步向前和向后能适用于整个系统；整个系统能被作为一个单元被观察和调试。更进一步，还能创建检查点（或者快照）捕捉整个系统的状态。这个状态能被发送给其他开发者，然后他们能检查这些精确的硬件和软件状态，重复记录的运行步骤，并继续运行（就像它从未停止一样）。

当然，细节决定成败。我没有调查关于购置费用、授权、培训和部署所需的投资，不知道这是不是针对任何特殊应用的好投资，例如你的。我感兴趣的只是帮助你了解目前可供你使用的工具。我的最好的建议就是联系我已经提到过的供应商，并请它们进行演示。

了解这些产品的另一个好方法是参加下一届嵌入式系统会议[㊀]。获得免费参观展览场地的门票是很容易的，尽管参加技术会议通常要花钱。说到技术会议，我自豪地拥有几件嵌入式系统会议发言人的马球衫，我骄傲地穿着它并作为我的时尚宣言。

如果你不能，或者不想参加技术会议，你通常可以购买会议DVD。然而，会议的真正目标是展览场地。在那里，你能见到Simics或者其他运行的工具，能同对产品非常熟悉的工程师们交谈。如果非常走运，你可能会遇见真正设计产品的研发工程师。而且因为他们不像营销和销售人员那样进行信息过滤，你会获得工程师与工程师之间的、直观的内部信息，直到销售人员来将他们轰走（开个玩笑）。

8.4 本章小结

在本章中，我们已经探究了与调试嵌入式内核有关的工具。问题在于你如何观察FPGA的内部并找出和修复错误。幸运的是，FPGA是相当灵活的设备，在我看来，它将极大改变我们熟知的计算机技术。

另外，在过去的几年里，围绕数据交换机的安全问题，技术问题被连篇累牍地报道。虽然我不知道这是不是真正担忧的问题，我注意到在一次技术讨论中提到数据交换机使用FPGA作为机器架构的一部分。这样，虽然担心交换机安全性的人可以检查CPU代码，对于一个坏角色来说，完全有可能重新编程FPGA来嗅探通过交换机的数据。这仅仅是个想法。

我们在这里讨论的工具提供了所需的内部可见性。一旦实现了可见性，在前文探讨过的同样的调试技术就派上用场了。例如，记录你的观察、假设、测试和结果。一次只改变一个条件，并记录你可能观察到的任何差异。

我可以做的另一个观察是，通过从我对工具，或者至少是印刷文献的检查，我得到的印象是，对成为熟练而自信地掌握工具的工程师来说，很可能有一个重要的学习曲线。这可能需要时间投入和超前的计划来确保在培训计划表上留有时间。要弄清你确实需要测试或者进行什么真的是令人沮丧的（我知道，我曾经也是这样），但是你无法解读它是如何进行的，而且文档作用不大或者完全无用。

㊀ 你可能想参加的会议列表参见 https://www.embeddedadvisor.com/conference/。

8.5 拓展读物

1. https://www.eetimes.com/author.asp?section_id=36&doc_id=1284571#.
2. https://www.electronicproducts.com/Digital_ICs/Standard_and_Programmable_Logic/Debugging_hybrid_FPGA_logic_processor_designs.aspx.
3. https://www.embedded.com/design/other/4218187/Software-Debug-Options-on-ASIC-Cores.
4. https://www.edn.com/design/systems-design/4312670/Debugging-FPGA-designs-may-be-harder-than-you-expect.
5. https://www.newark.com/pdfs/techarticles/tektronix/XylinxAndAlteraFPGA_AppNote_MSO4000.pdf.
6. https://www.xilinx.com/video/hardware/logic-debug-in-vivado.html.
7. https://www.dinigroup.com/files/DINI_DR_WhitePaper_031115.pdf.

8.6 参考文献

[1] https://www.youtube.com/watch?v=6FXMx7kvOvY.

[2] https://www.mellanox.com/page/products_dyn?product_family=238&mtag=tile_gx72&ssn=dcoil9vjj80rjjlj3p6h5ifgh4.

[3] G. Snider, K. Philip, W. Bruce Culbertson, R.J. Carter, A.S. Berger, R. Amerson, The Teramac configurable compute engine, in: W. Moore, W. Luk (Eds.), Proceedings of the 5th International Workshop on Field-Programmmable Logic and Applications, Oxford, UK, September, Pg. 44, 1995.

[4] https://www.design-reuse.com/news/7327/xilinx-acquisition-triscend.html.

[5] Justin Rajewski, https://alchitry.com/blogs/tutorials/fpga-timing, January 11, 2018.

[6] https://www.intel.com/content/www/us/en/products/programmable/soc/cyclone-v.html.

[7] Al Williams, https://hackaday.com/2018/10/12/logic-analyzers-for-fpgas-a-verilog-odyssey/, September 27, 2019.

[8] D. Gisselquist, https://zipcpu.com/blog/2017/06/08/simple-scope.html, 2017.

[9] M. Dohadwala, https://people.ece.cornell.edu/land/courses/ece5760/FinalProjects/s2017/md874/md874/LogicAnalyzer.htm, 2017.

[10] G. Heiser, Vitualization for Embedded Systems, Document Number: OK 40036:2007, 2007.

[11] G.J. Popek, R.P. Goldberg, Formal requirements for virtualizable third generation architectures, Commun. ACM 17 (7) (1974) 413–421.

[12] https://www.windriver.com/products/product-overviews/Wind-River-Simics_Product-Overview/.

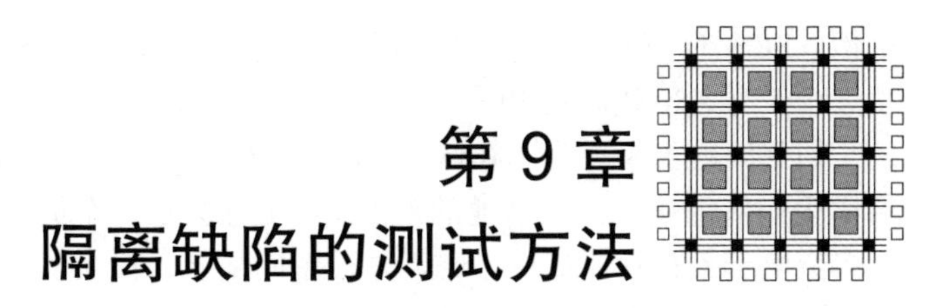

第9章 隔离缺陷的测试方法

9.1 概述

只要在你最喜欢的搜索引擎中输入“故障隔离”或“故障检测”，就会得到大量的搜索结果。同样，有很多学术文章和书籍已经涉及了这个主题，所以本章只是走马观花。故障隔离就是试图 [1]：

将引发错误的元件、设备或者软件模块隔离出来。

你可以说在第1～8章中讨论的所有内容都是为本章所做的准备。难道隔离缺陷不是解决问题的关键吗？因此，让我们看看各种类型的缺陷，也许有些我们之前已经讨论过了，看看是否有特定的技术可以用来隔离它们。

当然，相比其他技术，对嵌入式系统中的缺陷而言，其难点在于可能会有更多因素是造成缺陷的罪魁祸首。但是我确信其他专业会辩称，在它们的系统中发现问题与在未经测试的硬件和软件系统中发现问题一样困难，甚至更加困难。

正如我们在第6章中所讨论的那样，将新硬件和新软件结合在一起是主要挑战之一，我们已经研究过了减轻此过程中固有风险的最佳实践。

9.2 查找问题的障碍

我们已经讨论了寻找并修复缺陷的规则方法的必要性，也提到霰弹调试是陷入陷阱无可挽回的开始。

我虽然有博士学位，却不是心理学家（显而易见），抱歉，我无法回答有关人性的问题。我同样会因为先尝试简单的东西而感到内疚，只有在快速方法不起作用时，我才会放弃这种方法，然后咬紧牙关。示波器或者逻辑分析仪、仿真器以及相关文档会输出结果，我开始工作。当我拿出设备后，就开始记录我所做的和所观察到的。在我的职业生涯中，我只遇到过一次没有找到缺陷的情况。这是一个令人沮丧的故事。在我的办公室还有一块带有问题的PC板，我偶尔会看着它叹息。它只是盯着我看，鼓励我找出问题所在。

这是块非常简单的Z80电路板，我们用它来教电子工程专业的学生如何使用逻辑分析仪。Z80有一个非常酷的特性，使它成为这一用途的理想选择。它绝对没有任何形式的性能加速，没有缓存，也没有预取队列，什么都没有。你在总线上看到的正是处理器正在做的事情。PCB 有一个 40 针接头，直接插入逻辑分析仪。无须设置，也没有抓取器。我们给学生一个带有 Z80 代码的 ROM，让他们弄清楚处理器在做什么。

回到问题上来。为了在课堂上搭建 20 块这样的电路板，并教那些从来没有使用过烙铁的学生如何焊接，我们当地的 IEEE 学生分会在一个周六上午赞助举办了比萨和焊接会议。大多数电子工程师都知道，比萨是冠军的早餐，代表了所有重要的食物类别。

学生从裸板开始，将所有元件焊接到板上。所有的元件都是通孔的，易于焊接。然后给它们上电，我想大概 50% 的人都会立刻这么做，如果元件没反应，我就用放大镜检查它们，我几乎总能找到：

- 焊桥
- 虚焊
- 漏焊了一个元件
- 部分引脚没有正确插入，要么就是部分引脚向后或向下弯曲

以上都是常见现象，并非只有一块电路板如此。我寻找每一个明显的故障，一切看起来都不错。时钟信号也不错（我认为是这样）。我把它带回家，放在我放枪的地方，然后开始用逻辑分析仪进行分析。所有的信号都在摆动。将分析仪设置为触发 RESET，当代码从 RESET 中出来时，处理器立即进入混乱状态。

接下来，我把自己信赖的 HP Z80 仿真器插到电路板上[⊖]，试图系统地找到问题，但是毫无效果。如果我按小时收费，这将是有史以来最贵的 Z80 板。不管怎样，就在我写作本书的时候，四年过去了，它还在我的书架上嘲笑我。唉……[⊜]

9.3　临时应急

快速解决问题，继续前进，这既是人类的天性，也是学生的心态。学生总是有压力，总是落后于计划，大多数工程师也是如此。我曾在学校的实验室和我的雇主那里熬过通宵。你在头脑中做了一个简单的成本 / 收益分析，并决定根据这个分析设置工具、编写测试软件、挖掘文档，或者任何你认为正确的方法，“快速而粗略”的方法是进行有根据的猜测并尝试一些东西。也许这次奥卡姆剃刀规则对你有用，而墨菲定律对你没用。

9.4　寻求帮助

有时，最好的洞察力来源是集体智慧，它是你的工作场所和同事的基础。我认为，对一个新工程师来说，想要向同行证明自己是一种自然的倾向，这是很正常的。所以，当你

⊖ 我曾担任 HP64700 系列产品的硬件项目经理。我们有足够的废弃元件，因此我可以为我的家用酿酒电子项目（比如浴缸热水控制器）自己动手做一个仿真器。

⊜ 这个故事还有一段后记。写完本章后，我重新获得了灵感去修复它。这次，我用的是示波器，而不是逻辑分析仪。我把所有插在插座上的元件都拔掉（这对学生来说是个好主意），然后从时钟振荡器入手。振幅大约是 2V！哇！能这么简单吗？我替换了振荡器，振幅变得低于 5V。所以，我把所有的东西都放回去，插进我的启动 ROM，接入逻辑分析仪，电路板工作得很好。写书有一些隐藏的好处。

面对一个无法被掩盖的缺陷时，会试图通过自己发现并修复它来证明自己，而不管要花多长时间。不幸的是，正如我们所知，时间就是金钱，找到和解决问题的最好方法，是请见识过所有问题的老工程师（如 Bob Pease）来帮助你深入了解这个问题。

没必要把他们叫到你的工位上来，也许你需要做的就是礼貌地询问他们是否可以请教一个问题。如果他们是那种信奉传帮带的工程师，那么你将被邀请坐下来讨论你的问题。现在是最精彩的部分：你拿出实验笔记，上面记录着你的观察，你采取的措施以及你的测试结果，然后你把这些告诉你的老师。这种专业性的展示将抵消关于你调试技能的任何负面情绪。

当你们讨论问题的时候，请做好笔记，最重要的是，把手机放在桌子上，这样在他们和你谈话的时候，你就不会去回答、回应或者看手机了，那将是死亡之吻。当一个学生来和我交谈，却在我说话时开始看手机，我就会让他离开，并让他下次再来的时候不要带手机。我不认为那是我，尽管我可能被困在之前的世界，在那个世界中礼貌是有意义的。好吧，我现在停止责备。

另一个好的做法是，如果问题仍然难以解决，那么你可以问问是否能再见到他们。他们通常会说："当然，没问题。"尽管他们也可能会告诉你他们很忙，或者别人现在有更多的时间。就当这是对你的暗示吧。当你发现问题时，一定要让他们知道并感谢他们，然后告诉你的主管这位工程师是如何帮助你的，不要因为别人的知识而居功[1]。

9.5　故障隔离

不管怎样，让我们通过一些问题领域的案例研究来看看能否得出通用方法。为了开始分析，我们可以对故障做一个一般性的分类描述，你可能不同意我的选择分类过程，这当然没问题，你可以自由采用自己的分类标准。

- 与性能相关的故障：系统能够工作，但没有达到要求的性能水准，不能满足要求。这个故障并不重要，因为系统是有效的，做了它应该做的事情，只是没有达到需要它达到的设计或营销目标。一个极端的例子是在我的微处理器课上，学生们的任务是设计一个工作频率高达 100kHz 的函数发生器，而有些设计在 100Hz 以上无法工作。
- 可复现的故障：这种故障可以人为让其发生。你知道如何使它发生，但你不知道它为什么发生。也许你已经查看了软件和硬件，一切看起来都很正常，但是系统每次都会失败。我在第 3 章讨论了关于千年虫问题的内存分配故障的一个很好的例子。你可能还记得这个例子，问题的根本原因是，通过向数据记录器添加一个四位数的日期字段，系统缓慢地耗尽了内存，出现了这种无法处理的情况。
- 间歇性故障：这类故障会让工程师泪流满面，甚至导致离婚。故障有时会发生，有时又不会。也许系统会正常运行一段时间，然后崩溃，或者产生错误数据。我还想把"小故障"加到这个类别中，但我想有些读者会把小故障放在一个单独的类别中。

[1] 我知道，这一点我以前说过，但这是值得重申的，因为你的技术支持圈子会由于你不会赞美他人而迅速缩小。

- 合规故障：这是最难处理的类别之一，除非你有专门的支持工程师，他们是射频抑制或调整合规领域的专家。我是第一个承认自己对这个领域知之甚少的人，我所知道的是我用艰苦的方式学会的。但我也很幸运，之前在 HP 的逻辑系统部门工作时，我遇到了一个非常能干的射频合规工程师 Bob Dockey，我所知道的一切都是通过和他的交谈，或者通过观察我的产品在暗室或野外的射频测试中失败而学到的。
- 热度问题：这可能包括过热或过冷，甚至与环境温度有轻微偏差而导致的故障。
- 机械问题：这里我们需要进行的处理是元件的封装和互连。回顾第 4 章，在那里我们讨论了 HP1727A 示波器的颤噪声问题，这个问题几乎把我逼成了 CRT 工程师。你应该还记得，在为单事件捕获进行设置时，如果示波器受到冲击，它就会错误地触发。回想起来，这很可能是由错误的接线引起的，该接线在示波器受到机械冲击时打开和闭合。
- 供电问题：如果你在电路运行中看到小故障，噪声电源和接地总线一般就是其根源所在。当模拟电路和数字电路在同一块电路板上时，这一点尤其正确。

请注意，我并没有区分软件和硬件故障。这是出于设计考虑的，因为几乎所有这些类别都可能受到软件缺陷和硬件缺陷的影响。不信吗？热度问题如何？你的错误算法让晶体管超速运行，导致热失控。你可能会说这是一个硬件设计缺陷，因为晶体管应该受到保护，以避免这样的错误。也许吧，你可以到下一次的绩效评估中，在计划裁员 10% 之前提出这个论点。

这其中的技巧是利用你的工程经验、洞察力以及工程“最佳实践”（正如我们之前讨论过的）来快速深入挖掘，以便找到并修复根源性问题。

在回顾一般分类之前，先来看看一些必须处理的基本事实。对于故障隔离，一般性规则只有两条，我对此有充分了解，可以确定它们绝对正确：

1. 了解你的工具。
2. 理解你的设计。

9.5.1 了解你的工具

当测量工具与电路接触时就变成了电路的一部分，这种相互作用究竟是小扰动还是大扰动，取决于你想测量什么以及用什么来测量。Keysight Technologies 公司就正确使用其销售的测试和测量产品发表了一系列精彩的白皮书、文章、研讨会、网络广播等。作为一名前示波器设计师，我对其中将 O 型示波器作为一种仪器非常感兴趣，并且我在自己所教授的课程中强调了要正确使用它。其中我最喜欢的一篇文章是“ Take the Mystery Out of Probing: 7 Common Oscilloscope Probing Pitfalls to Avoid”[2]。下面引述 Keysight 公司在其简介中阐述的内容：

> 在理想世界中，所有探头都是接入到电路当中的非侵入式导线，其输入电阻无限大，而电容和电感为 0，它所提供的是被测量信号的精确副本。但现实是探头给电路引入了负载，探头上的电阻性、电容性和电感性元件会改变被测电路的响应。

每个电路都有所不同，具备自己独有的电气特性。因此，在每次探测设备时，都要考虑探头的特性，并选择对测量影响最小的探头，这种考量无所不包：通过数据线向下连接到示波器输入端的连接，以及 DUT 上的连接点（包括用于连接到测试点的任何附件或附加布线和焊接）。

根据 Keysight 的观点，这 7 种常见的陷阱是：

1. 没有校准探头
2. 增加探头负载
3. 没有充分利用差分探头
4. 错选了电流探头
5. 在纹波和噪声测量期间对直流偏移进行了错误的处理
6. 未知的带宽限制
7. 隐藏的噪声影响

就我的个人经验来看，在这 7 种常见的陷阱当中，我的学生们最常坠入 1 号、2 号和 6 号陷阱，这并不是说其他陷阱不重要，因为避开每个陷阱都能有助于在正确的条件下隔离故障。例如，差分探头能完成的所有测量也能用更普通的单端探头完成，但是差分探头可以消除共模噪声或不良的接地连接，在频率更高时更是如此。

然而，我们的本科教学实验室没有差分探头，这是因为学生们还没学会如何妥善保管精密仪器。事实上，在进入我们的项目时，因为学生们往往会损坏示波器附带的昂贵仪器，所以他们必须购买包含通用 100MHz 示波器探头的实验套件，以便搭配我们的 Tektronix 示波器使用。所以，我们必须物尽其用。然而，准微分测量可以通过使用两个探头，并将跟踪显示设置为 A-B 模式完成。

对大多数测量而言，未经校准的示波器探头也能不错地完成是 / 否类型的测量。但是，当波形保真度很重要时（就像我以前的一个的学生试图理解为什么他的推挽高压发电机烧坏了变压器主端的 MOSFET 驱动器一样），那么校准探头就成为分析故障的一个重要因素。

2 号陷阱也是一个常见的问题，在 Keysight 的电子书 [2] 中对此有所阐述：

> 当你将探头与示波器连接，并将其接触设备时，探头就成为电路的一部分。探头施加在设备上的电阻性、电容性和电感性负载将影响你在示波器屏幕上看到的信号，这些负载的影响可以改变被测电路的运行。

接下来我举一个有关 6 号陷阱的例子。我们的实验室示波器都是 100MHz 带宽的仪器，探头也是如此。我们有一些 1GHz 的示波器，但它们都被锁在柜子里，并且始终要在实验室指导老师的监督下使用。根据 Keysight 的文章，带宽不足会导致你试图测量的信号失真，让你难以对试图隔离的故障做出正确决策。Keysight 给出了示波器 / 探头组合的净带宽公式：

$$\text{系统带宽}=\frac{1}{\sqrt{\dfrac{1}{\text{示波器带宽}^2}+\dfrac{1}{\text{探头带宽}^2}}}$$

以我们的学生所做的设置为例，如果示波器和探头的带宽都是 100MHz，那么最终系统带宽是 70.7MHz。请记住，在较低的频率上，示波器的带宽定义为正弦信号减少 3dB 或约 30% 振幅时的点。Siglent Technologies[3] 建议，为了进行精确的数字测量，示波器的带宽应该是其工作的最高基频的 5～10 倍带宽，这意味着如果你的系统有 80MHz 的时钟，为了捕获系统中脉冲的高次谐波，系统带宽应在 400～800MHz 的范围内。

实际上，示波器 / 探头系统是被测系统的低通滤波器。如果带宽每倍频移动 3dB，那么在 200MHz 左右时，测量到的信号振幅大约是它实际值的 30%。

现在，虽然数字示波器仍然具备遵循上述带宽规则的模拟前端，事情却变得没那么明了。它们能做到这一点是因为数字示波器内置各种各样的计算公式来调整测量，尤其是当被测信号是重复发生而不是一次性时，这种作用尤为明显，但有时调整得有点过分。

总而言之，是否能在系统中找到难以捉摸的缺陷或故障，取决于你是否全面了解用于查找故障的测量工具。如果不完全了解工具如何与系统交互，或者压根就不了解工具能够测量什么，你就严重地妨碍了自己，并极大降低了发现缺陷的概率，更不用说你的同事们会怎样看待你了。

9.5.2 理解你的设计

现在我们来考虑一下在系统中查找和隔离故障的另一个主要障碍。这对你来说可能有点奇怪，因为电路是你设计的。真的是你设计的吗？你是否像我的学生一样，在网上找到了一个电路，或者在没有阅读应用笔记中关于电路工作和不工作的原理细则的情况下，就一股脑照搬笔记中的记录来设计原理图？

软件又如何呢？同样糟糕。你可能想重用一个一直存在的模块，但是这个模块的代码本身就能在国际混乱 C 代码大赛中获奖[⊖]。假设你正在使用一个应该能发挥作用的库函数（可能是 C 或 Verilog 代码），也会出现同样的问题。众所周知，它在过去是有效的，所以为什么不使用它呢？重用很好，不是吗？

使用不是你设计的硬件或软件是一种信仰实践。你相信它能像宣传语中所说的那样工作，但是如果你怀疑它有故障，那么在不掌握运行原理的情况下，又该从哪里入手开始查找问题呢？当然，如果你使用的是来自可靠来源的有良好文档说明的库，那么应该是安全的，除非文档中有拼写错误，或者文档本身让人摸不着头脑。混用大端字节和小端字节是一个典型的缺陷源，当你试图通过解引用指针来访问硬件时，这一点尤其令人讨厌。

这里有一个简单的规则。如果你在正在开发的系统中发现了一个故障，你面前的电路、电路元件或软件模块不是你自己设计的，而设计它的人可能不在旁边的工作间里，那么在对电路进行研究之前，不要试图隔离故障，只有对电路有所研究，你才能对将要试图调试什么有一个全面和完整的理解。

当然，你可能会进行真正的总体测量，比如电源稳定性、噪声或地面反弹，但一旦它们都被解决了，请坐在一个安静的地方阅读文档。

⊖ https://www.ioccc.org/。

9.6 与性能相关的故障

与性能相关的故障通常可以追溯到软件问题，甚或可以追溯到设计周期当中，归咎于在设计过程生命周期早期做出的决策，在设计过程生命周期中，需求文档会被反馈到体系结构决策中。划分已经在第 3 章和第 6 章中讨论过了，所以我们在这里不会深入讨论，只是提一点：当系统负载更大时，划分假设通常会被测试，并且开销（比如执行任务切换所需的时间）开始变得更重要。

幸运的是，如果它与软件相关，或者与处理器和内存决策的选择有关，那么只要你有合适的工具，这些故障就相对容易找到。即使你只有一个 I/O 接口和一台示波器，仍然可以测量性能参数。这在第 1 章和随后的几章中都讨论过。这种做法的缺点是，虽然可以非常快速地隔离故障源，但要修复它或者将系统恢复到可接受的性能水平，却不是一件容易的事情。

很多文章都对实时操作系统的性能问题进行了介绍。大多数 RTOS 供应商都提供了具备任务感知特性的性能工具，以帮助你从系统及其软件中获得最佳性能。假设你没有经历过像火星探测器 RTOS（第 3 章）那样的系统故障，那么分析你的代码在何处耗费时间最长还是很容易做到的，尽管做出如何修复它的决策可能并不那么简单，而且可能还需要大量的重新设计（时间和资源），才能将性能恢复到所需的水平。

如果你的系统中带有 FPGA 而不是 ASIC，那么有可能将一个时间关键型软件模块迁移到 FPGA 当中（假设有足够的备用逻辑门和 I/O），或者甚至只是将一些软件迁移到硬件当中，以减少处理器的负载。在任何情况下，许多决策都围绕着修正已有的设计展开，而不是进行系统重新设计。

积极的一面是软件可以全人工实现，尽管这样做可能会付出相当高的资源代价。用汇编语言重写关键模块，使其占用绝对最小的 CPU 周期是解决方案之一（第 1 章）。当我的学生抱怨不得不学习汇编语言时，我就用这一论点来反驳他们。其他几章讨论了编译器的选择如何影响代码的整体性能。事实上，在第 6 章中，我们已经见识过了 EEMBC 基准测试展示了未优化和高度优化之间的性能差异是 1 : 32。

9.7 可复现故障

这类故障很简单，因为对它无须过多解释。找到这些故障就是这本书的内容！也许我根本不应该把它单列出来，因为你可能会在这一节指责我使用了“钓鱼式推销法”。无论你怀疑是硬件故障、软件故障，还是两者的组合，整个过程都不会改变。关键是要有系统性和规矩，请记住以下几点：

- 观察到的现象。
- 引发故障的条件。
- 你认为导致故障发生的原因（你的假设）。
- 你打算如何测试你的假设，包括过程和工具。

- 你的测试揭示了什么原因。
- 下一步你准备做什么。

虽然这上去有点大题小做，但是当将来出现类似的缺陷时，你就可以拿出自己的实验笔记，并在页面上指出你的分析，这可以帮助你免受惩罚，或者给你的同事留下深刻的印象。

再假设一个场景，你不再是一个新手工程师，而是一个头发斑白、又坚决抗拒成为多面手或加入管理层的老手（我在 Dilbert 漫画中看到过这种场景）。一个新工程师来到你的工作间，向你描述了自己的问题。你首先感谢他们来找你帮忙，当他们描述问题时，你可以打开合适的实验笔记本，分享你对相同或类似问题的经验。此时你就是大神。

9.8 间歇性故障

这类故障会导致产品推迟发布，让管理层把头发薅秃。此时系统“通常”能正常工作，但偶尔也不能。这类故障与前一类故障有所不同，前一类中可能出现非常少见的故障，但只要能重现相同的事件序列，它仍然是可复现的。前者的经典例子是 1982 年加拿大原子能公司生产的臭名昭著的 Therac-25 放射治疗机 [4]。由于拆除了 Therac-20 原本带有的硬件安全互锁装置，取而代之使用基于软件的检查系统，Therac-25 给至少 6 名患者造成了大量的过量辐射。

这里特别重要的是，安全审查委员会的报告列出了这种特定的失效模式：

> 只有当输入了特定的非标准按键顺序时，才会出现此类失效情况……

但我的观点是，即使这个故障并不经常被观察到，但它仍然能在正确的按键顺序下重现。

当我们在讨论软件故障的话题时，不妨在软件领域继续待上一段时间。我们只看到了 Therac-25 的案例研究，但糟糕的代码和设计决策只是软件故障的潜在根源之一。我冒昧地猜测，今天大多数软件故障都能在具有多个线程或在 RTOS 下运行的实时系统中找到，而在两者兼备的实时系统中也能找到。所有这些通常都可以追溯到硬件之间的交互，这些交互是通过异步中断和软件线程，或者中断服务程序和软件线程实现的。这里给出一个简单的例子，假设有两个线程，它们彼此异步运行，并且都可以更新一个共享计数器。这很可能是两个 CPU 内核和一个块共享内存。如果没有诸如互斥锁之类的阻塞机制，那么可能会有一个线程对计数器的更新结果减 1，从而导致计数值不是加 2，而只是加 1。这可能是可复现的故障，也可能是一年才出现一次的故障，具体情况要看这些事件的占空比。

在第 5 章中，我探讨了如何发现到底是哪个进程正在破坏全局变量。我们也可以把它归为间歇性故障，尽管它很可能是一个可复现故障。栈溢出也是一样，我们都熟知栈溢出是一种入侵计算机或导致拒绝服务故障发生的方式。我们在第 3 章讨论了栈溢出以如何查找和避免它。然而，在本节中有必要再次提到它，因为即使它是确定性的和潜在的可预测故障，但它发生的时机却有可能是完全无法预料的，并且取决于导致故障的事件的顺序。

在试图隔离实时系统中的故障时，我们必须面对这样的现实：因为此时故障是不确定的，也没有实用的方法构建测量来找到它，所以有可能无法将故障分离出来。这诚然是一种极端情况，但不确定性故障是最难隔离的。有些故障可能是由热噪声或其他随机噪声源引起的。串行数据流中的抖动尤其如此。在有关抖动的白皮书中，Keysight[5] 描述了串行比特流中抖动的来源，以及如何使用其 EZJIT 软件附加包搭配 Infinium 系列示波器测量抖动。

抖动可能在噪声和相位发生变化时出现，而噪声和相位变化往往发生在数据和参考信号（通常是数据时钟信号）边沿之间。理想情况下，时钟信号边沿应该在数据最稳定的时候被同步到数据包的中间，但是时钟边沿之间的相对定时可能会发生波动，如果波动幅度足够大，就可能会导致数据位被错误解译。白皮书中利用大多数现代示波器都具有的持久化功能演示了一种观察抖动的方法，图 9.1 展示了信号上升沿的抖动。内置的测量软件让观测者能够看到随时间变化的相对波形。

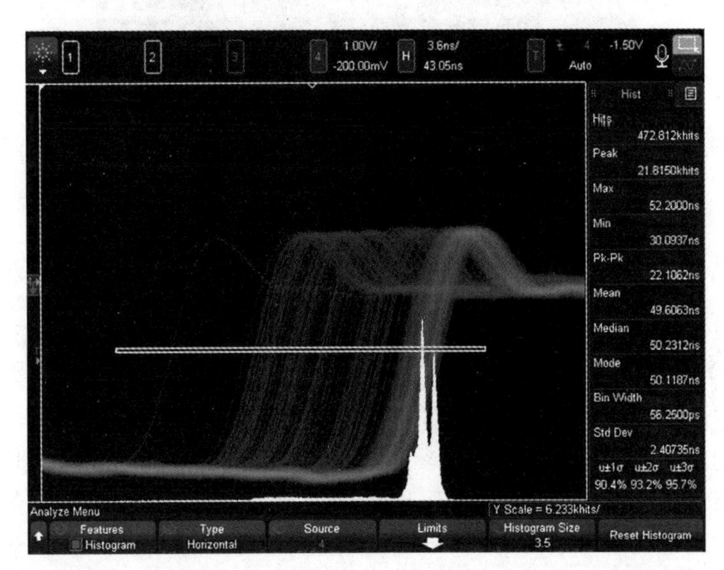

图 9.1　使用持久化模式观察到的时钟边沿内的抖动跟踪。浅灰色直方图覆盖在上方，显示了抖动的相对速率时间频率。在这个例子中，有两个波峰（来自 Keysight Technologies）

根据白皮书，抖动可以描述为如上所述的随机抖动，也可以描述为确定性抖动，确定性抖动一般是由设计中所用元件的设计缺陷或物理限制而导致的。随机抖动很可能被描述为高斯分布，而确定性抖动通常被描述为双峰分布，如图 9.1 中的叠加部分所示。抖动几乎从来不是完全属于其中一种类型，它通常由随机性和确定性两部分组成，尽管在给定的情况下，其中一种类型可能占主导地位。如果抖动分布是高斯分布，除了把所有东西都冷却到液氮的温度（开玩笑的），你可能也做不了什么。但是，如果确定性抖动占据主导地位，那么就有机会修复它。

在另一份操作指南中，Keysight 解决了串扰 [6] 的问题，并对串扰进行了这样的定义：

串扰是一种与数据模式无关的振幅干扰造成的失真。一个纯净的信号（即“受害者”），可能受到来自“攻击者”信号的串扰影响，而这种影响是由于耦合效应造成的。攻击者扭曲了受害者信号的形状，并遮蔽了受害者信号的眼图。

作为工程专业的学生，我们都学过在信号之间存在电容和电感耦合。如果串扰发生的频率足够高，那么它就是确定性的，而如果串扰的发生取决于在正确的时间内出现一组正确的条件，那么它就是非确定性的，这取决于在 PCB 布线上游荡的频率分量、导体之间的间距、布线长度以及其他因素。图 9.2a 和图 9.2b 分别展示了受到和没有受到串扰的受害者信号的“眼图”。

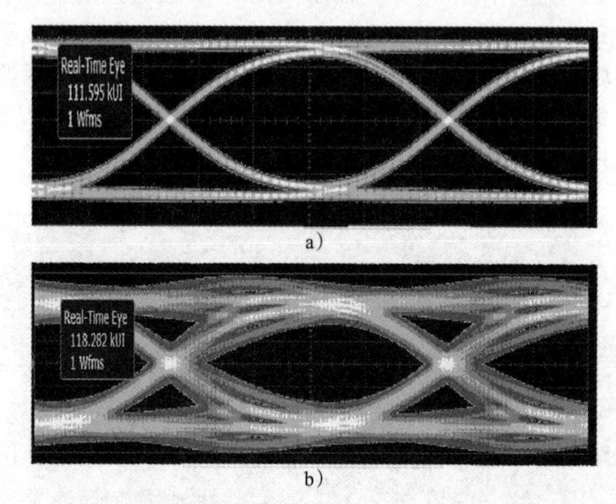

图 9.2 受到和没有受到串扰的受害者信号的“眼图”。上面的示波器跟踪展示了纯净的信号 (a)，而下面的示波器跟踪展示了串扰效果 (b)(来自 Keysight Technologies)

也许我们应该停下来描述一下“眼图”。眼图是一种在示波器上显示数字数据传输质量的流行方法。想象一个长数据流和一个参考时钟，它可能嵌入或不嵌入数据流本身。示波器通过叠加数据流（相对于主时钟的所有 1 和 0）生成眼图。如果系统是完美的，没有抖动或串扰，那么该图将与你在数据表中看到的时序图完全相同：完美的 1 到 0 和 0 到 1 的转换总是在同一时刻发生。

图 9.3 是我在微处理器课上使用的幻灯片中的示意图。它显示了地址总线周期的一部分，其中包含时钟信号和以条带表示的全部地址信号。因为地址总线是许多独立地址线的集合，所以用通用的条带表示比较方便。关键是所有的地址信号在完全相同的时刻改变状态。信号振幅如此相似，以至于它们完全重叠，而上升时间和下降时间是相同的。对比图 9.2 和图 9.3，我们可以看到真实世界和 PowerPoint 幻灯片之间的明显区别。

对眼图最简单的解释是：眼睛越闭，串扰和抖动就越多。

在 EDN 杂志的一篇文章中，Behera 等人 [7] 对眼图做了一个很好的介绍，并阐述了如何解读眼图。下面援引作者所述：

眼图提供了即时的可视化数据，工程师可以使用这些数据来检查所设计的信号的完整性，并在设计过程的早期发现问题。搭配误码率等其他测量方法，眼图可以帮助设计师预测性能，并确定可能的问题来源。

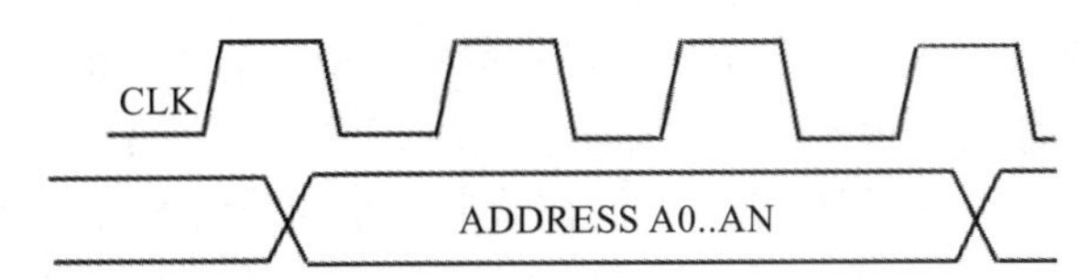

图 9.3　完美的眼图。所有的信号转换都发生在同一时刻，具有相同的上升和下降时间以及相同的振幅。这个眼图看上去就像一个时序图，因为所有的不确定性都被去掉了

作者展示了如何解读眼图，以图 9.4 所示的眼图为例，我们可以看到抖动占据的范围是低到高和高到低信号过渡区域的宽度，串扰的影响是幅值变化的宽度。在这个图中，串扰被折叠到信号的信噪比的一般范围之内。显然，我们可以看到，“眼睛”睁得越大，我们期望得到的信号保真度就越高。

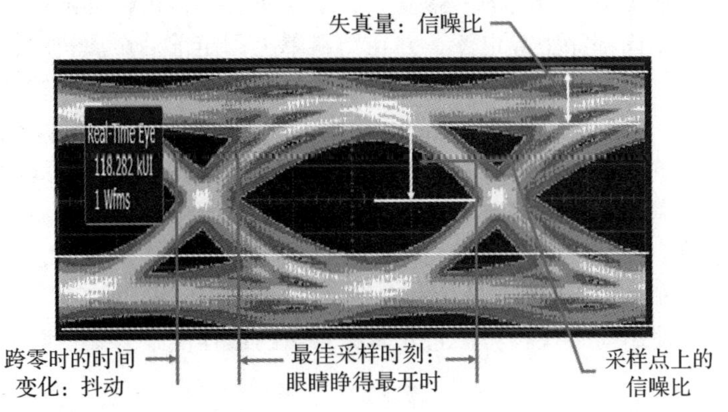

图 9.4　眼图可以帮助你解读信号，并确定进行测量的最佳时间。测量点摘自 Behera 的文章，并叠加在图 9.3 的眼状图上（来自 Keysight Technologies）

虽然眼图无法发现单个故障，但它会显示信号的保真度，以及这是否是个值得继续研究并富有成果的所在。使用眼图的另一个方便之处是不再局限于查看串行数据流，而是可以将示波器探头放置在电路中的任何节点上，并使用眼图来收集信号保真度的数据。

我们这些数字设计师倾向于将自己的调试工作限制在数字世界中，而回避像串扰这样的模拟效应，我希望这次讨论能消弭一些忽视基本电子技术的倾向。

9.9　合规故障

如果你的产品打算在发达国家销售（我想大多数产品都是这样），那么它的设计必须符合这些国家的监管要求。这很简单，只要你的产品设计完成了，剩下的就是监管测试……对我们来说，射频发射的准许等级是我们必须处理的最重要的合规问题，所以值得花时间对它进行研究。

根据产品的预期使用模式的不同，监管问题也会有所不同，在特定的国家销售也是如此。如今，大多数产品销往世界各地，所以，通常我们通常必须设计出符合监管要求最严格的国家的标准的产品，在我个人看来，当我还是硬件设计师时，这样的国家就是德国。

正如在我们的射频抑制内部课程上所解释的那样，德国的合规机构（如今它是欧盟的统一标准）会驾驶带有灵敏的射频探测仪的货车，在城镇中有工厂的地方来回巡逻。在美国我们习惯了把工厂设在远离居民区的地方，但在欧洲，土地非常昂贵，一个大型电子工厂会直接与住宅毗邻。

如果检测到射频辐射，工厂就会停业整顿，直到进行了整改为止。当然，这只适用于整个工厂的辐射，而不是单个产品。我想，这个故事的目的是向研发工程师说明向全球客户销售产品时合规问题的严重性。

我曾经是惠普 64700 系列电路仿真器的硬件经理。为了节省成本，我们把仿真器放在塑料而不是金属外壳中。到了测试仿真器的射频是否合规的时候，与在我们的消声实验室所要求的限制比起来，它在 16MHz 时钟测试中有几次谐波的失利。

在不涉及细节的情况下，最终的“修复”成本与所有其他硬件的最初预算相同。我们必须在塑料底盘的整个内部涂上导电漆，并在塑料罩上固定前后金属机箱，并在前射频抑制屏蔽的地方增加射频接地片金属条。它变得更糟。我们必须在目标系统和仿真器之间的电缆上增加导电屏蔽。这就是在项目之初的设计中不遵循射频合规要求的后果。

如果使用与在调试硬件和软件时相同的方法，那么就会发现射频合规故障通常不是我们能搞定的事情。它需要特殊的仪器、设备和培训，能够测量和寻找任何基于计算机的系统中的射频合规故障。因此，接下来我们将把重点放在一些最佳实践上，这些实践都是为了防止在设计中引入故障，而不是在设计完成后再进行修修补补。

以下是我多年来使用的一些技巧，它并非综合性的最佳实践合集，而只是对我个人而言好使的技巧总结。

9.10 扩频振荡器

我在 IDT 的网站上找到了扩频振荡的定义，它以非常良好的方式表述了相关问题和技术，所以我们可以直接引用它。根据 IDT 所言 [8]：

电磁干扰（Electromagnetic Interference，EMI）是电子设备设计者面临的主要挑战。美国联邦通信委员会（Federal Communications Commission，FCC）和欧盟对此有严格的指导方针，其中规定了一个系统可以产生的电磁干扰量。无论是晶体振荡器还是硅基锁相环 PLL㊀，频率参考都可能是电路板上 EMI 的一个主要来源。扩频时钟是一种技术，其中时钟频率被稍稍调节，以降低时钟产生的峰值能量。扩频时钟在基频以及谐波上都能降低时钟产生的 EMI，从而减少整个系统的 EMI。

另一个很好的应用笔记是 Maxim Integrated Circuits 公司的讨论 [9]。这个讨论涉及面很广，对 FCC 规范射频辐射的原因做了一个很好的历史性介绍。

如果你没学过傅里叶级数，或者你忘记了，那就让我们来简单复习一下，弄清楚问题

㊀ PLL = Phase-locked loop。

的来源。一个完美的方波（如时钟）的占空比是 50%，上升和下降时间无限快，这样的方波可以用一系列本质是基频谐波的正弦波，按照任意所需的精度来近似。在我们的例子中，我们使用的是一个 5V 和 16MHz 时钟振荡器。我们将近似的方波称为 $x_T(t)$，其中 T 是方波的周期。

可以写作如下公式：

$$x_T(t) = a_0 + \sum_{n=1}^{\infty} a_n \cos(n\omega_0 t)$$

其中，ω_0 是方波的角频率，n 是第 n 次谐波，a_n 是第 n 次谐波的幅度。

$$a_n = 2\frac{A}{n\pi}\left(-1^{\frac{n-1}{2}}\right)$$

其中，n 是偶次谐波。当 n 是奇次谐波并且 $n \neq 0$ 时，$a_n = 0$，A 是方波的振幅。

我们可以看到，级数的系数项用 a_n 表示，使得幅度慢慢变小。下表列出了前几次谐波的幅度：

n	0	1	2	3	4	5	6	7	8	9
a_n	0.5A	0.637A	0	−0.212A	0	0.127A	0	−0.091	0	0.071A
ForA = 5V	2.5V	3.18V	0	−1.06V	0	0.635 V	0	0.455V	0	0.355V
fn(16MHz)		16	32	48	64	80	96	112	128	144

我们从这个表中可以看到，即使我们的基频（按现行标准）相当低，仍然在 9 次谐波即 144MHz 上产生了 355mV 的能量。在图 9.5 中我们可以看到这一点，图 9.5 叠加显示了一个近似方波、第一到第九次谐波以及第九次谐波的相对振幅和频率。

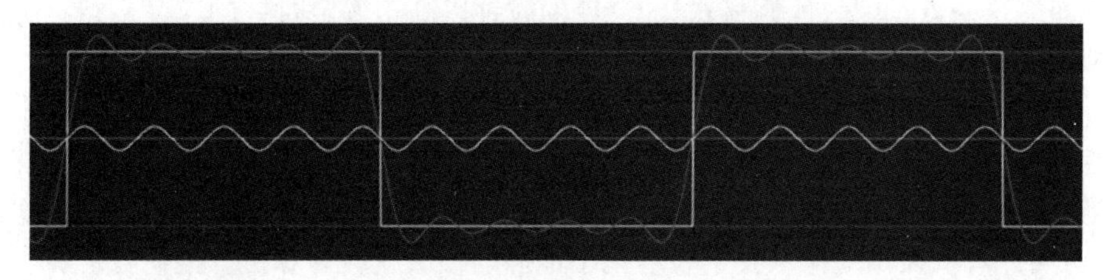

图 9.5 50% 占空比方波（白色）的傅里叶级数与其傅里叶级数近似（白色），谐波最高为九次谐波（深灰色）。随着高阶频率分量的加入，上升和下降的次数将减少，沿波的顶部和底部的振荡将趋于消失（来自 Paul Falstad，http://www.falstad.com/fourier/）

傅里叶分量对射频频谱的影响会以另一种不那么明显的方式影响设计。有一个简单的经验公式，可以将最大带宽与脉冲的上升时间联系起来。简而言之就是：

$$\text{最大带宽(GHz)} = \frac{0.35}{\text{上升时间(ns)}}$$

如何定义最大带宽有点棘手，这个术语通常是指频率中对信号有显著影响的最高傅里叶分量。因此，你所说的“重要”和我所说的“重要”可能有一两个谐波的不同，但其意义是显而易见的。在基本设计中避免高频射频能量的方法之一是限制正在使用的逻辑上升和下降时间。这将在添加到设计中的缓冲区和组合逻辑中表现出来。如果可能，可以使用较低幅度（3.3V vs 5V) 和边沿变化较慢（ALS vs FCT）的逻辑。

以下是我在课堂上讲授的一些注意事项：

- 避免电流环。
- 屏蔽 PC 板内层的时钟线，或运行并行的安全走线。
- 避免较长的时钟线和较长的信号在电路板上运行。
- 尽可能使用微控制器和专用集成电路，而不是离散逻辑电路。
- 在数据线上使用射频抑制（铁氧体）磁芯。
- 对局部而不是整个底盘进行防护。
- 以可接受的最慢时钟速度运行。
- 在达到特性阻抗时终止长走线。
- 对已经解决问题的产品实施逆向工程。

9.11 热故障

不好意思，告诉你一个坏消息，电子电路会散发热量。现代 CMOS 电路中的每个逻辑门在切换状态时都会散发热量，把这个热量再乘上几十亿个逻辑门，我们就会突然发现这种能量确实值得担心。前参议员 Everett Dirkson 曾说过："这儿有 10 亿，那儿又有 10 亿，很快你就能赚到钱了。"根据维基百科的介绍，虽然没有直接的记录，但是这位参议员是在 Johnny Carson 主持的《今夜秀》上说的这句话[10]。

集成电路中产生的热量与之相似（好吧，这有点牵强，但我一直喜欢引用这句话）。PC 游戏玩家知道这一点，因为他们喜欢让 CPU 的时钟以高于额定时钟的速度运行，为了防止芯片烧掉，他们采用了严格的水冷措施。服务器群必须处理主要的热量管理问题，不仅仅是冷却单个服务器，还要将热量从机房中排出。

我曾经访问过一家超级计算机制造商，记录了对超级计算机领域的先驱之一的采访，这是我收到的项目拨款的一部分。对于像我这样的计算机硬件设计师来说，这就像去 Valhalla 访问计算机大神一样。我亲眼看见了他们的顶级超级计算机。他们告诉我，有一间和机房差不多大小的屋子，里面除了制冷设备什么都没有，这些制冷制备用于冷却计算机的各个组成部件。每个 PCB 都是密封的，高压冷却剂直接向到各个发热部件上喷洒。

你会问："为什么你要在一本关于调试的书中告诉我这些？"好问题。原因是热量、产生的热量的来源以及如何从我们的电路中散发热量，都是我们始终必须考虑的因素。

当部件温度升高到足以严重改变其性能范围，并导致系统周期性或间歇性故障时，热量就特别麻烦了。当一个电路在模拟中似乎工作得很好，但在实际中却开始表现不稳定时，经验丰富的工程师通常会怀疑是热量问题。当然，部件变热并不总是问题的主要原因，但部件变热是一个危险信号，表明可能很快就会出现部件故障。

有时候，我们真的想利用热量来实现我们的利益。关于惠普的第一个产品有一个经典故事：音频振荡器，惠普在 1940 年为了电影《幻想曲》将其卖给了迪斯尼。振荡器使用灯泡作为正温度系数电阻器，来稳定振荡器的输出振幅。随着输出振幅的增大，灯泡灯丝的电阻也增大，从而使振幅减小，这是一个典型的控制回路问题。

我惠普时期的一个同事在他的办公桌上备有一些冷冻喷雾罐。每当他怀疑是热故障时，就会喷洒不同的部件，看看问题是否消失。当然，今天我们反对把氟利昂排放到大气中，但这仍然是一种有效的调试技术。

我喜欢的方法是用自己的舌尖去触摸那些部分。我知道这有些恶心，但舌头对热度很敏感，缺点是有几次我把舌头烫伤了，但这确实给我指明了正确的方向。

我们可以在数据手册中看到温度对传播延迟的影响，有时可能还会有描绘传播延迟与温度之间关系的图表，但手册通常只是在部件工作温度最小值和最大值之间的范围内列出了相应的传播延迟，用这种方式提供规范，能够让制造商将所有的工艺变化和温度变化转换成单一的规范，从而为你提供应该了解的一切内容。

然而，很少有时候需要你用比自己所想的更节俭的方式进行设计，也许你决定使用平均而非最大传播延迟。我就经常这样做，因为最大值远远超出了设计所能承受的范围。幸运的是，它没有再回过头来反噬我，但我做这个决定的时候确实考虑到了可能出现的问题。

不幸的是，热效应可能并不容易隔离，因为一旦你从包含电子电路的底盘上取下盖子，就会突然扰乱试图测量的系统，取下盖子会让热量更容易消散，导致底盘中的温度立即开始下降，从而改变了测试条件。

Allegro Semiconductor[11] 为集成电路中有关温升的计算做了一个很好的概述，它甚至加入了几个示例问题的解决方案，这说明这篇文章的一个或多个作者属于学术派。我强烈推荐你把这篇文章作为必读读物，它有一组相当简单的计算公式，任何电子工程师都可以遵循和使用。Allegro 有一个很好的总结列表，我在这里也进行了引用：

1. 修改或划分电路设计，使集成电路不需要消耗同样多的功率。
2. 使用散热器或强制风冷，降低集成电路的热阻值。
3. 将变压器、电阻器等发热元件从集成电路中移走，以此降低环境温度。
4. 指定其他能改进热或电特性的集成电路（如果可行的话）。

对我来说，Allegro 还有一个很新鲜的建议，我觉得这个建议很有趣，这个建议是移除机箱盖，将一个非常小的热电偶与导热环氧树脂固定在你怀疑过热的 IC 的顶部，然后将接线从通风口取出以测量封装的温升。在这里引用 Allegro 的文章：

> 测量 IC 温度最流行的技术是利用二极管的特性来降低其正向电压随温度的变化。许多 IC 芯片有某种可访问的寄生二极管、输入保护、基极 – 发射极结或输出箝位。利用这种技术，“感知型”二极管得到校准，从而使正向电压成为二极管结温度的直接指标。然后，对芯片上的其他元件施加电流，以模拟操作条件并产生温升。由于硅芯片的热阻较低，因此可以假设感知型二极管的温度与整个芯片的其他部分相同。

本文接着描述了让 1mA 左右的控制电流通过二极管，对感知型二极管进行校准，然后在温升 25℃的情况下测量正向电压的过程。另一种方法是在室温下测量二极管正向电压降，此时的假设条件是二极管的正向电压会以 1.8mV/℃的速率下降。

在 HP 时，我们很幸运能拥有懂得这种温度测量手段的机械工程师，他们有一些可爱的小风速计，能够测量底盘不同位置的空气流速。在我开始布局 PCB 之前，这些测量有助于我决定在哪里放置产生热量的元件。

大约一年前，我的一个学生曾用到过贴片封装式 IC，它被设计成可热黏合到 PCB 上。设计理念是在元件的整个封装下放置一个垫盘，使得元件与引脚分离，垫盘通过一排导通孔与内层的接地面连接。这个元件越来越热，而且断断续续地出现故障。他必须把所有的东西都关掉，让它冷却。结果他忽略了热管理系统的一个关键部分：热润滑脂。在 IC 的散热片和 PCB 的散热片之间没有良好的热润滑脂，导致热阻太大，元件过热到它失灵的程度。

9.12 机械问题

机械问题的出现是因为实际元件会占用空间，并且需要相互连接，而模拟元件没有这些让人闹心的问题。当信号进入或离开 IC 的 I/O 引脚时，在通往电路下一元件的路径中存在机械互连，这种互连可能是一个焊点，或一个接口，紧接其后的是连接到另一块电路板或前面板的接头。这些机械连接通常是良性和可靠的，直到它们失效为止，之后就会出现可复现故障，甚或更糟糕的是出现需要很长时间才能隔离的间歇性故障。

就我的经验来看，如果故障是间歇性的，我们往往不会怀疑某种形式的连接。如果故障是连续的，那么从逻辑上讲，解决方法是跟踪信号流，直到看到信号丢失为止。出于某些原因，如果故障是间歇性的，那么机械连接问题在可能原因列表中榜上有名的概率是很低的。有时，当你足够幸运地能够将故障与机械冲击联系起来时，你可能会将间歇性机械故障列为最可疑的对象，就如同我们制造的 HP 示波器在受到震动时意外触发那样（第 5 章）。

然而，这更多属于意外事件，而不是常规情形。因为在一个房间或实验室里，仅仅是普通的振动就可能触发一个微妙的连接，使其暂时失去接触。如果你碰巧有全息摄影中使用的隔振台，那么你或许可以消除房间的振动，但这种设备不是很方便携带。

我们遇到最多的问题是绝缘位移数据线（Insulation Displacement Cable, IDC），这是种常见的扁平数据线，通常插在 40 或 50 针的接口上。这些数据线的插入和拆卸的次数非常有限，根据插入和拆卸的方式，可能少于 10 次。我们的学生往往会抓住数据线，把它们从接口中拉出来，这样把引脚拉紧，破坏了线缆的绝缘保护措施，导致线缆连接断断续续。一个很好的经验法则是始终利用接口上的顶推器，这样一来，在拆除时就不会拉坏数据线。

仅次于数据线拉坏问题的是引脚弯曲。当数据线以一定的角度被拉出时，就会发生这种情况。这会导致接口中的公引脚与数据线中的母插孔错位，最终该引脚弯向相邻的引脚，造成持续性故障，如果与其他引脚接触，就会造成间歇性故障。

当把一个元件插入接口时，弯曲的 IC 引脚是机械故障的另一个来源。这可能是潜在的，因为引脚可以弯曲，粗略检查下看起来很好，甚至能完成一段时间的机械连接，直到它开始失效。我怀疑，由于贴片式元件的出现，这种失效模式变得不那么普遍了。然而，我建议我的学生，如果有可能，还是在他们最初的设计中使用通孔元件和接口，以便于维修和返工。

如前所述，冷焊点和焊锡桥是潜在问题的经常性来源。当处理通孔元件时，这些相对容易找到，但如果电路板上大多数都是小间距贴片式元件时，这种问题可能更难找到。你很难或者说根本不可能在一块 240 引脚的 IC 上找到虚焊或漏焊点，那种试图“找找看再说”的念头什么帮助也没有，因为只要你的探头一接触到引脚，就相当于把引脚向下按，从而把连接也弄好了。

对于这种类型的故障，我们在本书中讨论过的很多最佳实践都没什么作用，你必须另辟蹊径。尽管我不想承认，但我确实抱着它是一个糟糕的焊点的希望，对贴片式元件进行了重新焊接。回顾过去，我在这种故障上的总得分是 500 分。

为什么会突然出现这个问题？请记住，我们不是在修复成品电路板的缺陷。我们的模型是正在尝试调试电路设计，这还属于开发阶段，很可能是你自己在电路板上进行焊接，或者是一个技术人员将其作为“一次性”用品进行焊接。直到引入贴片式封装，焊接缺陷才会明显成为可能的故障原因。

9.13　与供电相关的故障

这是一个内容广泛的故障类别，涵盖了无数潜在的问题，所以我再次声明，在这里我只是对这个问题做一个简单介绍。建议读者购买该领域的一本标准书籍，比如 Morrison[12] 的书，参考文献 [12] 是这本书的最新版本，但我看到二手书商还在出售第三版，价格要低得多。我不认为法拉第定律会有什么改变，接地环路仍旧是接地环路，所以我认为任何一个版本都值得添加到你的专业图书馆中。如果你想要一份更简短的关于电路接地的最佳实践指南，我推荐 Zumbahlen 在“ Analog Devices”中撰写的实践指南，它是有关“模拟设备”的优秀技术期刊 [13]。

我是该期刊的长期订阅者，认为它是我的必须读物之一。我更喜欢真正的期刊，而不是电子期刊，因为我可以在热水浴缸里看。但那是另一回事，现在你只需点击几下鼠标就可以订阅在线杂志了。

我以这个推荐作为开头的原因是，不理解正确的接地技术，是在嵌入式系统中引发与噪声有关的故障的关键因素之一。如果接地系统有噪声，那么噪声也会影响系统的其他部分，即使系统可能是全数字化的，噪声峰值也有可能会出现，并导致一点翻转。找到这些故障并不特别困难，将示波器探头放在接地线或电源线上，将触发器设置为交流耦合，将示波器设置为单一触发，并逐渐增加垂直灵敏度，直到示波器触发。假设示波器的带宽足够高，足以捕捉到电源线和接地线上的瞬时开关状态，那么它就能发挥作用。

当你近距离混合使用信号模拟和数字电路时，事情会变得更混乱，可能很难找到问题的根源。通常，它表现为模拟读数超出了所期望的准确性和再现性的范围。所以，即使你的系统中有一个 12 位的 ADC，得到的精度却只有 8 位。

Zumbahlen 说过：

数字电路是有噪声的，这是事实。饱和逻辑门（如 TTL 和 CMOS）在开关过程中从其电源中获取大的、快速的电流峰值。具有数百毫伏（或更高）抗噪能力的各个逻辑阶段通常不需要高等级的电源解耦。另一方面，模拟电路很容易受到噪声的影响——无论是在电源轨还是接地轨都是如此——因此，将模拟电路和数字电路分开是很明智的，这样可以避免数字噪声破坏模拟性能。这种分离包括分离接地回路和供电轨，而这在混合式信号系统中并不方便。

然而，如果一个高精度混合信号系统需要提供完整的性能，就必须有单独的模拟和数字接地以及单独的电源。事实上，一些模拟电路以单一的 +5V 电源运行（起作用）并不意味着它能够和微处理器、动态 RAM、电扇以及其他大电流设备一样，在带有噪声的 +5V 下也能运行良好！模拟元件必须在这样的电源中才能充分发挥性能，而不是仅仅运行起来了事。出于必要，这种区别需要非常小心地处理电源轨和地面接口。

理想情况下，混合信号系统会有一个接地面，通常这是一个内部材质为铜的平面，为模拟和数字电流提供低电阻和低阻抗的返回路径。正如 Zumbahlen 指出的那样，在真正重要的系统中，你可能希望通过电压平面而不是电压总线将电压传递到电路板上。接地面的另一个优点是，它允许你为高速信号创建微带传输线，从而为高速信号提供一个可控的阻抗环境，也减少了这个过程中的 RF 和 EMI 辐射。

学生通常会用鳄鱼夹线，或约为 3ft[⊖]长的 22 号线连接电路和实验室电源。Zumbahlen 指出，22 号线的电感大概是 20nH/in，而开关逻辑信号可以产生 10mA/ns 的瞬态电流。我要求学生记住这个公式：

$$\Delta V = L\frac{\Delta i}{\Delta t} = 20\text{nH}\times\frac{10\text{mA}}{\text{ns}}\times 36 = 7.2\text{V}$$

呵！有什么奇怪的，难道他们在无焊接面包板上让电路正常工作还有问题吗？

在第 4 章中我建议在电路板上使用一个电解电容，再加上少量 0.1μF 的陶瓷电容作为滤波器。这些电容为电源线上的瞬态噪声提供低通滤波功能。将陶瓷电容器放置在 IC 的电源输入附近，电解电容器放置在靠近电源接头的地方。

我曾经认为开关电源是模拟电路的一个糟糕选择，但我逐渐改变了这个想法。我想，如果开关频率接近电路板上的时钟频率，可能会产生奇怪的效果，但我自己从来没有遇到过这个问题。

但是，Porter 指出[14]：

开关电源产生它们自己不想要的噪声，通常是开关频率的谐波或与开关频率相关的噪声。

如果你对针对模拟电源轨而使用开关电源有点恐惧，那么请在开关和模拟电路之间使

⊖ 1ft = 0.304 8m。——编辑注

用一个低压差线性稳压器。通过稳压器的功率损失是最小的，这样你拥有的全都是低噪声电源的好处。

例如，Analog Devices 公司生产的 ADP151 超低噪声、200mA CMOS 线性稳压器。该元件的噪声规格为 9μV rms，200mA 负载下的电压降为 150mV。有什么不喜欢的[㊀]？ADP151 不会破坏你的预算，它们每个不到 0.5 美元。

写完这一节后，我似乎转向了最佳实践的讨论，而不是探讨寻找故障的方法。如果你仔细想想，一个设计糟糕的电路板绝不会只是像一个冷焊点一样，进行简单的修复就能了事。这意味着重新设计电路板，所以或许从一开始就避免故障是解决问题的最佳方案。

正如我前文提到的那样，请确保你的设计中包括接地和电源测试点。如果你想把示波器探头连接到电路板上，并进行灵敏的测量，那么接地测试点就非常重要。有时，接地参考测量是不可能的或不可取的。Tektronix 在一份非常实用的操作指南 [15] 中通过一个不适合单端测量的测量列表解决了这个问题。它们是：

- MOSFET 上的漏源极电压（VDS）
- 续流二极管上的二极管电压
- 电感器和变压器的电压
- 未接地电阻上的电压降

如果你需要开始检测电源电路，以查看其运行是否错误，则上述测量可能需要通过差分测量实施，可以用单端双探头，并将示波器设置为 A-B 测量模式进行，也可以用差分探头进行，这是 Tektronix 建议的解决问题的方法。

9.14 本章小结

再说一遍，我们将关于如何隔离缺陷的若干卷内容压缩到一章中进行讲解，希望你不要认为这又是钓鱼式推销法。如果你这样想，那么我道歉。如何隔离缺陷的洞察力最终来自经验，以及对系统工作原理的深刻理解。之后通过观察故障，你会对故障原因做出一个假设，然后再进行多次测量，以此消除一个可能的原因，或者随着故障原因的逐步显露进行更深层次的挖掘。在此过程中，你仍然需要练习之前章节所讨论的良好的排错技术，最重要的是记录下所观察到的现象、你认为正在出现的情况以及你最终打算做的事情。

理解你的电路和代码[㊁]，了解你的工具，掌握如何利用这些工具，使之成为你的优势，还有最后一招：阅读用户手册。

㊀ 郑重声明，据我所知，我在财务或其他方面与 Analog Devices 公司没有任何关联。我只是喜欢其生产的元件。在我成为数码迷之前，我从事的是模拟设计。当撰写博士论文时，我必须测量高纯度铂丝在 1.7 K 时电阻的微小变化（小于一皮欧），这不是玩笑，这就是我学习低噪声模拟设计原理的方式。此外，Analog Devices 公司是赠送元件样品的最好的公司之一，所以我必须要对其对我的学生们的慷慨解囊表示感谢。

㊁ 当然，有时你会受到供应商的摆布，而问题就出在食物链的更上层。你没做错什么。该错误要么是数据表上的错误，要么就是你购买或继承的库例程中的错误。

请教其他人。有时候，向别人阐述问题会让你有新的见解，之后你可以对新见解进行测试。我在悉尼大学休年假时，某天晚上工作到很晚，当时我无法让 LTspice 模拟正常工作，于是我给自己设定了一个目标，就是让电路正常工作，然后回家。我离开办公室，边走边思考，然后遇到了另一位对电路一无所知的教师（从事数据库方面的教学工作），我问他能否向他讲述我的问题。他说当然可以（我猜这是因为他已经准备好离开了），接着我向他展示了当时正在运行的模拟以及所观察到的不可思议的结果。在倾诉的时候，我突然想清楚了原因所在，以及就针对该原因进行测试的方法。锁定它！之后我们都开开心心地回家了。

打电话给供应商，并与应用工程师沟通。如果缺陷涉及你不熟悉的部分，那么这一点尤其正确。数据手册不是教科书，数据手册末尾的示例问题不会详细说明所有内容。我告诉自己的学生，重要的结果是一个已解决的问题，不管有没有外界的帮助都是如此。只要你在该表扬的时候给予表扬，你就是一个好的工程师。

我们都愿意相信系统最终都是确定性的。一个原因必然产生一个可观察到的结果。但有时原因是模糊的，此时需要真正的探究工作来发现。想象一下，你正在发明工业控制器，而你的控制器可能必须在一个使用电弧炉熔化废金属的金属铸造厂中使用。当电弧击中金属时，数千安的电流突然开始流动，产生的电磁干扰脉冲会非常非常大。除非你真的能在这个铸造厂或者类似环境下，对这个等级的电磁干扰灵敏度进行测试，否则就永远不会看到故障。

我记得有 Dilbert 漫画中曾描述一个尖头发的老板遇到了一个计算机问题，Dilbert 去帮忙解决。老板总是一遍又一遍地敲击同一个键。Dilbert 对此的评论是：疯狂的意思就是不断地重复做同一件事，却期望得到不同的结果。突然，老板再次按下相同的键，计算机开始工作。Dilbert 又评论说：这是一个非常令人不安的先例。

软件工程师在他们的编译器中也看到了类似的问题。他们知道，当看到在第 489 行有一条编译器错误消息时，其实这个错误发生在好多行之前，而这可能是编译器无法解决的错误。

所以，请振作起来。当你喜欢的运动队“可能”处于连胜状态时，你却不可能按照同样的迷信说法帮助你找到或修复缺陷，或许一个星期不换袜子带来的重口味会帮助你从新的角度思考这个问题。谁知道呢?

我想说的是，当你遇到一个出现频率不高的缺陷（可能是一周一次，也有可能一个月一次）时，最好的方法是尝试着将它变成一个出现频率极高的缺陷（一秒一次）。然后你就能获得潜在的原因线索（你做了什么才导致这个缺陷），这将引导你深入了解这个缺陷。

在第 3 章中，我提到过软件性能分析器问题。对该缺陷进行跟踪，最终确定了原因是数据手册中的一个输入错误，尽管它发生的频率非常低，但可重复出现。所以，我们找到了一种提高频率的方法，用更少的比特来制作格雷码时间戳时钟。这导致问题经常发生，我们可以在一定时期内看到问题。之后的解决方法很简单。

让我们继续前行！

9.15 参考文献

[1] https://www.pcmag.com/encyclopedia/term/43032/fault-isolation.

[2] Take the Mystery Out of Probing: 7 Common Oscilloscope Probing Pitfalls to Avoid, Keysight Technologies, Inc, 2018. eBook number 5992-2848EN, Published March 20.

[3] https://siglentna.com/operating-tip/determine-bandwidth-scope-require-application/.

[4] N.G. Leveson, C.S. Turner, An investigation of the Therac-25 accidents, IEEE Comput. 26 (7) (July 1993) 18–41.

[5] Keysight Technologies, Inc, Left Turn or Lake Front: Understanding and Measuring Jitter: a white paper, 5992-3560EN, December, 2018.

[6] Keysight Technologies, Inc, Application Note: Overcoming Crosstalk Challenges in Today's Digital and Wireless Designs, Published in USA, 5992-1610EN, March 7, 2019.

[7] D. Behera, S. Varshney, S. Srivastava, S. Tiwari, Eye Diagram Basics: Reading and Applying Eye Diagrams, EDN network, December 16, https://www.edn.com/design/test-and-measurement/4389368/Eye-Diagram-Basics-Reading-and-applying-eye-diagrams, 2011.

[8] https://www.idt.com/products/clocks-timing/application-specific-clocks/spread-spectrum-clocks?utm_source=google&utm_medium=cpc&utm_campaign=timing&utm_content=sscg&gclid=EAIaIQobChMIg9aR74Os5QIVhBx9Ch2aUgkzEAAYASAAEgLmnfD_BwE.

[9] https://www.maximintegrated.com/en/design/technical-documents/app-notes/1/1995.html.

[10] https://en.wikipedia.org/wiki/Everett_Dirksen.

[11] Allegro Semiconductor Corporation, Application Note 29501.4, Reprinted by permission of Machine Design June 9, 1977. Issue, Copyright © 1977 by Penton/IPC Inc., Cleveland, Ohio.

[12] R. Morrison, Grounding and Shielding Techniques in Instrumentation, sixth ed., Wiley-IEEE Press, 2016. ISBN: 978-1-119-18375-4.

[13] H. Zumbahlen, Staying Well Grounded, Analog Devices, Analog Dialogue, 46-06, June, www.analog.com/analogdialogue, 2012.

[14] A. Porter, Tips and techniques for power supply noise measurements, EE Times (2006). December 11, https://www.eetimes.com/document.asp?doc_id=1273143&page_number=1.

[15] Tektronix Corporation, Probing Techniques for Accurate Voltage Measurements on Power Converters with Oscilloscopes: Application Note, 2016.

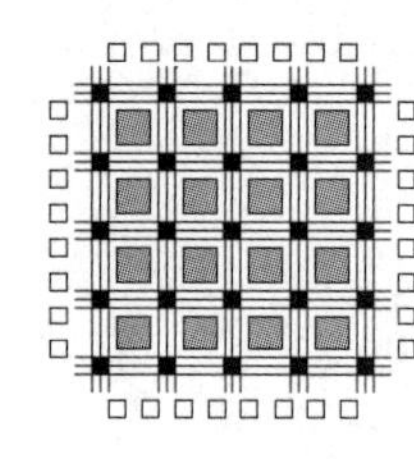

第 10 章 调试实时操作系统

10.1 概述

我们都很熟悉基于 PC 的操作系统。例如 Windows 就是当今世界上最常用的操作系统，尽管我们可能会说，Android 操作系统正给 Windows 的主导地位带来严峻挑战。如果在 PC 和智能手机的对决中支持 Apple，我们则有 iPhone 和 MacOS 以及其他 Apple 的衍生产品。

对于纯粹主义者和软件开发人员来说，有 Linux 及其父辈 UNIX。我们在更早的时候已经为大型机和小型机开发了操作系统，以及计算机科学专业的学生为他们的 O/S 课程项目编写的数以百万计的不同操作系统。

设计实时操作系统的目的是为实时和期限驱动的应用程序提供计算机操作系统的优势。由于“实时”的要求，操作系统有一段艰难的路要走。它必须提供与操作系统相关的所有常用服务和优势，但它还必须处理这样一个现实：在任何特定时刻，可能正在运行的所有应用程序的重要性并不相等。有些应用程序或任务更重要，必须优先于不那么重要的任务。

这种任务的优先级排序将基于 RTOS 的系统与那些更常见的轮询调度式系统区分开来，在轮询调度式系统中，每个任务都会获得一个时间片，并且基本上每个任务分配得到的时间片差不多相同。当然，这里同样也有一些变化形式。我记得在 Windows 的早期版本当中，如果经过一段时间后，用户在窗口中没有进行任何操作，那么一个任务可能变为无响应，并且速度极慢。解决方法是定期在窗口中点击鼠标，让程序重回激活状态。

本章的大部分内容将讨论基于 RTOS 的系统中经常出现的缺陷类型，以及避免和发现这些缺陷的方法。然而，除了与系统相关的专门问题之外，剩下的一些方法和工具与我们在之前章节中讨论过的相同，包括：

- 做好观察记录。
- 了解工具的功能和用法。
- 针对正在尝试解决的问题使用正确的工具。
- 寻求他人的智慧。

10.2 RTOS 中的缺陷

我们开始讨论的一个好的起点是在线期刊 embedded.com 上发表的一篇文章“ Real-Time Debugging 101”[1]，让我们从该文开始，讨论与 RTOS 系统相关的缺陷。该文作者开宗明义地指出，传统的调试方法，比如 printf() 语句以及让 LED 闪烁表明程序运行到达的位置，在 RTOS 环境下已经没什么用了，他们还指出其中的明显原因。如果你使用的调试器是 RTOS 感知的，那么其他的标准调试技术（比如设置断点和单步执行）或许还能用，但是可能存在副作用，这种副作用和最开始的问题一样难以发现。

上述文章将最常见的问题分为了以下几类：

- 同步问题。
- 内存崩溃。
- 与中断相关的问题。
- 意想不到的编译器优化。
- 异常。

让我们跟随 embedded.com 的步伐，依次看看这些领域及其问题。

10.3　同步问题

任何系统中都存在同步问题，RTOS 也不例外，在这些系统中，真实世界的事件本质上不与系统时钟同步，也不与共享系统资源的其他事件（异步）同步。这种资源可能是一个外围设备，也可能是用于传递消息邮箱的公共内存位置。当一个任务、线程或者中断访问这个资源时，紧接着另一个任务或者优先级更高的中断在第一个任务完成之前接管并修改公共资源，那么数据就很有可能遭到破坏。

这一切如图 10.1 所示。线程 A 处于活动状态，它正准备对内存位置“counter”进行递增操作，该内存位置存放的是一个计数值。因为如果不使用算术逻辑单元 ALU，则内存位置无法自动递增或递减，所以当前计数值必须被放入本地寄存器中递增，然后再写回内存当中。在汇编语言中，这个过程需要三条指令，除非处理器针对内存的递增或递减操作只需要一条汇编语言指令。

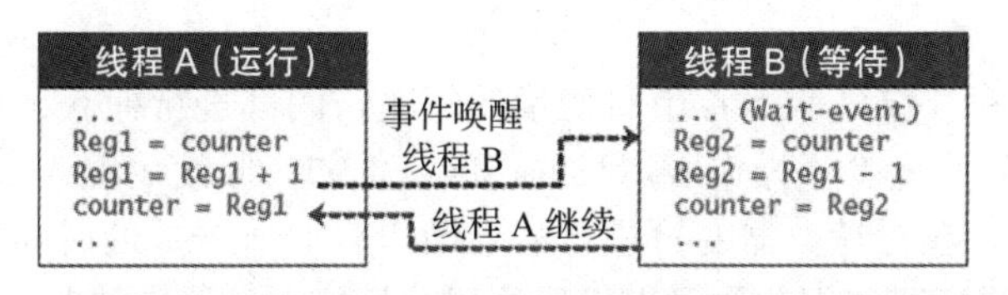

时间	线程 A	线程 B	计数器
0	Reg1 = counter Reg1 = Reg1 + 1 [Reg1 → 3]	等待	2 （初始）
1	等待	Reg2 = counter[Reg2 2] Reg2 = Reg2-1 Counter = Reg2 [Reg2 1]	1
2	Counter = reg1 [Reg1→3]		3

图 10.1　线程之间同步问题的图示。线程 A 和线程 B 共享资源“counter”（来自 embedded.com）

即使是让内存变量递增或递减的单条汇编语言指令也需要进行读取 – 修改 – 写回操作，

但至少它不会被中断，因为指令被认为是原子的，任何中断都必须等到指令完成。

回到图 10.1 上来，当线程 A 修改计数值时，线程 B 异步唤醒，将计数值变量读入 Reg2，并对 Reg2 进行递减操作，然后将新值写回计数值变量。

现在线程 B 重回休眠状态，或者转而处理其他事务，它已经出色地完成了自己的工作。不幸的是，线程 A 还没有结束，它的最后一步操作是将递增后的值写回计数值变量当中，因此它会重写计数值变量，从而让线程 B 的递减操作毁于一旦。

这是一种隐患，因为它可能会随机发生，更糟糕的是，发生的频率并不高。你所需要的只是两个占空比迥然不同的线程，从而让数据损坏的概率非常低，但不是无限低。正是这种缺陷迫使软件工程师放弃技术而成为从事有机耕种的农夫[㊀]。

避免这类问题的方法是，首先认识到墨菲定律[㊁]将在这种情况下应验，所以你必须避免这种情况发生。如果系统没有使用 RTOS，那么你可以关闭中断，直到线程 A 的指令结束。虽然是不得已而为之，但这么做有个不好的地方，即会导致与线程 A 相关的中断产生额外的开销。

10.4　内存崩溃

如果两个线程都是 RTOS 的一部分，那么操作系统通常包含若干保护共享数据的机制，可以由设计师决定选择最适合的一种。在上述特例中，使用互斥量或者互斥锁机制可能是比较合适的。其他方法有信号量，你可能会陷入一场宗教战争般的争论当中，争论的内容是二进制信号量和互斥锁是否相同[㊂]。但作为一名专业的硬件设计师，当这些讨论一开始，我就开始感到索然无味。只要能够避免缺陷，或者在发现缺陷后能够修复它就好。

幸运的是，逻辑分析仪是查找内存变量损坏缺陷的理想工具，因为“如果”可以观察到内存位置，就可以有选择地记录对它的所有访问，而不是在第一次访问时触发逻辑分析仪来填充缓冲区。HP（现在是 Keysight）逻辑分析仪能够做到这一点，我相信其他厂商的逻辑分析仪也能做到这一点。

根据缺陷发生的频率，你可能不希望对变量的每次访问都进行捕获，而希望捕获在某个时间窗口中由多个内存写入变量操作所定义的访问。例如，假设线程 A 每秒钟出现一次，线程 B 每小时出现一次。在对计数器变量进行写入操作后不到 1ms 的时间内进行另一个写入操作的事件都肯定值得怀疑，因此你可以设置逻辑分析仪触发器来捕获该事件。

这里的问题是，计数值变量是在 CPU 上缓存，还是通过编译器优化保存在寄存器中。你必须确保计数值变量是受保护的，或者使用关键字“ volatile”来声明，这会迫使编译器不去管它，也不去优化它。编译器问题将在本章后面讨论。

嵌入式系统很少通过存储器管理单元 MMU，使用由硬件支持的内存管理，即使 MMU 在处理器中可用也是如此。如果使用 MMU，就可以启用内存保护，并能避免内存损坏的发

㊀ 成为有机耕种的农夫没什么不好，我和其他人一样，都会在 Whole Foods 采购。

㊁ 如果有出错的可能，那么就必然出错。

㊂ 要想看到理性并且具有可读性的讨论，请参见 https://www.geeksforgeeks.org/mutex-vssemaphore/。

生。启用 MMU 的问题在于 MMU 的开销，你可能会面临性能上的打折扣。当处理器正运行在用户模式（内存受保护），并且必须切换到监控模式（内存不受保护）时，就会发生这种情况。有了 RTOS，模式切换将在 RTOS 工作时发生多次，因此 RTOS 每次接管时都会产生模式切换开销。

在第 3 章中，我们讨论了有关栈溢出和 RTOS 的问题。应用程序的栈大小自然取决于 RTOS 的需求以及算法的复杂度。如果内存充足，那么可以将栈设置得非常大，并在执行代码时将其缩减。正如第 3 章所指出的，简单的测试方法是用已知模式填充栈，然后看看实际栈增长了多少（吃水线），而如果代码运行足够长的时间，就可以让你看到实际大小的需求。安全起见，可以再加 10%，这样你就能避免隐患。

有一个不错的通用规则：使用大型局部变量时要谨慎，因为局部变量被传递并保存在堆栈中。当然，不管源代码在你的朋友看来有多优雅，都要避免可重入代码。

10.5　与中断相关的问题

由于直接操作硬件的速度和功能要求，中断服务程序通常都是用汇编语言编写的。此外，以我的经验来看，它们通常都是由硬件设计师而非软件设计师编写的，所以隐藏着沟通错误或缺陷的可能性不可避免。我并不是说电子工程师写不出像样的中断服务程序，只不过这并不是我们的主业。我们最接近于软件的工作是编写 Verilog 代码，但即使这样，大部分时候都没什么乐趣。我跑题了。

中断服务程序和 RTOS 很容易进行交互。大多数处理器都允许我们设置中断优先级，以便高优先级中断能从低优先级中断手中接管控制权。如果低优先级中断由于其他中断变为非活动状态，并且低优先级中断正在使用某个系统资源，那么就可能有效阻止其他 RTOS 任务的运行。

采用汇编语言编写的中断服务程序还有一个问题，用莱昂纳多·迪卡普里奥在电影《泰坦尼克号》中的不朽名言来说："我是世界之王！"一旦进入汇编语言的世界，你就能为所欲为，在用户模式和管理模式之间没有差别的情况下更是如此，因为管理级指令现在可以随心所欲地获取，因而相当于在代码中剥掉了一层防护外衣。

回过头再看看图 10.1，我们从中能看到同步问题是如何导致寄存器的崩溃的，用汇编语言编写不正确的中断服务程序也会导致同样的问题。此时的问题在于中断服务程序是异步的，随时都有可能发生。如果一个线程正在 RTOS 级别上运行，那么中断服务程序可能就会闯进来，并改变线程正在使用的寄存器的值。

你可能会说，中断服务程序在进入时应该保存正在使用的寄存器，并在退出时恢复它们。难道这样不能消除缺陷吗？如果中断服务程序是正确的，结论的确如此。如果寄存器被中断服务程序使用，而该寄存器碰巧也被 RTOS 使用，并且它没有被保存和恢复，前方就会有一个缺陷在等待着你。保存和恢复状态寄存器（或寄存器）也很重要，这是一个更微妙的缺陷，但危险程度没有降低。

假设一个 RTOS 线程正在执行一个循环，这个循环从某个值倒数到 0，当达到 0 时，处理器应该退出循环，而代码应该继续运行。理论上确实如此，我将编写一个伪汇编语言循环来演示这个问题：

行号	标签	指令	注释
1	Loop	DECR #1，R1	让寄存器 R1 减 1
2		BNE loop	如果 R1 不为 0 则返回标签 Loop 继续执行

我们知道中断服务程序无法中断正在执行的指令，因此，当第一行中的指令在 <R1> −1 = 0 时最后一次在循环中执行时，状态寄存器中的 0 位会被设置为 1（结果是 0）[⊖]。第二行中的指令则是结果不为 0 时的分支的助记符，如果 Z 位为 1，那么返回到“Loop”的分支不会执行（结果为 0）。

当然，墨菲定律会在此处应验，在 DECR 指令完成后，并且在 BNE 指令可以测试 Z 位的值之前，中断会被立即执行。

如果状态寄存器没有保存和恢复，那么中断服务程序可能会将 Z 位的值改回 0，R1 中的计数值将下溢，循环将继续运行。

为了看看这种情况是否是导致缺陷的原因，你可以试着用 printf() 或 cout() 函数输出 R1 中的值，但我们这里处理的是中断，这些打印输出函数对实时系统来说是主要的干扰，因此逻辑分析仪再次成为备选工具。你可以用很多方法来解决这个问题。例如，你可以添加一条汇编语言指令，将 R1 中的值写入一个非缓冲区的内存位置，并让逻辑分析仪监视该内存地址，我们将这种做法称为低侵入 printf()。这里的开销不过只有一条指令而已，但即使这样可能也无法令人接受。

如果你愿意禁用指令缓存，那么就可以观察到指令流，设置逻辑分析仪的触发器以进入循环，并在从某个地址获取数据的指令上触发逻辑分析仪，这个地址并非循环中的那两条指令的地址。这向你说明了两件事：（1）循环中是否发生了中断；（2）循环是否正确退出。

由于高级语言通常用于时间要求较低的程序，所以当需要编写尽可能紧凑而又没什么开销的代码时，也会用到汇编语言，此时两种语言之间的参数传递就成了问题，而且不幸的是，对于跨语言参数传递没什么规则可言，完全取决于编译器。如果你习惯以 R8 类型将参数传回 C 函数，而其编译器用的类型却是 R16，那么就会出现缺陷，除非你在编写汇编语言代码之前总不忘看上一看 500 页厚的编译器用户手册。而从 C 函数试图向汇编语言函数中传递参数时，情况也是如此。

当我们在讨论如何确保中断服务程序与 RTOS 兼容时，我发现了两条我认为非常有用的规则。下面将这两条规则从我上课的讲义 [2] 中摘录出来：

1. 中断服务程序不能调用任何可能造成阻塞的 RTOS 函数。

   a. 能够阻塞优先级最高的任务。

⊖ 当我试图解释如果结果为 0，0 位就会被设置为 1 时，这种说法往往让我的学生抓狂。我同情他们的痛苦，但我借口只负责将这个知识点传递给他们（意思是说不再做进一步的解释说明）。

b. 可能不会重置硬件或者允许进一步中断。

2. 中断服务程序不能调用任何可能导致 RTOS 切换任务的 RTOS 函数。

让一个优先级更高的任务运行，可能会导致中断服务程序花很长时间完成。

这些规则有一个延伸：软件和硬件设计师不能在彼此分隔的情况下编写代码。虽然软件团队一般能够相对独立地编写他们的代码部分，但中断服务程序或其他汇编代码位于硬件和软件的其余部分（包括 RTOS）之间，只是从硬件中移除一个优先级而已。因此，它处于特权地位，可以凌驾于编译器和 RTOS 提供的所有其他规则和保护之上。

你要避免相互指责，不要说“这是你的错”之类的话。在这里，值得花时间去创建运行良好的设计规则，确保硬件团队理解 RTOS 所需的结构和代码约定。如果你不想激怒他们，则可以让软件团队仔细检查硬件团队编写的所有代码，并确保这些代码符合你的标准。根据设计师的敏感程度，你可以自行修复或者在正式的代码审查中指出来。我更喜欢代码审查，因为它是一个没有威胁的环境。

10.6 意想不到的编译器优化

高级语言不情愿地接受这样一个事实：它们并不总是运行在大型机上，而且必须能够处理乱七八糟的硬件，这正是关键字“ volatile”的用武之地。但有时将内存操作声明为 volatile 是不够的。非常典型的情况是编译器为了让代码尽可能高效，对一些指令块进行了重新排序，以利用代码中一些显而易见的并行特性。例如，编译器喜欢用文本值初始化寄存器的指令，它们几乎可以毫不费力地把指令放在任何地方。

真正的问题出现在它试图重新排序某些指令的时候，这些指令由于要处理硬件，恰恰不应该被重新排序。例如，FLASH 闪存用一个特定的算法对内存进行写入操作，并且代码必须按照准确的顺序执行。NXP 芯片公司 [3] 为在其 68HC08 系列的微处理器中对 FLASH 闪存编程提供了一份教程，根据该教程，对 FLASH 闪存进行写入操作包含 13 个步骤，涉及很多时间关键型步骤以及执行顺序的依赖。虽然不太可能完全用 C 语言编写这个程序，但你可能会忍不住这样做。如果编译器发现有重新排序的机会，那么即使你编写得很完美，你的编程算法也不会运行。

根据嵌入式系统的有关文章，出现这种情况的一个迹象是，在启用调试器代码的情况下，代码能够正确运行，但在编译和构建代码的发行版本时失败。此时你需要介入其中，对编译器进行少许管理，以确保某些函数不会被重新排序。这比拒绝所有优化，并承受随之而来的对性能造成的不利影响要好。

10.7 异常

异常一般是在处理器运行期间发生的意外事件，它与处理器时钟和程序执行同步。异常也可以由用户生成。典型的异常是初期 CP/M 操作系统中著名的 BIOS 调用，该操作系统发展到 CP/M-86，最后发展到 Windows。

两个最常见的异常是除零错误和非法指令。拿非法指令来说，它可能是试图在用户模式下使用管理员级别的指令程序，或者是由于非法指针导致的非法操作码，这种非法指针把程序计数器不知道弄到什么地方去了，而指令解码器却还在试图理解它所看到的代码。

古老的68000处理器有很容易理解的异常处理程序，因此我们将用它作为示例。虽然大多数处理器都有一些常见的异常，但许多都是特定于系统架构和特定系列处理器的。68000（68K）系列利用内存开始处的异常向量表来处理异常。

前256个长字（32位）内存位置中的每一个都可以保存一个32位地址，因此68K能够支持256个指向内存的指针，这可以让程序员编写代码来处理这些异常，并允许系统优雅地从异常恢复。

当异常发生时，处理器自动启动异常处理周期，并根据异常的类型将适当的向量（内存地址）移动到处理器的程序计数器中，而下一条指令将从该地址获取。

图10.2是68000系列前几个异常向量的表格。请注意，异常向量表包含一组异构向量，也就是说，该表包含一组混合向量，包括从RESET状态退出、运行时问题、中断服务程序以及用户生成的中断（陷阱调用）。陷阱调用一般用于进入操作系统。

向量编号	地址（十六进制）	赋　值
0	00000000	RESET：初始化管理程序栈指针
1	00000004	RESET：初始化程序计数器
2	00000008	总线错误
3	0000000C	地址错误
4	00000010	非法指令
5	00000014	除零错误
6	00000018	检查数组边界指令
7	0000001C	TRAPV 指令（溢出位V被设置时出现的异常）
8	00000020	违反优先权

图10.2　68000处理器的前九个异常向量，显示的每个地址都包含用户创建的错误处理程序的第一个指令的地址

当系统在RTOS下运行时，实际的异常向量通常会导致进入RTOS的入口点，而处理它们是RTOS的责任。在需要为低级错误处理编写驱动程序的情况下，可能需要进行一些特定于用户的编码。

在嵌入式系统中，大多数异常都是错误的指针、栈溢出或者之前讨论过的寄存器崩溃。这些错误显而易见，通常可以通过检查程序流程来跟踪，如果希望实时执行这个操作，则需要在跟踪缓冲区的结束处而非开始处触发逻辑分析仪。

原因是异常向量很可能是进入RTOS的入口点，而代码在入口点上对你不可见。如果你能够看到指令代码流，那么跟踪异常生成之前发生的事情通常会找出错误发生的位置。这意味着在关闭I-Cache的情况下运行，或者在处理器中内置一些硬件跟踪辅助手段。

幸运的是，大多数为在嵌入式系统中使用而设计的处理器都包含某种类型的调试内核，

以及用于辅助调试过程的特殊寄存器。很多处理器都包含跟踪缓冲区，使你能够跟踪程序流，一直到达异常点为止。然而，这导致了一个显而易见的问题，当你在项目中选择处理器时，你应该问：

这个处理器的调试功能如何支持我的应用程序？

仅仅将基准性能作为你的认可标准是不够的。你需要考虑项目的后续事务，当大型交易展还有几周就要开始时，时间短、压力大，而你却找不到阻碍你成功的缺陷。

10.8　RTOS 感知工具：一个示例

处理器的调试能力不仅仅体现在内置于内核当中的硬件支持，它还是整个工具链的一部分，专门用于实时和 RTOS 调试。因此，我们可以从这个问题入手，来研究一下支持 RTOS 的调试工具如何在调试过程中对你起到帮助作用。

我将重点介绍 Lauterbach GmbH[㊀]提供的工具，选择它有几个原因，先做个免责声明：我与该公司没有任何经济往来。首先，我记得它一直是嵌入式系统调试领域的参与者。其次，它对 RTOS 调试和处理器的支持非常广泛。最后，它是相当开放的，并且在本书创作过程中也起到了支持作用。

Lauterbach 在 2009 年成为世界上最大的微处理器开发工具供应商，这一点是我从其历史页面上了解到的。如今，这家公司仍由创始人 Lothar 的兄弟 Stephan Lauterbach 经营。我个人感兴趣的是该公司成立于 1979 年，也就是那一年，我加入了 HP 科罗拉多斯普林斯分公司。当我浏览有关 Lauterbach“发展史”的幻灯片时，我被它的产品发展过程与我所供职的 HP 分公司之间的相似之处所震撼，尽管我认为它的发展焦点越来越集中在跟踪各种条件和系统架构下的程序执行流程。我想这是我发现它与工具链共生发展的另一个原因：我相信实时跟踪对解决实时调试问题的价值。

因此，如果必须选择一个工具链，我肯定会考虑自己的已经存在了一段时间的供应商 / 合作伙伴，以及他们是否支持我打算使用的处理器和实时操作系统。由于 Lauterbach 支持 100 多种处理器架构和更多的 RTOS，其中囊括了所有重量级软件，因此 Lauterbach 必然成为我的业务的有力竞争者。

当然，你的决策矩阵中还包括其他一些因素。我没有考虑成本、支持、培训、文档和其他可能被认为是“完整解决方案”组成部分的因素。

我毫不怀疑其他供应商也提供了各种各样的工具，它们与 Lauterbach 以及彼此之间的产品重叠，有时候最终的决定因素只是看谁在嵌入式系统大会[㊁]上会发放最好的赠品。

因此，我希望在不失一般性的前提下，来看看 Lauterbach 提供的用于调试嵌入式 RTOS 系统的工具。Lauterbach 调试工具是围绕其 Trace32 硬件辅助调试系统构建的，这是一个具有可插入组件的模块化系统，如图 10.3 所示。

㊀ https://www.lauterbach.com/frames.html?home.html。

㊁ 我希望这个原因不是真的，但是它可能会提高赠品的整体质量水准。

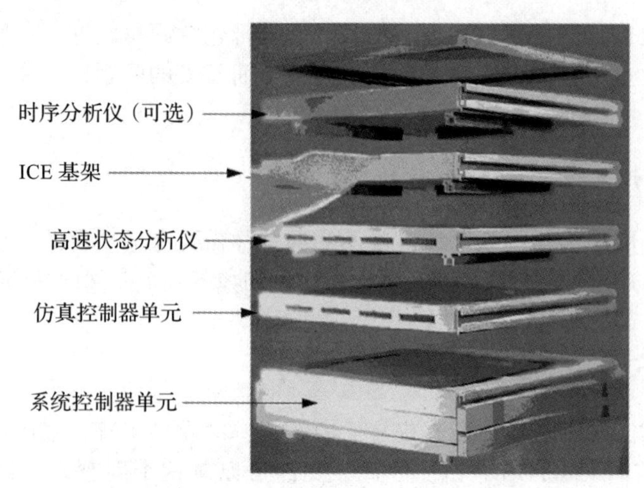

图 10.3 Lauterbach Trace32 硬件辅助调试模块化架构。可以添加子系统来实现运行控制、覆盖内存、实时跟踪和性能分析，用于广泛的处理器架构和实时操作系统（来自 GMBH）

它们在关于 RTOS 感知的官方网页上宣称 [4]：

TRACE32 RTOS 调试器是一个自适应调试器，它允许在目标系统上使用实时内核进行调试。调试器完全集成在用户界面中，它具有显示内核资源、任务选择调试和许多复杂的实时分析功能。分析功能包括符号系统调用跟踪和详细性能分析功能。

对各种 RTOS 的配置由动态加载的扩展控制。通过改变这个扩展，用户可以让调试器适用于几乎所有 RTOS，标准配置可用于最常用的内核。该扩展还可以用于针对任何类型的特殊数据结构定义用户自定义窗口。支持的特性在不同的内核之间是不同的。并非所有处理器和内核都支持所有特性。

为了让任意的硬件辅助 RTOS 工具与其他供应商的 RTOS 协同工作，两家公司之间需要有某种程度的合作。签订此类合作协议通常对双方都有利。具有硬件辅助调试支持让 RTOS 对那些拥有硬实时应用程序的客户更具吸引力，并且能够为众多不同的应用程序提供广泛的支持，RTOS 软件包让工具供应商的产品线更加能够吸引潜在的买家。

拿这种合作举个简单的例子：RTOS 内核向调试工具正在等待的内存位置写入数据。在这个简单的例子中，写入操作与内核每次启动切换到另一个任务同时进行，数据包含标识任务的信息，可能还包含有关当前 RTOS 环境的其他动态信息。

通过保密协议，两家公司可以一起工作，以提高它们产品的协同效用。当一个供应商拥有与潜在合作伙伴竞争的产品时，困难就会出现，这是早期在线仿真的情况。其中一个芯片制造商也是其芯片产品的调试工具供应商。安装在芯片上的特殊调试挂钩与其他工具供应商保持分离，这就使得供应商在市场上能够占据很大的优势。

Nexus 5001 片上调试联盟以一种非常新颖的方式解决了这个问题。该标准考虑到了 Nexus 兼容芯片和工具之间的特殊信息。如果工具不理解其中某条特殊消息，它就会忽略掉该特殊消息，并且不会抱怨（太好了）。然而，与芯片制造商签订了合作协议的供应商知道这些消息的含义，其调试器接口能够使用这些信息，让工程师尝试调试他们的代码。

图 10.4 展示的是 RTOS 感知调试器的非常详细（并且处于忙状态）的屏幕截图。众多表格中所提供的信息将极大提升进工程师快速查找和修复 RTOS 相关问题的能力，就此而言，特定任务的代码问题只有在系统全速运行时才会出现。

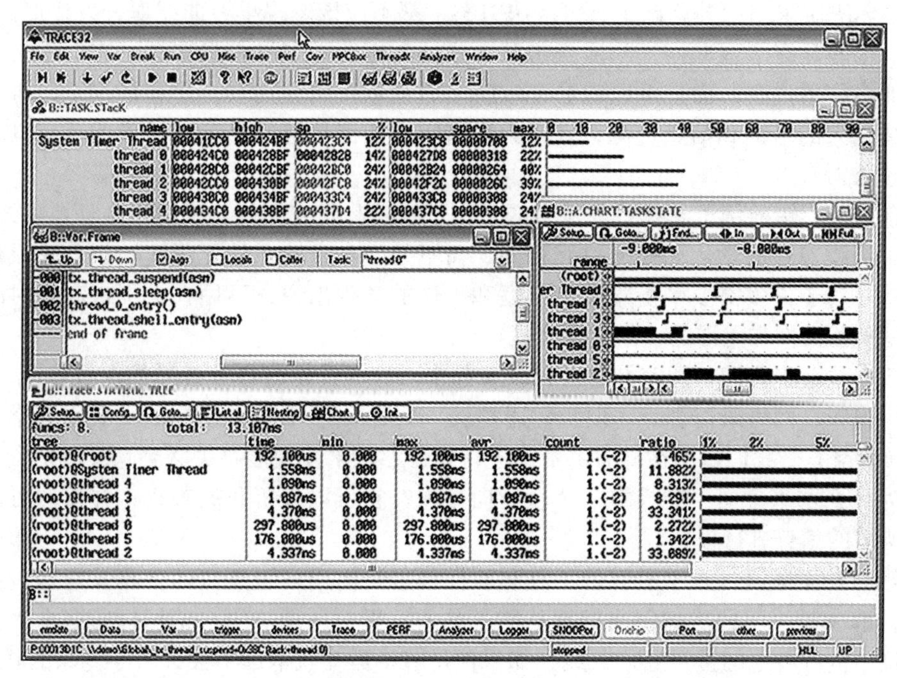

图 10.4　带有硬件辅助的 RTOS 感知调试器的用户界面窗口。众多的窗口中显示的是与内核资源、CPU 任务使用情况、性能分析、任务状态以及其他与系统行为相关的统计信息（来自 GMBH）

特别相关的是关于内核资源的显示信息。工程师可以看到[4]：

- 任务
- 队列 / 信号量
- 内存使用情况
- 邮箱

在我看来，对处理器性能的洞察是能够遵循和记录的关键动态指标。在这里，用户可以查看：

- 任务中消耗的时间
- 任务的切换次数
- 任务的运行平均时间
- 任务所用的 CPU 时间占比
- 一个任务被其他任务中断的最大时间

在上述 5 个功能中，最后两个功能与查找系统中的缺陷或性能问题特别有关系。

当然，除了我在这里所关注的技术之外，还有许多其他技术可用，这在很大程度上取决于系统中可用的资源。例如，你有足够的 CPU 时间和额外的内存来捕获和存储 RTOS 数据以供以后使用，或者是否有一个环境，将获取这些数据作为另一个 RTOS 任务，并将其压缩并流式传入主机计算机进行分析？

无论你决定采用何种调试工具链解决方案，都不应该忽视学习曲线对开发进度的影响。今天我们很幸运有了互联网，只需点击几下鼠标就能获得多种信息来源。它们不必派工程师去参加培训研讨会，而是可以观看 YouTube 教程或网络研讨会。理想情况下，供应商提供了一套强大的培训和信息资源，旨在教会新用户如何从他们复杂和昂贵的新玩具中获得最大的好处。

这有一个不错的例子。我目前从事的工作是教学和研究领域：讲授微处理器系统设计，教会电子工程专业的学生如何通过互联网，而不是坐在实验室的无焊实验板前完成他们的本科实验。对于许多需要平衡学校、家庭和工作的学生来说，不用在上下班高峰时间来校园可能是平衡工作和生活的一个主要因素。

这两个项目将我们与两家知名公司联系起来。这些公司有各种各样的在线资源、视频、操作说明视频、网络研讨会等。但我们还是从一个简单的问题陈述开始："我需要学习如何做这个（填空）。"我们试图在现有的资源进行挖掘，从中发现能够关联到众多其他资源的超链接。为什么这些公司不能投资一个软件向导呢？它可以分析我的查询，并按照可用的格式对我所需的信息进行设置。

从好的方面来说，几乎所有的工具和软件包都是由用户组支持的。我发现这些论坛是关于如何解决棘手问题或如何更好地利用工具的宝贵信息源。用户论坛横跨多个大洲，所以就像位于世界各地的卫星通信天线，如果你足够幸运，就永远不会失去与专家的联系。

我最喜欢的论坛之一是以 LTspice.h[㊀]为中心的用户组，LTspice 是 SPICE 模拟器的免费版本，电子工程师多年来一直使用该模拟器来设计和仿真模拟电路，用户论坛以邮件列表的形式进行管理[㊁]。你只要订阅了这个邮件列表，那么无论白天还是晚上，都可以把自己的问题通过电子邮件发送到网络空间当中，并且确信你的问题在几分钟内就能从世界上的某个地方得到回答。我在讲授基本电路设计时也会讲到 LTspice，当凌晨 2 点，学生们还被困在一个家庭作业问题上时，他们会惊讶于能够得到反馈回来的有用信息。

所有这些都意味着需要时间和精力来学习如何有效地使用这些工具。关键时刻并不是把工具从仓库中拉出来，并试图弄清楚如何设置和启用并获取有用信息的时候，那是之后的事情，你首先必须在时间表中留出时间来培训工程师以满足项目的调试要求，就像将时间用于学习新处理器的问题一样。

如果系统中有 RTOS，就需要处理另一组因素。是硬件问题，还是软件问题，或是实时 RTOS 中的问题，还是三者的结合？此外，除非你自己编写 RTOS，或使用开源 RTOS 包，否则你不会"全面地"了解 RTOS 正在做什么，所以解决问题的有效性将取决于商业工具向你提供的信息，当然前提是你能够以正确的方式向它们提出正确的问题。

㊀ https://www.analog.com/en/design-center/design-tools-and-calculators/ltspicesimulator.html。

㊁ LTspice@groups.io。

10.9 参考文献

[1] G. Olivadoti, S. Gollakota, Real-Time Debugging 101, https://www.embedded.com/real-time-debugging-101/, May 15, 2006.
[2] https://www.csun.edu/~jeffw/Courses/COMP598EA/Lectures/OSServices/OSServices_html/text20.html.
[3] https://www.nxp.com/files-static/training_pdf/26839_68HC08_FLASH_WBT.pdf.
[4] https://www.lauterbach.com/frames.html?rtos.html.

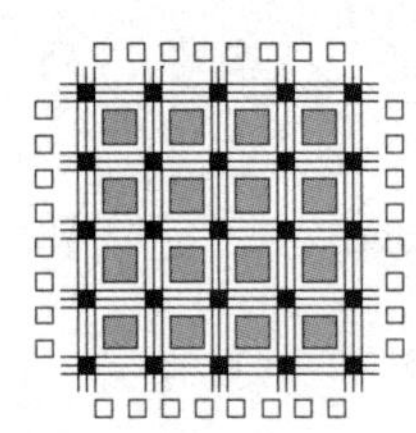

第 11 章 串行通信系统

11.1 引言

多年来，调试嵌入式系统串行通信问题通常归结为调试 RS-232 协议的异常行为。出人意料的是，即使到今天情况都是如此，因为 RS-232C 是最基本的串行通信协议，并且通常是防弹的。调试通常包括正确匹配波特率或者弄混了连接器的发送数据输出和数据输入的引脚 2 和引脚 3。调试串行通信链路是工程师确保 I/O 正确工作的第一步，因为与目标系统的通信依赖于链路的正常工作。

如今，串行通信协议已经得到了极大的改进，可用于外设之间的通信以及网络单元之间的通信。这些系统是高速且复杂的，需要高度专业化的测量工具去分析和纠正数据流上的错误。关于调试这些系统的任何讨论都会迅速聚焦到能够买到哪个公司的分析仪。

因此，让我们将范围缩小到通信系统的类型，这是在不借助于专门工具的情况下当我们设计实时控制系统时很可能必须处理的。此外，我们也要将 USB 和以太网协议排除在讨论之外。你可能会说这些协议也相当基础。事实上，在我的办公室有一台已经使用了 USB 和以太网的激光打印机。我们是不是也应该讨论一下呢？

说得好。然而，我们通常会有一个标准的 IC 来处理物理层通信协议的转换，然后让系统的其他部分可以处理。这个物理层 IC 电路是相当标准的，如果你遵守设计规则和应用笔记中的电路示例，你的电路又大概率会正常工作。然而，一旦离开了转换电路，我们不得不把它作为整个系统的另一个元素来处理，然后前几章的讨论开始起作用了。

这里有一个简单示例。Arduino 单板计算机的早期版本中包含一个由 Future Technology Device International（FTDI）公司生产的 USB 到 UART 的转换芯片。Arduino 系列电路板的核心 Atmel 微控制器都有 UART 接口，这样可以很容易地将芯片连接到 RS-232 总线上。FTDI 芯片将 USB 协议转换为 UART 协议。

后续版本的芯片（例如 ATMEGA16U2-MU）将通信端口更新为直连 USB 2.0 的接口，不再需要使用 FTDI 接口芯片。现在所需的全部就是 USB 插座到微控制器之间的两个 220Ω 串联电阻。

因此，我们应该讨论哪种串行协议呢？基于我所经历的学生进行微控制器设计遇到的问题的经验，几乎所有的外设连接到控制器时使用的不是 SPI 接口就是 I²C 接口。因此，仅仅根据这些痛苦的级别确定，让我们讨论这些协议吧。

由于 RS-232 仍然存在并且还在许多系统中使用，因此我们将讨论这些协议及其如何正常工作的相关基础知识。

之后，我们将关注 CAN 总线，主要是因为它作为一种通信协议在许多行业中得到广泛应用。CAN 总线本来是作为汽车系统的通信标准，但是多年后也被其他行业广泛认可。

最后，我认为在调试中讨论这四个协议有意义的另一个原因是，对普通人来说，仅仅使用一个标准示波器或逻辑分析仪就可以找到并修复错误。

11.2 RS-232

也许你很熟悉 RS-232C 标识符。这是 EIA[⊖]RS232 标准的版本，是在桌面 PC 的黄金时代大量使用的。最大的改变就是 RS-232C 将逻辑电平从 ±25V 降低到更加可控的 ±5V。这与早期的 PC 更加兼容，因为 +5V 和 +12V 是 PC 最主要的供电电压，还有较低电流等级的 −5V 和 −12V。供电标准的后续版本去掉了 −5V 和 −12V 电压，并增加了 +3.3V 供电。

没有了可用的 −5V 电压，IC 制造商着手设计自己的包含内建 DC-DC 转换器的接口电路。电路包含内部振荡器，当与外部电容器组合使用时可以将 DC + 5V 转换成 DC − 5V。一个相关的良好示例就是德州仪器的 MAX232X 双 EIA-232 驱动 / 接收系列芯片。

如果你在 USB 引入之前就接触计算机和嵌入式系统的话，你应该十分熟悉 RS232。这是 PC 时代经典的 COM 端口。如果你接触过早期的 PC 机（例如 PC-XT 和 PC-AT），你应该记得在 I/O 板上设置跳线以设置正确的通信协议。以下是潜在错误的四种根源：

- 错误的 COM 端口分配。
- 不正确的电缆引脚。
- 错误的波特率（时钟频率）。
- 不正确的流控。

11.3 错误的 COM 端口分配

如果 RS-232 是 PC 或工作站与目标系统通信端口之间的通信协议，那么第一个任务就是确保链路正常工作。这是十分重要的，因为这个链路必须建立并使得主机上的调试程序能正常工作。

因此，你连接好一切，给你的目标设备上电，等待返回提示，这表示目标设备上的调试内核已经连接到主机上的调试程序。没有返回，什么都没有。问题是什么？极有可能是使用了错误的 COM 端口。即使在今天，流行的 Arduino IDE 仍需要用户去选择正确的 COM 端口。

解决问题的最简单的方法是找到任何一款免费的终端仿真程序。即使找到一款商业终端仿真器，你一般也只能获得免费的使用版本。使用安装的终端仿真器，拔掉与目标连接的 RS-232 电缆，将引脚 2 和引脚 3 连接到一起。键入一些字符，看看屏幕能否收到回显。如果能，COM 端口就是正确的。

现在，重新连接到目标并重试。如果能正常工作，那就好极了。如果不能，我们继续。

⊖ 电子工业联盟的首字母缩写。1997 年之前，它被称为电子工业协会。

11.4 不正确的电缆引脚

如果你想快速体验一下，那么这就是你该着手的地方。其原因是，正确的电缆要依赖于当 COM 端口匹配到目标系统的工程师的奇妙设计。事实表明，存在三种常用的电缆连接方式[㊀]：

1. 直接连接 DTE(计算机端) 到 DCE(计算机调制解调器端)，这里，电缆导线是直通的。引脚 1 连接到引脚 1，一直到引脚 9 连接到引脚 9。
2. 直连电缆（Null-modem cable）DCE 连接到 DCE（调制解调器到调制解调器）。
3. 直连电缆（Null-modem cable）DTE 连接到 DTE（计算机到计算机）。

根据目标系统连接器连接导线的方式，或者你碰巧从周围的各种电缆中找到了某种电缆，它可能是正确的电缆类型，也可能不是。更麻烦的是，各端连接的连接器还要考虑公母。

在理想情况下，电缆应该一端是母头，而另一端是公头。母头端加入 PC 机，而公头端插入目标系统的母连接器中。如果是这种情况，那么应该极有可能连接是正确的。但是……

这还不能排除你依然使用了错误的电缆引脚配置。最简单的解决方案是首先使用欧姆表，确定电缆的引脚和连接性。如果一切都以直通电缆的形式正确连接，那么就找一个能完成所需引脚反转的直连（null-modem）适配器。

如果都不起作用，那么是时候找出示波器了，设置成单次触发模式，然后使用终端程序，跟踪从连接器到微控制器或独立 I/O 芯片的引脚上返回的信号[㊁]。你应该观察正在发送的字符的串行位数据流传输到 IC 的接收数据 I/O 引脚上。

关键是你现在需要验证 I/O 数据传输路径的完整性和正确操作。是时候使用我们在前面章节中讨论过的检查技术了。

11.5 错误的波特率（时钟频率）

事实表明，不正确的波特率将导致数据传输的混乱。

当你用键盘键入字母 A 时，却看到回显的是其他字符或者符号。这是一个相当容易解决的问题，但也是一个值得讨论的有趣的问题。

如果你注意观察 RS-232 的细节，将会发现它是异步的（没有时钟）。正确，传输数据是没有时钟信号的。如今，时钟信号和数据都是一起编码的，接收端电路恢复这个时钟以同步传输。

使用 RS-232，接收端和发送端都有自己的时钟。这些时钟应该运行在同一频率，但是它们之间并不会相互同步。换句话说，两个时钟的相位关系是完全随机的。因此，这个问题就转变为在各个系统时钟不相互同步的情况下如何精确发送和接收数据。这是个聪明的

㊀ https://ipc2u.com/articles/knowledge-base/the-main-differences-between-rs-232-rs-422-and-rs-485/。

㊁ 独立芯片可能是 UART 芯片，表示通用异步接收器 / 发送器。典型的 UART 芯片是 16550，在 1987 年由美国国家半导体公司设计。

解决方案。

首先，为了不陷入通信协议的泥淖中，我们可以简单地说波特率（例如 9600 波特）是数据传输的位率。如果每次数据传输都包含 1 个开始位、8 个数据位和 1 个停止位，那么传输数据就需要发送 10 位数据，或者每秒传输 9600 除以 10 个字符。因此，9600 波特每秒能传输大约 960 个字符。当每秒传输 9600 位时，我们需要每 104μs 向数据提供时钟，也就是需要时钟频率为 9.6kHz。

这就是有趣的地方。我们依然需要解决时钟不同步的问题。这发生在接收端。9.6kHz 的数据时钟实际是主时钟的 16 分频。当接收器检测到开始位的下降沿，它就计数 8 个主时钟周期，然后开始在每个主时钟的 16 个时钟周期中计算数据。

通过计数 8 个周期，它开始在每个位传输的大致中间位置计算数据。相位关系中的不确定性可以忽略，因为相位差在主时钟中，而不是数据时钟中。就数据而言，获取数据的正确时钟边缘基本上处在数据位的中间。

这也是为什么 RS-232 的最高波特率大概是 5.6 万波特的原因。随着数据率的提高，相位的不确定性变得更加重要。另外，RS-232 电缆不是阻抗控制的传输线，电缆越长、数据速率越高，传输的数据就越失真。错误的边界越低，位出错的可能性就越大。

从我作为教师的角度来看，UART 操作是学生学习有限状态机的优秀实践，在他们的 FPGA 实验中能构建简单的 UART。无论如何，这就是波特率系统的工作原理和同步波特率的必要性，因为发送端和接收端时钟没有互相锁相。

11.6　不正确的流控

如果以上都正常，那么数据传输错误的最后一种可能的根源就是流控。以下是三种可能：

1. 无流控。
2. 硬件流控。
3. 软件流控。

如果系统都设置为无流控，那么这就是假设接收端足够快，能接收发送端发送的全部数据，且不用考虑输入缓冲被覆盖。一旦传输开始，无论有多少数据被发送，接收端都能处理。

我认为你能观察到此类通信通道和目标系统上的 RTOS 可能会发生什么。如果通信通道的优先级太低，而且没有流控，那么数据可能丢失。

使用硬件流控时，两个信号——允许发送（CTS）和请求发送（RTS）——提供了接收端和发送端的握手机制。发送端保持 RTS 信号以便初始化传输，接收端响应 CTS 握手信号。这就通知两个设备数据能发送了。如果接收端不能跟上发送端，它撤销 CTS 信号，传输停止，直到两个设备重新准备好。为了使其工作，这些引脚必须在电缆、连接器和 UART 驱动代码中被激活。

为了节省空间、简化连接，使用简单的电话插孔作为连接器是相当普遍的。在这种情况下，仅仅使用地线、发送和接收，共三根导线。此时，流控（如果使用）成为软件问题。两个 ASCII 控制代码被用于流控：XON（十六进制 11）和 XOFF（十六进制 13）。

数据传输握手现在依靠发送和接收这些控制字符，以便正确处理流控。当然，两端的软件驱动必须遵循此类协议来保证系统正常工作。

11.7 I2C 和 SMBus 协议

外设芯片（例如 A/D 和 D/A 转换器、定时器和 UART）与处理器之间都使用并行接口。你将它们连接到地址和数据总线上，使用某种地址解码器技术去分配存储器或 I/O 地址。假设你的设计的时间余量符合外设的规范，设备应该能按设计的那样工作。

当微控制器变得越来越集成化，外部总线已不使用了，则需要使用不同的方法连接控制器和外设芯片。板载串行总线——I2C 和 SPI——登场了。如今，使用并行接口的外设芯片变成了濒危物种。出于好奇，我登上 Analog Devices 公司的网站㊀，查看了某种类型的 A/D 转换器的产品选型指南。单通道 A/D 转换器列表中有 338 种元件，不到四分之一的芯片使用并行接口。这其中大部分都是同时具有并行和 SPI 的设备。仅仅使用并行接口的元件少于 20 种。

I2C 是由 Philips 开发的，其关键特征是使用简单。它可以被表示成 I^2C 和 I2C。真正的名称是“内部集成电路”（interintegrated circuit）总线。出人意料的是，它也是 CAN 总线的基础，我们将在本章后面讨论。

SMBus（系统管理总线）是由 Intel 和 Duracell 在 20 世纪 90 年代中期开发的，作为简单的两线制总线，用于智能电池和 PC 主板㊁。它与 I2C 硬件兼容，还有一些不同 [1, 2]。最主要的不同是 SMBus 是低速总线，最大时钟频率限制在 100kHz。其他的差异是与逻辑电压水平和超时有关的，但就我们的目的而言，它们可以被认为是兼容的，因为在 SMBus 应用程序中可能使用 I2C 设备，但要警惕这些差异的存在。然而，因为 I2C 在嵌入式领域占统治地位，我们将继续聚焦于此。

就像先前提到的一样，I2C 总线是两线制总线，由于它是集电极开路（漏极开路）的结构，因此必须在运行端上拉电阻。然而，使用集电极开路（漏极开路）输出，多个驱动器和接收器能同时连接到一条导线上。

因为输出不是主动驱动，低电平到高电平的转换由 RC 时间常数控制，该常数由上拉电阻和连接到这些导线和 I/O 设备的总电容组成。这样，I2C 总线速度被限制到低于 3.4Mbps（每秒百万位）的数据率。

I2C 在设备之间使用主 / 从关系概念。所有数据传输器都初始化为主机，主机提供时钟信号、串行时钟（SCL）。数据传输是双向的，通过串行数据线（SDA）。图 11.1 是其原理框图。注意图中只有一个主设备，但是标准允许多个主设备，当然也支持多个从设备（如图所示）。

㊀ https://www.analog.com/en/parametricsearch/11007。

㊁ http://smbus.org/。

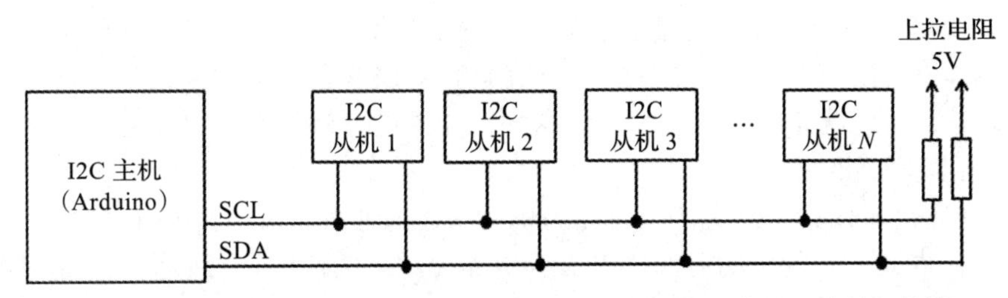

图 11.1　I2C 接口示意图。将 SDA 线置低且 SCL 线置高时开始数据传输

我发现我的学生的一个普遍的错误根源就是忘记使用上拉电阻。没有上拉电阻，我们会看到在晶体管的一端的信号摆动。

图 11.2 展示了 I2C 数据传输协议。与先前提到的一样，数据传输必须由主设备进行初始化，即将 SDA 置低同时将 SCL 置低。当 SCL 为低且必须保持稳定以及 SCL 为高时，SDA 上的数据可以改变。

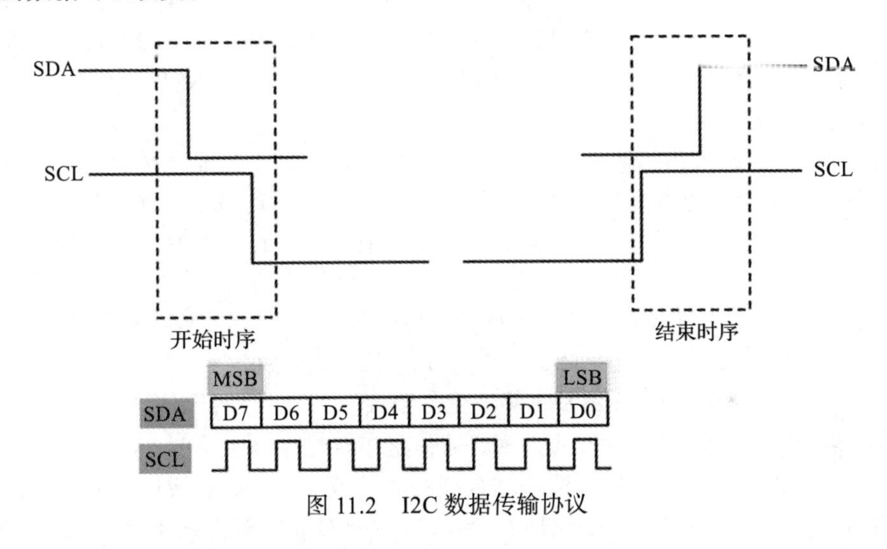

图 11.2　I2C 数据传输协议

如图 11.2 所示，8 位长数据包的数据传输是以 MSB 开始的，尽管设备之间可以交换尽可能多的数据包。在一个包被发送之后，接收设备将发回确认信号，这样下一个包可以继续发送。

每个设备由 I2C 总线委员会分配地址。因此，你可能会问：如何在总线上放置几个完全相同的从设备而不产生冲突呢？尽管每个设备有一个唯一的 7 位预分配地址，可以将这个地址划分为一小部分固定部分和一个可编程部分，可编程部分由非易失性存储器输入或可编程引脚进行设置。这样，7 位地址可以分为 4 位固定位和 3 个连接到地或者电源（V_{CC}）的 I/O 引脚的状态位。一些设备使用非易失性存储，包括 EEPROM 或者 FLASH 寄存器，客户能通过程序控制来分配 I/O 地址。

一种可能的错误来源是寻址从设备。当发送一个地址时，主设备发送 7 位从地址，这是按照 MSB 左对齐的，第八位（LSB）表示主设备将要写入设备（LSB = 0）还是读取设备

（LSB = 1）。从地址编程的观点来看，包含地址的字节值必须左移一位，在确保指令能使用0来填充LSB位。接下来，一个全0的字节值加上在LSB位置上的读或写信息位，再与地址进行或运算，这样就完成了地址编码。这样，如果设备地址是04H，主设备要写入从设备，发送的字节值应该是08H。

I2C规则还允许有10位地址[3]。一个特殊的7位地址由序列1 1 1 1 0 X X组成，表示从单元使用10位地址。地址的后两位X X位并不是“无关位”。它们是10位地址的最初2位，与数据包接下来的8位一起组成了10位地址。

当我的一个学生参与了位于我们地区的一家公司的顶石项目（Capstone project）时，我才首次关注到有关I2C寻址模式的潜在问题。我并不想谈论这个公司或者项目的本质，而是要说明四个学生组成的顶石（Capstone）团队正在为公司开发一块新型微控制器电路板。公司的工程指导员提供他们想要修改的电路板给我们的团队，并且我们被告知所有软件均“运行良好”。

其中的一个学生进行外设通信的工作，使用的是I2C总线。所有事情看上去都正常，除了他无法与电路板上的一个I/O设备通信。他尝试了所有方法，却都失败了。大约过了一周时间，他绝望地向我寻求帮助。我建议的第一件事情就是在SCL和SDA线上放置探头，查看设备的输出信号。

我们这样做了，所有事情看上去都很好，直到运行软件。7位地址匹配“C”这个代码。接下来，我们拿出元件的数据表并开始阅读。在寻址章节，我们注意到设备有10位地址。要么我们使用了错误的软件，要么它从一开始就没有正常工作。在修复这个代码后，软件工作得很好。

参考文献[3]给出了协议的一个完美概述，以及所有会让我们眼花缭乱的细节，但如果你有一个试图追踪的错误，那么这就是一个可读性非常强的文档。

从调试的角度来看，I2C是相对容易调试的协议。因为它只有两根导线，易于在SDA和SCL线上夹上两通道示波器的探头，观察通信是如何进行的㊀。如果你手边碰巧有一台逻辑分析仪，则大部分逻辑分析仪都能通过数据的后处理支持I2C总线协议分析。LogicPort的逻辑分析仪（以前讨论过）就是这样一个设备。在SDA和SCL线上夹上两个LA通道，设置界面，然后你就有了一台I2C（或SPI）数据分析仪。

许多公司也提供了价格合理的专用I2C工具。特别值得注意的是来自Corelis公司的BusPro-I总线分析器、监视器、调试器和编程器㊁。我在此提到Corelis公司，是因为我在超AMD与第三方供应商合作，为Am29000系列嵌入式微处理器和微控制器提供设计和调试工具，从那时起我就非常熟悉这家公司。

Corelis公司与AMD密切合作，提供JTAG支持以实现片内调试能力和边界扫描。最后，我与该公司没有财务关系，也不能评论它的产品和竞争对手。简单来说，该公司在这个领域深耕多年，一直为此项工作设计工具。从我们的观点来看，BusPro-I提供两个非常重要的调试功能：

㊀ 当然，为了这个用途你要预先在这些信号上放置测试点。

㊁ https://www.corelis.com。

1. 监视、记录、消息过滤、符号转换以及兼容协议。

2. 交互式调试，能驱动数据到 I2C 总线上进行仿真，并在总线上响应设备。

图 11.3 是 BusPro-I 监视器窗口的截图。此工具的另外一个有趣且有用的特点是用户接口的灵活性。该软件也可以作为 C/C++ 函数库来使用，可以集成到其他调试工具中。

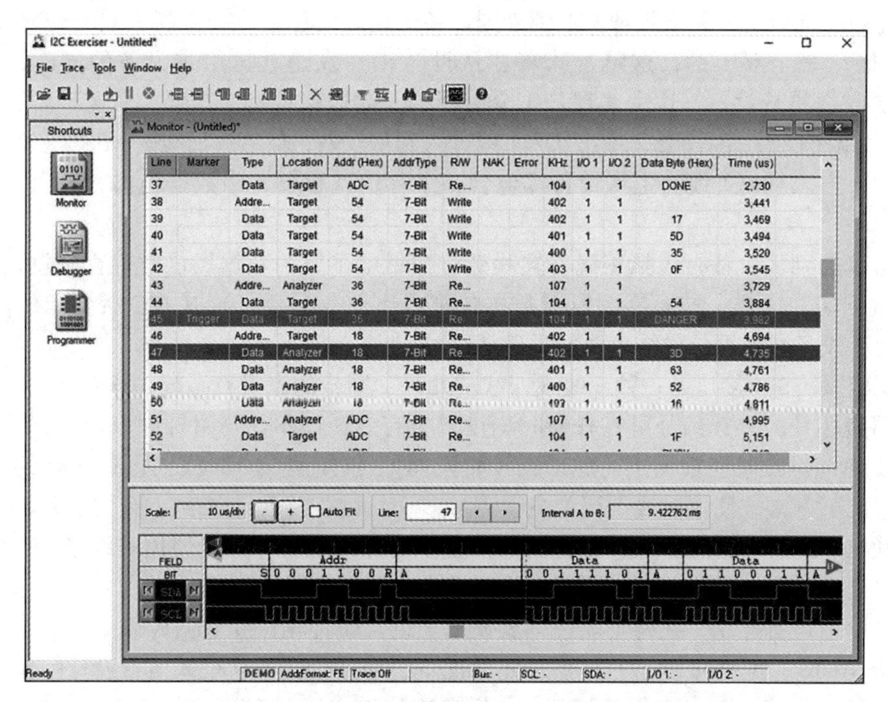

图 11.3　Corelis BusPro-I I2C 总线分析仪、监视器、调试器和编程器截图（来自 Corelis）

BusPro-I 比其他可用的 I2C 工具更昂贵，但它是深耕多年的公司的一款专业级工具。如果你要查找工具，那么我可能建议你使用此工具作为你的参照工具，并且用它去度量其他工具。

另一方面，它是专业化工具，能够调试 I2C 系统中的重要问题。它是否比使用示波器或者逻辑分析仪更具价值？你必须自己去判断。一家盈利的公司懂得金钱的时间价值。使用正确的工具去工作并能节省数小时的调试时间，这就能简单判定工具的价值。对学生来说，实验室的示波器或者逻辑分析仪就很好，并且它们是免费的。

11.8　SPI 协议

串行外设接口（SPI）是摩托罗拉公司在 20 世纪 80 年代中期发明的，它与 I2C 一起已经成为近距离、高速、设备间通信的事实标准。然而，它并没有被任何标准组织或行业标准小组确定为标准。如果你阅读过一些嵌入式工程师们分享观点的嵌入式系统论坛，SPI 是编程和调试的一个比较简单的接口。

与I2C不同的是，SPI是点对点的协议。它没有类似于I2C那样的总线，但是SPI设备可按照构建内存系统那样的方式进行配置。也就是说，每个从设备都有自己的低电平有效的片选输入。主设备必须单独激活想要进行通信的从设备。乍一看，这可能会使硬件变得复杂，但考虑到微控制器通常有一组丰富的并行I/O位可供使用，这就不是一个什么问题了。这样做的优点是，无须处理发送到外围设备的地址信息。

SPI接口是全双工的，这就意味着在从设备正在发送数据给主设备的同时，主设备也能发送数据给从设备。这个实现是十分睿智的。数据路径是一个环，从主设备开始沿着MOSI（Master Out，Slave In，主出从入）线进入到从设备，然后返回线是MISO（Master In，Slave Out，主入从出）线。主从设备都包含一个移位寄存器，为数据输出和输入同时提供时钟。

发送数据到从设备，包括正确设置片选位为低电平，为数据提供时钟直到发送了所需数量的数据位。这样，并不需要所有数据包都以字节为基础，这是I2C所要求的。同样，也不需要从设备在数据传输结束时发送确认信号。

按照定义，SPI接口是一种三线或四线“几乎”同步的点对点系统。这个接口并非完全同步，因为芯片的片选信号可在任何时刻设置为有效，而不是与时钟同步。通常配置是四线全双工的，但在某些情况下（例如D/A转换器），仅使用MOSI模式也是适合的，因此，在所有情况下都必须使用三线。因为主设备和多个从设备（不允许存在多个主设备）一般都在同一块PC板上，也就不需要在它们之间连接电源或地信号。当使用三线模式（半双工）时，协议变得更像I2C了，因为同一时刻只能有一个设备发送数据。

时钟由主设备控制，在两个相位都要使用。设置时钟相位和数据传输关系有四种模式，被命名为Mode 1到Mode 4。在一种给定情况下，最适合的操作模式留给设计师作为练习，但是按照Analog Devices应用笔记[4]，主设备应该能支持所有的四种模式，尽管这不是从设备所必需的。

时钟的两个相位是必需的，因为同一个时钟被用于发送和接收数据。这样，如果数据在时钟的上升沿被发送，就不能在同一上升沿读取数据。因此，如果我们在上升沿发送数据，我们将在下降沿读取它们，这样可以在将数据存储到接收器移位寄存器之前留出充足的时间来使数据稳定。如果多个从设备分别被设计使用不同的模式，那么主设备将不得不重新配置其配置寄存器以便与从设备兼容。

最常见的问题之一是围绕四种时钟和数据传输的模式。参照Williams的说法[5]，相位和极性的潜在问题将是你必须排除SPI协议问题的第一步。以下是Williams如何解释的：

> 选择哪个边沿读取数据以及时钟信号空闲时是高电平还是低电平，表示为两个可以改变的二进制变量，给我们提供了四种“版本”的SPI。时钟信号的空闲状态被称为时钟极性，这很容易解释。一个空闲时为高电平的时钟具有极性＝1，反之亦然。
>
> 不幸的是，如果你喜欢思考在一个时钟周期里的芯片何时读取数据，行业决定聚焦到传输的另一方面（都指向同一问题）：相位。相位描述数据是否将在第一个时钟跳变中被读取（phase = 0）还是在第二个（phase = 1）。如果时钟空闲时为低电平（polarity = 0），那么

第一次跳变将是上升的，因此在上升沿采样的系统将是 phase=0。然而，如果时钟空闲时为高电平，那么第一次跳变将是下降的，因此在上升沿采样的系统将是 phase=1——在第二次跳变时采样。即使把它写下来，我的头还是很痛。

这是我的应对之法。首先，我看一下数据如何被采样。如果数据在时钟上升沿采样，那么相位等于极性，否则相反。上升沿读取是 0,0 或者 1,1。既然极性有意义，从两个中选一个比较简单。如果空闲时为低电平，你将选择 0,0。

	上升沿采样	下降沿采样
时钟空闲为低电平	Phase: 0 Polarity: 0	Phase: 1 Polarity: 0
时钟空闲为高电平	Phase: 1 Polarity: 1	Phase: 0 Polarity: 1

Williams 继续讨论每个潜在的问题范畴。而不是复制粘贴他原来的文章，我将介绍最终的观点。其他问题的潜在原因可总结如下。

- 速度：因为主设备设置双方的时钟速度，所以一个简单的方法就是减慢时钟。如果从设备不能跟上主设备的速度，那么将会出现问题。主设备的输出可能有强健的 MOSI 驱动器，而从设备没有。带有独立触发时钟输入的双通道示波器能给你提供直观的方式查看电路错误的现象。如果主设备时钟为 10MHz，则降低到 1MHz，或者按照 Williams 建议的那样，降低到 100kHz。

  一旦能可靠运行，逐渐提高时钟频率直到问题再现。然而，请注意问题可能不单单是时钟速度，还可能是使用模式下建立和保持时间 [4] 的相关问题。
- 无效的时钟：如果你希望读取从设备但从未读到数据，有可能是因为主设备停止输出时钟脉冲。回想一下，主设备必须不断地提供时钟脉冲直到从设备完成发送所有数据，而数据包是可变长度的。因此，如果你的问题的确如此，那么请开始检查你的驱动代码，确定存在握手机制能确知多少数据将被传输，或者是否在数据包尾有终结字符串。
- 总线问题：当系统具有超过一个主设备和一个从设备的规模，那么可追踪到总线竞争的问题将会出现。这个问题可能很简单，主要是忽略了在给定的时间内主设备只能有一个片选输出是低电平。
- 集电极开路：一些从设备使用集电极开路输出以驱动 MISO 线。它们可能有一个弱上拉电阻或者根本没有上拉电阻。除非掌握了数据表中的相关内容，否则你可能忽视在 MISO 线上增加一个上拉电阻。Williams 建议，测试 MISO 问题的一个好方法是使用两个大电阻（例如 100kΩ）在逻辑摆动幅度的中点上进行偏压。设置电阻作为电源和地之间的分压器，使得 MISO 线上电压偏置到电源和地电压的中点。当所有芯片被设置为关闭（片选 = 1）时，查看导线是否被上拉到 V_{cc} 或者下拉到地。如果出现以上两种情况中的任何一个，那么就说明从设备中的一个没有被关闭。

  接下来，运行系统并观察总线。如果你看到好像出现有效数据，但是逻辑摆幅是从中点电压到地而不是从电源到地时，你遇到的就是集电极开路问题。

- 最佳实践：在微控制器的初始化阶段，SPI 设备可能遭受不确定的输入、浮动的片选线和随机噪声的影响。在片选线上设置弱上拉电阻，确保从单元保持在关闭状态，直到微控制器完全唤醒并处于控制中。

11.9 工具

幸运的是，SPI 是如此流行的协议，以至于存在大量有关如何调试 SPI 设备的信息，还存在大量工具以高效排除故障。Corelis 公司提供 BusPro-S，这是一个功能全面的 SPI 主设备、调试器和编程器，具备与以前提到的 I2C 单元类似的调试能力。在偏向销售的应用笔记中㊀，Keysight 介绍了现在最常用的串行总线的调试问题 [6]；I2C，SPI，USB 和 PCI-Express Generation 1。

Keysight 公司的 Infiniium 示波器包含协议分析仪以及传统的示波器功能。因为这些设备的大部分功能都是基于软件实现的，当出现新的通信协议时，通过软件升级就能实现，我对此相当有信心。

在一份相关主题的白皮书中，Leens[7] 高度总结了多种协议，以及测试和调试它们的不同技术。特别地，他提出一个观点（这是我从未遇到过的，因此我觉得非常有趣），就是诸如 FPGA 和 CPLD 的芯片能使用 SPI 接口与其 JTAG 端口进行调试。为什么？因为 JTAG 和 SPI 都是由时钟驱动的循环。你能使用 SPI 接口提取所有内部的 JTAG 寄存器。缺点就是 JTAG 的循环可能是非常非常长的，并且是为非常低速率的通信而设计的。

11.10 控制器局域网络（CAN 总线）

如果你驾驶一辆 20 世纪 90 年代建造的汽车，那么你驾驶的汽车就有很高的概率是使用 CAN 总线进行内部处理器通信的，因为 CAN 总线最初被设计为汽车总线。CAN 总线最初是在 1983 年由德国公司 Robert Bosch GMBH 研发的，官方发布于 1986 年。第一款控制器芯片是由 Intel 和 Philips 公司制造的，发布于 1987 年。

虽然它是作为汽车标准来设计生产的，基于 CAN 总线的应用已经扩展到工业应用、医药和军事以及其他面向恶劣物理环境的应用 [8]。

为了标明 CAN 总线得到了何等广泛的应用，你可以在大多数主流单板计算机上找到 CAN 总线卡（Arduino Shields）。ISO11898-2 和 ISO11898-5 规范提供了高速 CAN 物理层或者收发器的细节，如 Monroe 介绍的那样 [9]。按照作者的说法，查找 CAN 总线操作的常见问题是相当简单的，并且使用非常基本的调试工具就能实现。当然，像其他广泛采用的标准一样，也存在不同价格不同功能的专用工具。

在本章和第 10 章介绍过的 LogicPort 逻辑分析仪也包括 CAN 总线解析器作为其标准

㊀ 这并不是忽略它的理由。大多数应用程序笔记的用途都是鼓励你使用它们的产品。

总线协议解析器套件的一部分。能说明 CAN 总线被广泛采用的最为生动的例子可能是一款由 Microchip 提供的、由 Walmart 售卖的、价格为 150 美元的 CAN 总线分析仪的广告。Microchip 还有一部关于 63r7680 Microchip APGDT002 CAN 总线分析仪使用的 YouTube 视频。

回到 Monroe 的文章，作者说明了使用普通数字万用表、电源和示波器，可以查明和解决绝大部分常见的 CAN 总线问题。

在此，我将结束本章。坦率地说，我并不想欺骗你，尊贵的读者。我在此引用的两篇文章（EEHERALD 的文章和 Monroe 的文章）是理解 CAN 总线协议（EEHERALD）和如何调试常见 CAN 总线问题（Monroe）的非常好的资料。

11.11　本章小结

我很喜欢本章的写作，因为通过研究这些材料我自己也学到了很多。关于调试 RS-232C 以及更高速度的变体，我有很多经验；我的许多学生在他们项目电路板上调试 I2C 和 SPI 外部设备。另外，由于我的工作背景是设计和调试微处理器系统，因此我更喜欢将逻辑分析仪插到地址、数据和状态总线上并观察 100+ 的并行逻辑信号，而不是钻研一系列串行比特流。

如果要花时间去提炼 Monroe 和 EEHERALD 的文章，那么我想我们将对不断地查看引用而感到厌倦，因为我不会去抄袭而且我也不会容忍我的学生这样做。因此，如果你有 CAN 总线的相关问题，你绝不会认为花一个小时读这两篇文章是浪费时间。

11.12　拓展读物

1. Editorial Staff, Ease the Debugging of Serial Peripheral Interfaces, Electronic Design, https://www.electronicdesign.com/technologies/boards/article/21767094/ease-the-debugging-of-serial-peripheral-interfaces, September, 2001.

11.13　参考文献

[1] Texas Instruments, *SMBus Compatibility With an I^2C Device*, SLOA132, April, http://www.ti.com/lit/an/sloa132/sloa132.pdf, 2009.
[2] Maxim Integrated Products, Comparing the I^2C Bus to the SMBus, Applications Note 476, https://pdfserv.maximintegrated.com/en/an/AN476.pdf, December, 2000.
[3] https://i2c.info/i2c-bus-specification.
[4] M. Usach, SPI Interface, Application Note AN-1248, Analog Devices, Norwood, MA, 2015.

[5] E. Williams, What Could Go Wrong: SPI, https://hackaday.com/2016/07/01/what-could-go-wrong-spi, 2016.
[6] Keysight Technologies, Strategies for Debugging Serial Bus Systems with Ininiium Oscilloscopes, Application Note 5990-4093EN, July, 2014.
[7] F. Leens, Solutions for SPI protocol testing and debugging in embedded system, White Paper, Byte Paradigm, www.byteparadigm.com, August, 2008. https://www.saelig.com/supplier/byteparadigm/BP_UsingSPIForDebug_WP.pdf.
[8] EEHERALD Editorial Staff, Online Course on Embedded Systems—Module 9 (CAN Interface), http://www.eeherald.com/section/design-guide/esmod9.html, December, 2016.
[9] S. Monroe, Basics of Debugging the Controller Area Network (CAN) Physical Layer, Texas Instruments Applications Note, http://www.ti.com/lit/an/slyt529/slyt529.pdf, 2013.

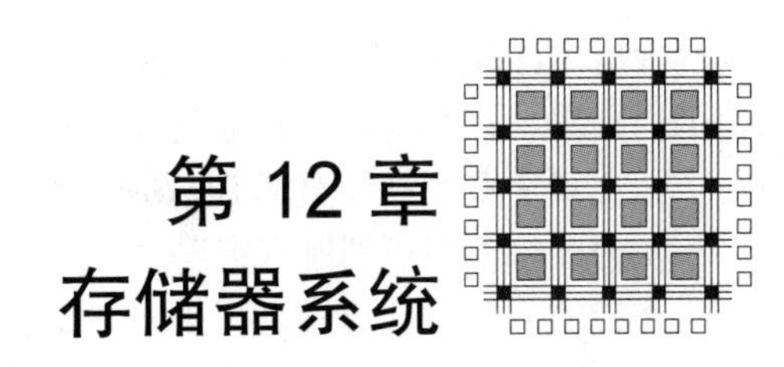

第 12 章 存储器系统

12.1 概述

你可以说我们把最好的留到最后了。存储器是系统的心脏。与嵌入式系统的大多数方面一样，存储器调试由硬件和软件组成。在可以调试软件问题之前，我们必须确认硬件是功能正常且可靠的。因此，我会证明必需进行的第一件测试和可能的调试一定是处理器 – 存储器接口。

如果存储器位于微控制器的内部，那么在微控制器外部就没有什么过多的调试可以进行，仅仅确认所有的配置寄存器被正确初始化。如果微控制器还要寻址外部存储器，那么当使用任何外部处理器 / 存储器接口时，同样的问题将会出现。

在本章中，我们将首先使用静态 RAM（SRAM）作为我们的模型来探究存储器调试基础，然后继续进行 DRAM 和 DRAM 调试方法的一般讨论。讨论 RAM 工作的本质对于看清错误或缺陷的根本原因是十分关键的。

在讨论基于硬件的错误追踪技术之后，我们将看一看基于软件的存储器错误。

12.2 通用测试策略

在一篇关于嵌入式系统 RAM 测试的十分详尽的文章中，Ganssle[1] 讨论了嵌入式系统中测试 RAM 存储器的通用策略。他的首要的观察就是 RAM 测试应该有个目标。他说到，

> 因此，关于通用诊断和特殊的 RAM 测试，我的第一信条是清晰地定义你的目标。为什么要进行测试？其结构将如何？如果发现一个错误，那么谁将是不幸的接收坏消息的人，你期望这个人会做什么？

如果你怀疑是硬件 RAM 故障，它可能以几种方式表现出来。如果你是幸运的，系统将发现它，报告它以及试图恢复它。如果不那么幸运，系统将崩溃。如果这是一个间歇性的问题，那么在客户开始抱怨，或者发生灾难性错误并有人受伤之前，你都可能没有察觉到它。

Ganssle 继续批评了一种我喜欢的内存测试模式，交替变换 0xAA 和 0x55 位模式，并给出了很好的理由，说明为什么这些模式对任何类型广泛而彻底的内存测试都很差。交替变换 0xAA/0x55 测试是如此糟糕的一个原因就是，如果问题是关于内存寻址的，那么从错误的地址写入再读回并作为良好内存而通过测试的可能性是 50%。

他建议构造几乎随机的位模式的长字符串，并用它们进行测试。如果字符碰巧是个较

好的数值（Ganssle 建议 257），那么反复写入和读取内存块将不会映射到多个具有相同地址位的内存块，只在较高阶的位上有所不同。

他文章中的另一个优秀建议是，首先写入全部块，然后读回并进行比较。一次只测试一小块内存将不能找到所有错误。

糟糕的内存设计通常表现为对特定的位模式敏感，而与大多数其他随机读写运行完美。当我们可能将此归结到一块糟糕的芯片时，像 Ganssle 指出的那样，十之八九这更像是糟糕的 PC 板设计实践，例如不恰当的电源总线滤波、电子噪声、不恰当的驱动能力，或者是困扰数字设计师的东西——令人畏惧的“模拟效应”。

大多数数字设计师——包括我，都几乎从不考虑端接处理器和外部存储器之间的地址、数据和状态总线。一份优秀的设计规则给出了通用的经验法则来决定什么时候需要在其特征阻抗上端接一条导线[2, 3]。

印制电路板上的信号速度大约是每纳秒 6～8in，大概是自由空间中光速的一半。假设是每纳秒 6in，那么如果导线长度大于每纳秒 3in 乘以该导线信号的上升时间，就应该进行端接。因此，当脉冲长度的上升时间为 1ns 时，如果导线长度小于 3in，则可以不进行端接。当然，当边沿变得更快时，这个长度值将减少得更多。如果你工作时使用砷化镓（GaAs）逻辑电路且上升时间大约为 100ps 时，这个问题将更加严重。这里，任何超过 5/16～3/8in 的导线都必须被端接。幸运的是，对于我们中的大多数，这将是不太可能接触到的世界。

何时以及是否选择使用线路驱动电路是一个艰难的决定。如果使用驱动电路，那么你将面对电源、访问时间、电路板区域和成本代价等问题。然而，就像 Ganssle 提到的，存储阵列或者特殊的 DRAM 阵列意味着连接到内存的处理器输出引脚具有大容性负载。大部分微设备输出并非设计用来驱动容性负载。结果，上升时间可能变得不可接受的慢，导致噪声和不稳定问题发生。

12.3 静态 RAM

无论你是否正在使用具有板载 RAM 的微控制器还是具有外部 RAM 的微控制器，两种情况下的系统工作是相同的。就像其名称隐含的意义那样，这种 RAM 是静态的。只要电源一直供应，存储在单元中的数据就是稳定的。写入 RAM 单元可以改变数据，而从 RAM 单元读取不会造成数据改变。

静态 RAM 可以非常快，并且总是可以访问的。另一方面，动态 RAM 所包含的开销有时会阻止对它的直接访问。那么为什么静态 RAM 不是现代计算机中的主要的存储器架构呢？这个简单的答案是密度。动态 RAM 需要一个晶体管来存储数据中的一位。典型的静态 RAM 单位需要四个或六个晶体管来存储数据中的一位[⊖]。

图 12.1 是典型静态 RAM 单元原理示意图，由两个反相器 A 和 B、两个开关 C 和 D 组成。每个反相器包含一个 CMOS 对，每个开关是一个单 NMOS 晶体管，这样就形成了 6 晶体管存储器单元。

⊖ Introduction to Cypress SRAMs, Application Note, AN116, Cypress Semiconductor Corporation, October 2006。

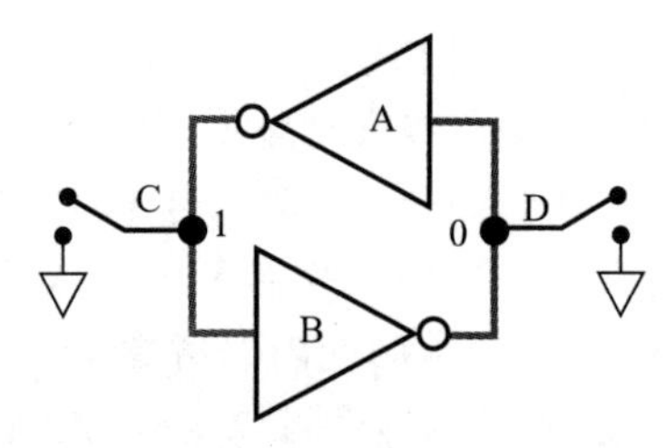

图 12.1　静态 RAM 单元原理示意图。反相器 A 和 B 各自包含一个 CMOS 晶体管对

参见图 12.1。假设开关 D 的值表示单元存储的数据，如果开关 C 短接到地，则输出将从 0 翻转到 1，开关 C 不需要改变单元存储的数据就能被打开。

在所有需要完全随机且无时延访问任何存储器地址的应用中，SRAM 都是十分优越的。尽管 DRAM 具有更高的密度，它在常用于顺序访问的应用中是优秀的，因为 DRAM 架构对 CPU 片内缓存器的运行进行了优化。作为一个简单的优点，最大容量的 SRAM 具有 16～18Mbit，而 DRAM 能高达 16Gbit。稍后我会详细介绍。

SRAM 发展成两大类，同步和异步。异步是比较易于理解的，因此我们将首先考虑它。图 12.2 是典型的 32KB（256Kbit）SRAM 的简化原理结构图。

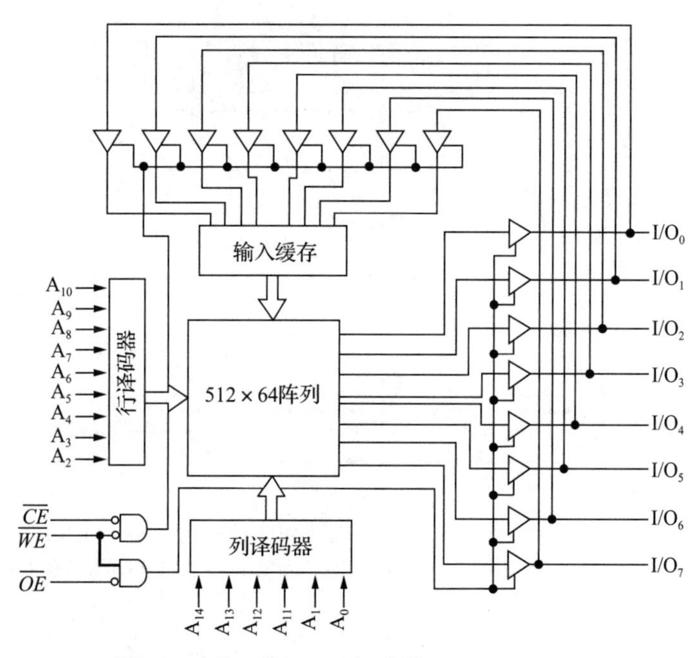

图 12.2　由 8 位 32KB 组成的 256Kbit SRAM

SRAM 具有 15 个地址输入（记为 A0～A14），以及 8 路输入和输出，这将连接到处理器的数据总线。

还有 3 个控制输入，都是低电平有效。

- 片选 *CE*：主芯片控制器。读或写操作时必须有效。

- 写使能 *WE*：当数据写入到设备时必须有效。
- 输出使能 *OE*：当需要读取存储器内容时必须有效。

请注意 *WE* 和 *OE* 是相互独立的。在同一时刻，你不应该同时使这两个信号有效。

异步 SRAM 电路操作相当直截了当。让我们考虑一次读操作。14 个地址位由设备控制，并且在片选或输出使能有效前的几个周期内保持稳定。当地址位和控制位稳定时，数据将出现在 8 个 I/O 引脚上，经过适当时延后可以由处理器读取，这个时延被称为访问时间。快速 SRAM 具有 15ns 或更短的访问时间，而慢速 SRAM 可能有 40ns 或更长的访问时间。两者之间的任何事情都由营销部门决定。

另一方面，我们有处理器。它有一系列自己的时序规则，由控制总线操作的时钟和有限状态机所决定。假设我们的存储器具有 50MHz 的时钟，每个存储器周期需要 4 个时钟周期。为简单起见，我们进一步将 4 个时钟周期划分成 8 个半时钟周期，记为 $\phi1$ 到 $\phi8$，表示状态机的 8 个阶段。

参见图 12.3，存储器周期从一个 $\phi1$ 的新的存储器周期开始。地址在 $\phi3$ 的开头开始改变并保持。这是通过在 $\phi3$ 的中间提供地址有效（ADDR 有效）信号来表示的。同时，读（RD）信号变为有效，就像它们在 NASA 说的那样，“时钟已经开始。”

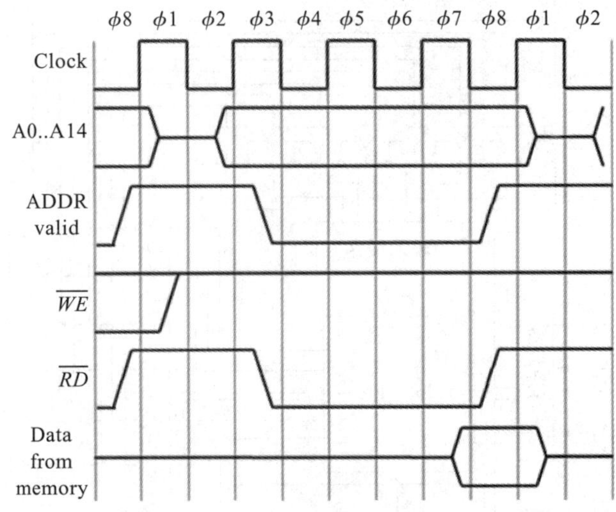

图 12.3　典型 8 位处理器时序图。$\phi1$ 是存储器读周期的开始，$\phi8$ 是该周期的结尾。额外的周期（$\phi8$ 在左边，$\phi1$ 和 $\phi2$ 在右边）表示上一个周期的结束和右边下一个周期的开始

我们从图中能看出，读信号开始于 $\phi3$ 的中间，且结束于 $\phi8$ 的中间。因此，这就总共有 5 个半时钟周期。因为我们有 50MHz 时钟，每个全周期的长度是 20ns。这样，我们有 5 个半时钟周期，而每个半时钟周期是 10ns，那么从处理器使存储器读操作有效到在 RD 信号的上升沿真正读取存储器数据时，总时间长度是 50ns。

任何速度高于 50ns 的静态 RAM 将在此应用中良好运行。额定访问时间是 50ns 或者更

低的存储器可在此应用中运行，但是生产商不能保证它在所有操作条件下都能良好运行。

在这个简化的时序图中，我没有展示的是处理器如何处理访问时间可能超过 50ns 的存储器。我们可以减低处理器的时钟，但是这将导致所有元器件都降速了。如果我们不能获得更高速度的存储器设备，最好的方法是延长从读有效到读无效之间的时长。这里有几种硬件方法来做这件事情，但是都殊途同归至被称作“等待状态”的方法上。例如，系统的等待状态可能仅仅是将 $\phi5$ 和 $\phi6$ 阶段延长一个全时钟周期，假定为 $\phi5$、$\phi6$、$\phi5'$ 和 $\phi6'$。增加这个等待状态将最大访问时间需求从 50ns 延长到 70ns。添加更多的等待状态只是继续这个过程，直到存储器的访问时间满足我们的规范。

一些处理器具有可编程的等待时间寄存器，能被特定的存储器区域所使用。ROM 存储器通常比 RAM 存储器要慢，因此如果你正在查找间歇性错误，调试策略可能就是增加等待状态，并观察是否有改善。

举个例子，NXP ColdFire 微控制器系列是非常流行的、源自摩托罗拉 68K 系列的后续产品。它是“大部分”代码兼容的，不再支持一些 68K 指令。需要注意的是允许用户编程的 8 个内部芯片选择寄存器：

- 端口尺寸（8 位，16 位或者 32 位）。
- 内部等待状态数量（0～15）。
- 内部传输确认使能。
- 外部主传输确认使能。
- 突发传输使能。
- 可编程的地址建立时间和地址保持时间。
- 读或写传输使能。

芯片选择寄存器可以针对存储器类型单独编程，它的访问特性占用多达 8 个不同的内存区域。

我对这款处理器还算精通，因为在我为计算机科学专业学生（不是电子工程专业学生）讲授嵌入式系统课程时使用过它。在实验课上，他们不得不学习在用户手册大量的首字母缩写中“跋山涉水”，以便在处理器准备接受应用代码前，搞清楚如何在他们自己的代码中正确地编程这些寄存器。

在调试的背景下，对现代微控制器的许多内部寄存器进行正确的编程并不是弱者的任务。微控制器应该从操作跛行模式（limp-mode）的 RESET 状态开始。这使程序员能够设置操作寄存器以建立运行时环境。确保正确设置这些寄存器是任何存储器调试计划的第一步。

这里有一个场景。每个部件看上去都能工作，但是系统运行速度就是比预期的速度要慢。重新检查芯片选择寄存器，发现通过在寄存器的错误字段上置 1 你已经编程了四个额外等待状态。

当我们有一片具有内部芯片选择寄存器的微控制器时，外部存储器访问的时序图将是正确的，因为芯片制造商已经在时序规范中考虑了产生芯片选择信号的时间。然而，如果你正在设计外部存储系统，而且正在设计译码逻辑，那么你还必须考虑到外部存储器的译码逻辑。

这里有一个简单例子。假设你有一个 8 位处理器，正在访问外部储存器。外部存储器由四片静态 RAM 组成。每片 SRAM 被组织成 1M 位深和 8 位宽。你的处理器能寻址 16M 的外部存储器，需要 24 根外部地址线。每片 SRAM 芯片需要 20 根地址线（或 A0～A19），2 根其他的地址线用于选择 4 片 SRAM 设备中的一个（A20 和 A21），2 个地址线（A22 和 A23）无须使用。

你可能会保持 A22 和 A23 不连接，但是在处理器外部存储器空间中，你可能不得不处理 SRAM 4 次，因为译码逻辑不会译码这两个地址位。我会把它们写进我的逻辑公式，但那由你自己决定。

有几种不同的方法来实现译码器，而且我的目的不是通过一个设计练习。假设你决定在可编程逻辑设备（PLD）中实现译码器，在所有条件下最坏情况的传播延迟时间为 15ns。

还是参考图 12.3，这样 50ns 现在就变成了 35ns，因为我们去掉了高地址位 15ns 的译码时间，然后使合适的 SRAM 的芯片选择引脚。这样，我们既不需要使用更快的 SRAM，也不用增加额外的等待状态。

这就是棘手的地方。它作为设计师工作用的原型电路可能工作正常。如果你的公司也要进行环境测试，那么在接近 70°C 的温度条件下，它可能或者不能正常工作。如果你真的很走运，有一批快速的 50ns 的 SRAM，甚至在温度条件下都能正常工作。那么，你进入生产，系统开始在现场失败，因为你正在购买的生产批次比原型批次慢。

就这点来说，关于硬件设计策略以及在设计中使用最坏情况数值而不是典型时序值等问题，我们可以进行非常深入的探讨。如果部分系统出错而另外的部分能正常工作，那么这是个设计缺陷或者错误吗？使用最坏情况数值要对系统性能还是预期的价格因素进行妥协？这些不是容易回答的问题。然而，试图找出间歇性错误的原因是十分困难且可能是非常耗时的。因为存储器系统是任何计算机系统的绝对核心，调试过程必须开始于全时序分析，紧接着使用示波器或者能进行时间间隔测量的逻辑分析仪进行测量，这些测量优于你的预期和需求。在这个例子中，100MHz 示波器可能是不够用的，但它很可能处在能够向你显示相对时间关系的边界范围内。

具有 2ns 时间解析度的逻辑分析仪当然能显示时序关系，但不能显示所有的模拟效应，例如慢边沿、振荡或者总线竞争问题。你需要这两种仪器来进行真正彻底的工作。

我也会考虑做差异测量，并将有间歇性错误的单元与非常稳定的单元进行对比，还比较信号。记录你的测量结果、截屏图像和对比波形。如果有可能，做另外的差异实验。使用生产批次的 SRAM 替换你的原型板上的 SRAM，重新运行你的测试。与先前的进行波形对比。可能总是有一批坏的或一批好的，明显不同于较早的一批。

我要进行的最后测试是一项广泛的存储器测试，在室温以及在一个较宽的温度范围内进行。存储器测试必须覆盖基本测试模式，00，FFH，AAH，55H，walking ones 和 walking zeros 算法[⊖]。遇到任何存储器错误都应该停止测试，一些迹象会表明在哪里出错、哪种模式被写入以及返回了哪种模式。

⊖ 关于使用的测试模式问题，Jack Ganssle 可能不同意我的观点。参见文献 [1]。

因为这是差异测量，你应该在同一时间改变一个且只改变一个变量。如果你正在测试设备上有错误的电路板，并且正在测试你的使用工作台电源的参考电路板，那么第一个差异测量应该是互换设备电源和你的工作台电源。因为大部分产品都没有价值 $500 美元的实验室电源，也许这就值得检查。

如果你没有一个环境测试室可供使用，那么找到一个具有热电偶输入的万用表，将热电偶的尖端靠近 SRAM。试着靠近底板，使测试尽可能真实。SRAM 是不是比你预期的还要热？底板内部的环境温度是不是比你预期的还要高？在底板里的参考电路板上重复这个测试，比较结果。

又要使用前文介绍过的最佳实践了：

- 写下你要进行的测试和你希望发现什么。
- 记录你的结果。
- 分析你的结果，并使用分析来指导下一个测试的选择。

当我写作本章时，我一直在努力解决我为学生实验室实验做的一个设计的相关问题，以便讲授如何使用逻辑分析仪。在此之前，我从未想过要把这作为一个潜在的问题来提。电路板使用 PLD 进行地址译码，并产生等待状态，以便学生观察这是如何影响性能的。

我从稳定供货多年的一家声誉良好的供应商手上购买了 PLD。第一批 20 个元件来自不同的制造商，但是我的编程器都能按照所使用的制造商的封装形式进行编程。我想，"没有问题。"直到我试着开始对它们进行编程。没有一个能正确编程。我试了学生使用的第二台编程器。结果也是一样。

我订购了第二批，这次我指定了生产商。我收到 10 个元件。9 个能正确编程，1 个编程失败。我联系了我的供货商，它给我更换了一个。这个更换的也编程失败，但是这次的错误是电子 ID 不匹配，这个错误是编程器从 PLD 读取以确认被编程的元件是否正确而产生的。我们订购了另外 20 个元件，我将看看会发生什么。我怀疑我的供应商收到了一批有缺陷或假冒的元件。

我为什么要提到此事？近年来，伪造集成电路已成为一种非常有利可图的犯罪活动，因为给元件重新打标并开出高昂的价格是非常容易的。你要购买 15ns 访问时间的 SRAM，有可能收到的是 25ns 访问时间的元件。如果你的公司从经销商购买元件而不是直接从生产商购买，那么现在你必须调整供应链。

在此我的观点是，调试硬件问题可能包含比你最初认为的更广泛的情况。理想情况下，你将通过导致存储系统出错的一系列测试条件将问题归零。然后你就可以回家了。这就像隧道尽头的一簇光。

12.4　动态 RAM

与 SRAM 不同，动态 RAM（或者 DRAM）不能放着不管、不能指望其保持写入的数据，动态 RAM 因此而得名。当我们检查 SRAM 单元时，我们将看到组成一个存储位的门之间的正反馈是如何迫使数据位进入稳定状态的，除非采取一些外部动作（正在写入的数据）来翻转它。

DRAM 单元没有反馈来保持数据。数据以电荷的形式存储在作为位单元的一部分的电容器中。当温度远高于绝对零度（例如 0～70°C 的商业温度范围）时，存储的电荷具有热能，会随着时间逐渐泄漏。存储的机制是通过刷新周期来实现的。刷新周期是存储的特殊形式，它看上去像是读取数据，但唯一用途是促使 DRAM 电路同时恢复一组电容器的电荷。通常，DRAM 阵列中的每一组都必须每隔数毫秒刷新一次。

刷新操作是通过刷新周期与常规内存访问交叉进行的。有些刷新周期能与处理器时钟同步，并成为常规总线周期的组成部分。值得信赖的老式 Z80 CPU 在常规总线周期中就包含一个刷新周期，因此，当处理器试图访问存储器时，即使存储器需要刷新，存储器访问也不会受到影响。当处理器没有内置刷新功能时，必须在设计中包含刷新控制器等外部硬件，以处理刷新管理需求与存储器访问之间的刷新和总线竞争问题。在 PC 中，这个功能由北桥芯片来完成。这个芯片连接 CPU 与存储器系统，并提供适合的时序接口以最小的瓶颈代价去管理系统。

DRAM 与 SRAM 在设计上的另一个主要区别是存储器的寻址方式。这是因为 DRAM 芯片和 SRAM 芯片的相对容量。如今，DRAM 技术的前沿指标是 32Gbit。对于 SRAM 技术，前沿指标是 32Mbit。这里存储器容量是 1000 倍的关系。这非常重要，因为依赖于芯片的组织结构（不管是按 8 位、16 位，或者 32 位），所以所有这些存储器地址都需要处理器与存储器之间的地址线。

为了减少地址线的数量，DRAM 芯片已经使用了很多策略。DRAM 使用的第一项技术就是将地址划分为两部分——行地址和列地址。这些名称是与 DRAM 单元内部存储器阵列相关的。如果你画出 DRAM 单元的二维矩阵，矩阵的每行能被一个地址唯一表示，而且矩阵的每列也能被唯一表示。行数和列数的交叉点就能唯一表示出数据位矩阵的每个单元。为了构造 2G × 8bit 组织成的 16Gbit DRAM，你可能需要 8 个矩阵，每个矩阵包含 2Gbit 的数据。8 个矩阵分别由 $2^{16} \times 2^{15}$ 阵列（即 64K × 32K）组成。取决于如何组织行和列，我们可能需要有 16 位行地址和 15 位列地址。

一个简单的 DRAM 存储器访问需要将行地址提交给 DRAM，并使行地址选通（Row Address Strobe，RAS）输入有效以将行地址锁存。接下来，将列地址提交给 DRAM，并使列地址选通（Column Address Strobe, CAS）有效。这就完成了地址操作，现在可以写入或读取数据了。

图 12.4 是一个简单 DRAM 读周期的时序图 [4]。

所有的 I/O 信号是与 SRAM 相同的，不同的是 DRAM 有 RAS 和 CAS 选通输入。这些信号之间的复杂时序关系是显而易见的，设计 DRAM 控制器不适合胆小的人。幸运的是，微控制器和外部支持芯片大大简化了与 DRAM 的接口，但是还是可能错误地编程 DRAM 控制器的内部寄存器。在这里，快速示波器可以是一个非常有价值的工具，用于检查 DRAM 的信号时序和信号完整性。

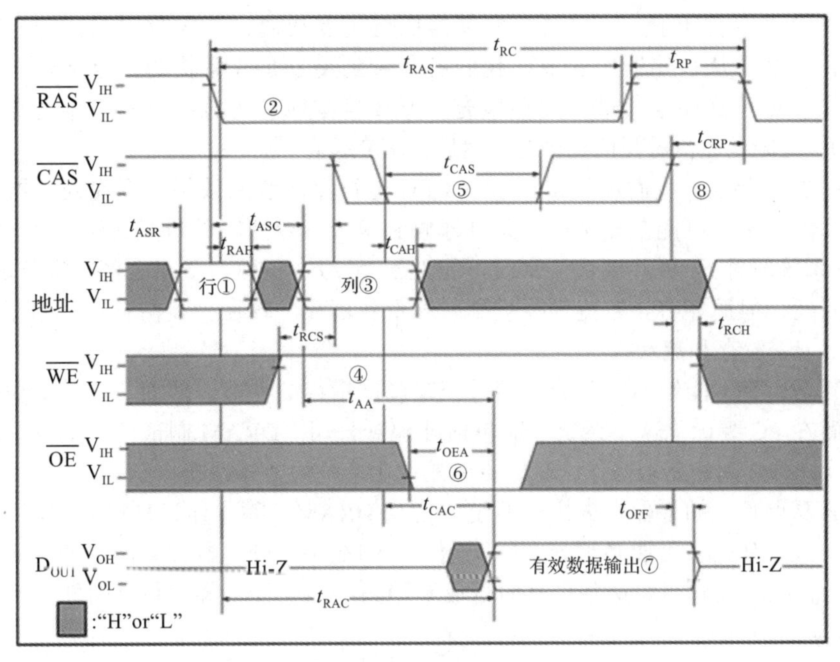

图 12.4　简单 DRAM 读周期的时序图

看上去 DRAM 应该比 SRAM 速度慢，因为增加额外的刷新而且还要满足 RAS 和 CAS 的需要。实际上，在许多操作中，DRAM 可以比 SRAM 更快。尽管第一次 DRAM 访问可能会慢些，但是后续访问会相当快，因为现代的 DRAM 技术与现代 CPU 体系结构密切相关——尤其是片内程序和数据缓存器。

正常的 DRAM 操作模式是建立存取的第一个地址，然后发出连续的时钟脉冲，在时钟的每个阶段读写后续的顺序数据。我们称之为*双倍数据率*或 DDR DRAM。这种 DRAM 是与时钟同步的，可能是处理器的内部时钟或者是由此时钟产生的信号。这种“突发”访问的设计与片内缓存器设计高度兼容。

操作大致就是这样的。处理器尝试访问存储器单元，缓存控制器查看这个地址是否在地址或者数据缓存中。如果确定不再缓存中，那么该地址就在外部存储器中。经过若干时钟周期来建立存储器到缓存的传输，数据在时钟的相位交替中从 DRAM 存储器中传输过来，直到一行缓存（可能是 32B 或者 64B）被填充。请注意突发的大小与缓冲存储区域大小是如何匹配的。甚至当处理器只需要存储器中单个字节数据时，也会进行突发传输。

在这样创建了存储器和处理器之间的真正紧密的联系时，这个架构也有阴暗的一面。突然，出现了新的情况，在没有明显原因的情况下某个程序可能开始非常慢地运行，也许是 10 倍或更慢，但硬件却运行得非常好。

取决于你所运行算法的特点，缓存的性能可能非常显著。这称之为“缓存命中率”，它被定义为对缓存的访问次数与程序查找的指令或数据在缓存中的访问次数之比。因此，如果 10 次中有 9 次需要的数据已经在缓存中，那么缓存命中率为 90%。

但是假设我们设计了一个算法，处理器执行重复代码，每次数据循环的一部分都不在缓存中，而必须从存储器中获取。我们已经看到突发是非常快的，但是建立突发是比较慢的。如果处理器要连续进行缓存填充，那么整体性能将急剧下降。这通常称为抖动（thrashing），指的是经常需要填充缓存，然后再填充缓存。

为了增加复杂性，我们还不得不解释 CPU 运行流水线的效果。现代处理器具有深层次流水线，因为指令可能是复杂的，并且译码和执行指令所需的时间大于 250ps 的时钟周期（4GHz 系统时钟）。一些现代流水线可能大于 20 级。虽然只要指令都在很长的一行中，这就不是问题，但循环将导致流水线被刷新和重新填充。现在，我们有三个相互影响的系统——DRAM、缓存和流水线。

不幸的是，我不能给你一个简单的过程来调试糟糕的性能。然而，许多工程师已经花了大量时间在 PC 级优化这个系统。这包括处理器公司、DRAM 制造商、支持芯片制造商和编译器设计师之间的密切协作，总体目标是优化系统的整体性能。

这里的要点是，如果你在嵌入式系统中使用 DRAM，除非你只是将 PC 作为嵌入式控制器，那么这些都是你可能必须处理的问题。我们在关于处理器性能问题的第 6 章中讨论了 EEMBC 基准测试联盟。这些现有的行业专用的基准软件为寻找系统的性能问题提供了基础支撑。

12.5　软错误

作为工程师，即使导致问题的情况极其罕见且偶然发生，我们也乐于修复确定性的问题。但是，如果对于出现问题的原因我们只能靠猜，并通常归因于“它来自外太空”。想象一下将这些告诉你的经理，这就是相当于说：“狗吃了我的家庭作业。”

但这是真实的。软错误的第一个来源是来自太空的宇宙射线。这些高能粒子以每秒数千次的速度不断轰击我们。大多数只是直接穿过我们和地球的大部分，并继续前进。每隔一段时间，宇宙射线就会与物质发生相互作用。DRAM 靠电容器保持位单元的电荷。如果高能粒子正好击中，它就能产生一簇电子，从而改变电池中存储的位值。这就是一个软错误。

Texas Instruments 公司[5]还指出，硅杂质释放的阿尔法粒子以及宇宙背景中子通量是造成软错误的一个来源，这些中子通量在海平面的辐射率低，而在飞机飞行高度的辐射率高得多。该公司还指出，阿尔法辐射可以通过使用超低阿尔法（ULA）材料来最小化，但由于屏蔽材料不受中子的影响非常困难，一定程度的软错误是不可避免的。

Tezzaron 半导体公司[6]的一份白皮书总结到，在 1GB DRAM 存储器的系统中，极有可能每隔几周遇到一次软错误，而对于 1TB 存储器系统来说，可能每隔几分钟就会产生一次软错误。幸运的是，我们通常会在大型服务器系统中发现 1TB 的存储器，这些存储器中每字节包含额外的位，用于实时纠错。引用 Tezzaron 的结论：

随着存储器越来越大，存储器工艺越来越小型化，软错误越来越受到关注。即使使用相对保守的错误率（500 FIT/Mbit），具有1GB RAM的系统可能每两周产生一次错误；一个假设的太字节（TB）系统可能每隔数分钟就遭遇一次软错误。现行的ECC技术可能极大降低此错误率，但是可能在电源、速度、价格或者尺寸上有难以接受的额外开销。

回顾PC早期，当DRAM“（内存）条”首次成为主流时，大多数DRAM模块包含9个DRAM芯片，而不是8个。额外的位是校验位。假设已经将BIOS设置为检查奇校验，硬件将计算写入内存的每个字节中值为1的位个数，如果值为1的位个数是偶数，则校验位设置为1。如果字节中位个数是奇数，则校验位设置为0。当系统读取内存单元时，将实时计算每个读回的字节的校验值。如果计算得到的校验值是偶数，那么就说明发生了内存错误。

我记得我的PC突然死机并出现“内存错误”信息，但是我也说不清是宇宙射线造成的，还是随机错误或者PC出问题。因此，我重启并继续。如果我弄丢了正在进行的工作，那么我会嘟囔几句脏话，并决心更经常地保存我的工作。

调试这些错误几乎是不可能的，除非它发生得如此频繁以至于能设计出一种调试测试。也许运行数小时或数天的大量的内存测试而没有发现一个错误，至少会让你相信硬件是稳定和可靠的。

Tezzaron的分析继续说，现在的DRAM不太容易遭遇宇宙射线引起的软错误，因为当晶体管位单元一直在缩小时，所需存储电荷的大小并没有以相同的速度下降，因此错误的噪声裕度得到了改善。然而，宇宙射线仍然可以破坏高密度的存储器系统。

最近的工作[7]通过几年的时间测量，对比了40nm商用SRAM的在山顶和海平面上的软错误率。其结果与两个位置实测的中子通量相关。虽然SRAM和DRAM的根本原理机制可能不同，但研究表明，SRAM和DRAM都采用了现在更精细的几何结构，软错误率大致相当。基于RAM的FPGA也可能受到位翻转的影响，正如人们所想到的，如果硬件突然崩溃，结果可能是灾难性的。

正如我在第11章中讨论过的，一个前同事去了一家超级计算机公司工作的经历也与此相关。他分享了在开发大量使用FPGA的新系统时所获得的经验。FPGA安装在一个密封的印制电路板上，每个FPGA位于喷嘴下，高压氟利昂制冷剂流被泵入其上进行冷却。

工程师们注意到，即使部件在供应商的参数限制范围内使用，所产生的电子噪声水平还是太高，会导致FPGA配置存储器中的位单元发生翻转。直到FPGA供应商的工程师过来并亲眼证实，该公司才意识到其部件存在设计问题。

SRAM制造商意识到了这个问题，并在当前产品中直接解决了这个问题。Cypress半导体公司明确讨论了能通过增加片上错误纠正码（ECC）将错误率控制在0.1FIT[⊖]/Mbit以下[8]。通过增加片内软错纠错功能，Cypress宣称软错误率能降低到0.1FIT以下。

除了芯片上的错误校正，半导体制造商正在使用一种新的CMOS几何结构，叫作FinFET[9]。FinFET是一种三维结构，与传统的二维结构完全不同。在FinFET中，栅极和栅极氧化物包裹在鳍状源极到漏极沟道的周围。

⊖ FIT是规定时间内错误（failures-in-time）次数的缩写，1 FIT = 每芯片每10亿h出错1次。

Villanueva[10] 计算了使用 20nm 几何结构的 6 晶体管（6T）FinFET SRAM 单元以及使用 22nm 几何结构的 6T Bulk Planar SRAM 单元的软错误率，并且发现 FinFET 的 FIT 值比 bulk planar 结构的低两个数量级。

我希望这次讨论不会让你的目光呆滞。如果真是这样，那么我向你道歉。通过研究，我学到了很多，我想分享我的发现。我认为这里的要点是，软错误是 DRAM、SRAM（还可能包括 FPGA）中不可避免的现实问题。由于它们在能想到的任何传统调试协议中都基本不可能被跟踪，因此最好的调试方案是将软错误导致灾难性后果的可能性降到最低。对于非实时或任务关键的系统，这可能是轻微的麻烦，并可能导致由看门狗定时器复位设备导致的重新启动。如果是打印机的数据区域中某个位，那么你可能会看到正在打印一个错误的字符。你会抱怨一下，然后重新打印那一页。

因为软错误率（Soft Error Rate，SER）表现出来的行为可以被掩盖为一个软件错误，所以可能区分不出是什么导致了这个错误。当然，最终，你应该能够确定根本原因是否为软件缺陷，因此你可能会得出结论，认为它是由软错误引起的，因为这是唯一剩下的可能性，无论发生这种情况的概率有多低。

对于一个危及生命的任务关键型系统，有一个高于正常概率的软错误，比如飞机的航空电子系统，那么你知道所有的现象，我不会告诉你任何你不知道的事情。你已经在系统中构建了冗余以防止此类事件。

主流供应商将与利益相关者分享其软错误率测量，并且你可以决定购买哪些部件以最小化软错误率故障的潜在风险。

12.6 抖动

抖动是另一种形式的软错误。它是电子设备开关中不可避免的不确定性。我们经常在信号完整性的范畴下讨论抖动，关于所有类型的通信网络中测量和预测信号完整性的问题，有无数的论文、教科书和课程。

就我们的目的而言，因为本章是有关查找 RAM 系统中的软错误的，当我们试图找到这些难以捉摸的缺陷时，能够验证我们的噪声和抖动边界是很重要的。Keysight[11] 讨论了使用示波器和逻辑分析仪验证 DDR4 存储器系统完整性的技术。引用 Keysight 的文章：

> 信号完整性对于存储器系统可靠运行是至关重要的。更高的 DDR4 存储器时钟频率会导致诸如反射、串扰的问题，这将造成信号退化和逻辑问题。
>
> 使用示波器，显示一幅抓取的波形图作为实时眼图（Real Time Eye，RTE），能对串行数据信号的抖动提供观察方法。当位有效（高电平或低电平）时，RTE 提供了物理层特征的合成图像，如峰 – 峰边缘抖动和噪声。
>
> 要全面了解数据有效窗口和位错误的预期，需要测量时序（tDIVW）和电压（vDIVW）在最坏情况下的裕度。可以使用眼图掩模测试来实现。

与以上引用相关的眼图如图 12.5 所示。

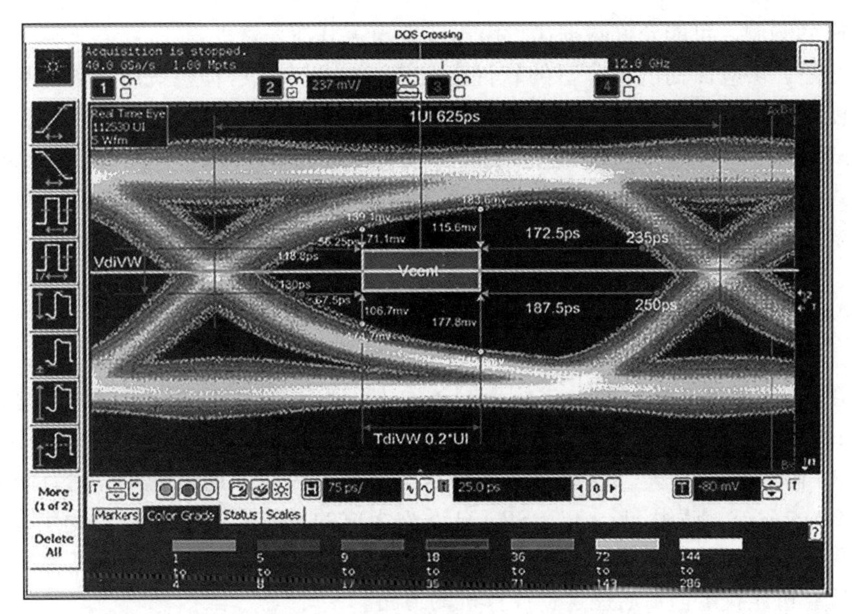

图 12.5　眼图掩模测试确保信号没有违反掩模的边界，在那里抖动和错误可能发生（来自 Keysight Technologies）

12.7　基于软件的存储器错误

在前文中，我们已经讨论了基于软件的内存错误，没有必要对它们进行第二次深入讨论。然而，对于一些最常见的软件缺陷进行总结是有价值的，这些缺陷会破坏存储器，使系统崩溃或导致坏数据。幸运的是，如果算法中的缺陷导致的内存错误很少，那么错误应该是确定性的，并且有一些方法（前面讨论过）可以找出这些缺陷。

许多软件错误很难调试，特别是在用 C 语言编写的程序中，因为 C 语言赋予程序员直接访问存储器的机会，他们的代码可以在存储器中制造各种各样的麻烦。这对于性能来说非常好，并且它使 C 代码在效率方面与汇编语言不相上下。典型的存储器错误包括 [12]：

- 数组索引越界。
- 缓存区溢出。
- 悬空的堆指针（访问堆分配的内存区域时，该内存区域已经被释放）。
- 悬空的栈指针（访问函数的本地变量指针时，该函数已经返回）。
- 悬空的堆指针（当指针指向的大块堆分配的内存区域已经通过 free() 函数释放时，间接引用该指针）。
- 未初始化的堆内存（堆内存已经使用 malloc() 进行了分配，部分或者全部内存区域在读取前未被初始化）。
- 未初始化的局部变量（函数中的局部变量在读取之前未被初始化）。
- 使用的指针是由不正确的数值转换而来。

- 编码的漏洞，可能允许数据拷贝溢出或者覆盖其他变量。

幸运的是，供应商提供了丰富的软件工具集，如果你在目标系统中部署软件之前花时间学习并使用这些工具集，那么可能会发现这些软件缺陷。而且，正如我们前面在如何使用实时调试工具中所讨论的，有一些方法可以在目标系统中软件运行时找到这些缺陷。

正如我们已经讨论过的，当我们增加一个操作系统时，由于 RTOS 内核、硬件设备和并行的独立任务之间的相互作用，可能会引入其他存储器缺陷。

12.8 本章小结

我是在 2019 年夏天组装的台式机上写这本书，没有什么特别的原因，只是因为我本质上是个计算机极客（geek)，我喜欢拥有最新的硬件。系统采用的 AMD Ryzen 处理器、32GB DDR4 内存和 1TB 固态硬盘。我提到这些，是因为我曾组装的第一台计算机，是一台基于 6502 的系统，使用 1K × 1 位 SRAM 元件组成的 64KB RAM，还是我用导线连接在一起的。我把程序存储在磁带上。但是它工作良好。我玩游戏，编写 BASIC 和汇编语言程序，那台计算机让我走上了通往这台计算机的道路。

从那时到现在，我建造或购买了 20 多台计算机，一台都比一台好。我现在的计算机内存是最初的 64KB 系统的 500 000 倍。实际上，我真的考虑过买 4 个 16GB 的 DRAM 内存条，这样我就能有 64GB 的内存，或者说比我的第一台计算机内存多 100 万倍。

就像我们在本章讨论的那样，RAM 越来越快，尺寸越来越小。半导体技术正在突破早期设备物理学家认为我们永远无法超越的极限。FinFET 技术就是这样的好例子。原力的黑暗面[⊖]是随着几何尺寸的缩小，会出现更多的软错误。这些错误仅仅发生，而且可能很少发生，以至于不可能分析和纠正。“调试”它们的唯一方法是接受它们会以一定的概率发生的事实，并准备应对它们的策略。

对于软件，它将涉及更多的防御性编程和严格的边界检查，以提高被记录、传输或在计算中使用的数据值是正常值的置信水平。

对于硬件，我们已经知道使用看门狗计时器来防止不确定的编程缺陷。我希望本章中描述的一些调试技术将为如何解决存储器问题提供一些有用的见解。

此外，因为这是最后一章，可能需要多做一些一般性的评论。当我考虑写这本书的时候，我脑海里有两个目标：

1. 向学生们和新任电子工程师们讲解如何及时地发现和修复缺陷。

2. 让新手和经验丰富的专业人士一样，了解由同样经验丰富的专业人士撰写的大量文献，了解如何最大限度地利用他们公司提供的工具。

在 HP、AMD 和 Applied Micro Systems 公司工作的经历中，我自己也写过很多这样的文章。我的整个职业生涯都深深植根于测试和测量，前端是一些材料科学，后端是教育。

关于获得工具和解决困难问题的方法，制造商的应用笔记和白皮书是重大信息的宝库。

⊖ 我忍不住提到《星球大战》，因为最新发布的是该系列的最后一部。

是的，应用笔记说明中有一些无用信息，但同样也有很重要的信息。通过你指尖上的互联网，任何应用笔记或者白皮书都只需几次 Google 搜索而已。

感谢阅读。

12.9 参考文献

[1] J. Ganssle, Testing RAM in Embedded Systems, The Ganssle Group, http://www.ganssle.com/testingram.htm, 2009.

[2] D. Gerke, B. Kimmel, EDN Designer's Guide to Electromagnetic Compatibility, second ed., Kimmel Gerke Associates, Ltd, September, 2002, p. 54. ISBN 10: 075067654X.

[3] R.S. Khandpur, Printed Circuit Boards: Design, Fabrication, Assembly and Testing, McGraw-Hill, New York, 2006, p. 164.

[4] http://www.ece.cmu.edu/~ece548/localcpy/dramop.pdf.

[5] Soft error rate FAQs, Texas Instruments, http://www.ti.com/support-quality/faqs/soft-error-rate-faqs.html.

[6] White Paper, Soft Errors in Electronic Memory, Tezzaron Semiconductor, https://tezzaron.com/media/soft_errors_1_1_secure.pdf, 2004.

[7] J.L. Autran, D. Munteanu, S. Moindjie, T.S. Saoud, G. Gasiot, P. Roche, Real-time soft error rate measurements on bulk 40 nm SRAM memories: a five-year dual-site experiment, Semicond. Sci. Technol. 31 (11) (2016) (Special Issue on Radiation Effects in Semiconductor Devices, IOP Publishing Ltd), https://iopscience.iop.org/article/10.1088/0268-1242/31/11/114003.

[8] https://www.cypress.com/products/asynchronous-sram.

[9] Samsung Electronics Co., LTD, Radical Innovation to Push the Limit for Greater Speed and Efficiency, https://www.samsung.com/semiconductor/global.semi.static/minisite/exynos/file/technology/FinFETProcess.pdf, 2018.

[10] M. Villanueva, Analysis of Soft Error Rates for Future Technologies, Universitat Politècnica de Catalunya (UPC), Facultat d'Informàtica de Barcelona (FIB), https://pdfs.semanticscholar.org/c052/8c02f566d211f9bd90b7c1d3703256fad053.pdf, March, 2015.

[11] Application Brief, Physical Layer Validation and Functional Test of DDR4 and LPDDR4 Memory, Keysight Technologies, June, 2015. 5992-0783ENDI.

[12] White Paper, Finding Bugs in C Programs with Reactis for C™, https://reactive-systems.com/papers/r4c_test_tool.pdf, 2002-2011.

缩略语

缩略语	全　称	译　文
ADC	Analog-to-Digital Converter	模数转换器
ALU	Arithmetic Logical Unit	算术逻辑单元
ASIC	Application Specific Integrated Circuit	专用集成电路
BDM	Background Debug Mode	后台调试模式
BFM	Bus Functional Model	总线功能模型
BSP	Board Support Package	板级支持包
CAN	Controller Area Network	控制器局域网络
CAS	Column Address Strobe	列地址选通
CMB	Coordinated Measurement Bus	协调测量总线
CRC	Cyclic Redundancy Check	循环冗余校验
CTS	Clear To Send	清除发送
DDR	Double Data Rate	双数据率
DRAM	Dynamic RAM	动态存储器
ECC	Error Code Correction	错误码校验
EEMBC	Embedded Microprocessor Benchmark Consortium	嵌入微处理器基准联盟
EMI	Electromagnetic Interference	电磁干扰
FCC	Federal Communications Commission	美国联邦通信委员会
FDC	fast debug channel	快速调试通道
FFT	Fast Fourier Transform	快速傅里叶变换
FIFO	First in, first out	先入先出
FIT	Failures-in-time	实时故障
FPGA	Field-Programmable Gate Array	现场可编程门阵列
FTDI	Future Technology Device International	飞特帝亚公司
GaAs	Gallium-Arsenide	砷化镓
HDL	Hardware Description Language	硬件描述语言
HLS	High-Level Synthesis tool	高级综合工具
ICE	In-Circuit Emulator	在线仿真器
IDC	Insulation Displacement Cable	绝缘位移数据线

（续）

缩略语	全　称	译　文
IDE	Integrated Drive Electronics	集成式驱动器电子设备接口
IOCCC	International Obfuscated C Code Contest	国际混乱 C 代码大赛
ISR	Interrupt Service Routine	中断服务程序
ISS	Instruction Set Simulator	指令集模拟器
JTAG	Joint Test Action Group	联合测试工作组
LA	Logic Analyzer	逻辑分析仪
LCR	Inductance，Capacitance，Resistance	电感电容电阻
MISO	Master In, Slave Out	主入从出
MMU	Memory Management Unit	存储管理单元
MOSI	Master Out, Slave In	主出从入
NMI	Nonmaskable Interrupt	非可屏蔽中断
NRE	Nonrecoverable Engineering	不可回收工程
PCB	Printed Circuit Board	印制电路板
PLASMA	Programmable Logic And Switch Matrix	可编程逻辑开关矩阵
PLL	Phase-Locked Loop	锁相环
RAID	Redundant Array of Independent Disks	独立磁盘冗余阵列
RF	Radio Frequency	射频
RTE	RealTime Eye	实时眼图
RTOS	Real-Time Operating System	实时操作系统
SBC	Single-Board Computer	单板机
SCL	Serial Clock	串行时钟
SMBus	System Management Bus	系统管理总线
SoC	Systems on a Chip	片上系统
SoS	System on Silicon	硅上系统
SPI	Serial Peripheral Interface	串行外设接口
SRAM	Static RAM	静态存储器
SSD	Solid-State Disk	固态硬盘
ULA	Ultralow Alpha	超低阿尔法
UUT	Unit Under Test	被测单元
VMM	Virtual-Machine Monitor	虚拟机监控程序
SDA	Serial Data Line	串行数据线
SER	Soft Error Rate	软错误率
SPA	Software Performance Analyzer	软件性能分析工具
SSD	Solid-State Disk	固态硬盘
UART	Universal Asynchronous Receiver Transmitter	通用异步收发器
USB	Universal Serial Bus	通用串行总线